听觉文化研究

译文卷

王敦 编译

厦门大学出版社

图书在版编目（CIP）数据

听觉文化研究. 译文卷 / 王敦编译. -- 厦门：厦门大学出版社，2023.5（2024.12重印）
ISBN 978-7-5615-8465-1

Ⅰ.①听… Ⅱ.①王… Ⅲ.①听觉－文化研究 Ⅳ.①B842.2

中国版本图书馆CIP数据核字(2021)第280630号

责任编辑　冀　钦
美术编辑　蔡炜荣
技术编辑　朱　楷

出版发行　厦门大学出版社
社　　址　厦门市软件园二期望海路39号
邮政编码　361008
总　　机　0592-2181111　0592-2181406（传真）
营销中心　0592-2184458　0592-2181365
网　　址　http://www.xmupress.com
邮　　箱　xmup@xmupress.com
印　　刷　厦门市明亮彩印有限公司

开本　889 mm×1 194 mm　1/32
印张　11
插页　1
字数　256 千字
版次　2023 年 5 月第 1 版
印次　2024 年 12 月第 2 次印刷
定价　60.00 元

本书如有印装质量问题请直接寄承印厂调换

厦门大学出版社
微信二维码

厦门大学出版社
微博二维码

编译者小识

此《听觉文化研究（译文卷）》收集、甄别和翻译了当今听觉（声音）文化研究前沿的重要论文和著作章节约二十万字，属国内首次。

听觉（声音）文化研究，是文化研究领域里面新起的重要维度，是近几十年来在国外出现的一种从听觉、声音入手来思考社会、历史、文化、科技等方面问题的研究取向。它考察人们生活在怎样的历史和现实的声音环境里，以怎样的方式和心态去听，体现了怎样的社会关系。就如同晚近的文艺理论、传媒学、史学、文化人类学等曾经围绕视觉问题，共同造就了"图像学转向"之后的"视觉文化研究"一样，听觉（声音）的文化性问题也日益在不同学科的互动中凸显出来。现代听觉、声音与以往听觉、声音的断裂，私人听觉空间与公共听觉空间的分割，听觉（声音）文化的现代、后现代转型等文化现象，一方面同构于社会发展的总体文化脉络，另一方面又具体而微地体现着历来被文化研究所忽略的一些关系和因素。处在现代化转型过程中的我国，需要通过借鉴国外前沿的听觉文化研究和展开本土研究实践，来形成一套有效的听觉文化本土表述话语。目前,这项工作可以通过与音乐学、文化史和传媒学等学科话语的整合来启动。

上述学术状况的进展,亟待译介进入我国学界。这就是翻译、编选、出版《听觉文化研究(译文卷)》的初衷。希望这本《听觉文化研究(译文卷)》不仅能进一步拓宽我国文化研究的疆域,引入听觉(声音)文化研究的专门脉络、话语、方法、范式,推动创新,而且能凭借其鲜活、清晰、娓娓道来的内容和译笔,得到社会上文化爱好者、思考者们的喜爱。

当人文研究遭遇"听觉"课题：
开拓中的学术话语（代序）

王敦（原发表于《东岳论丛》2018年8月刊，有删节）

本文为听觉文化研究话语的发展动态绘制一幅地形图，旨在发现、勾勒和阐述该领域前沿的问题意识、学术增长点和概念端口，并对该领域在国内的进一步话语开拓与建构发表意见。但在正式展开论述之前，还要对听觉文化研究的意义和发展做一番回顾、界定和审视。

对听觉（声音）文化的思考逐渐成为人文学界的新课题。要想搞清楚新课题为何"新"，莫如先思考它在先前何以被忽略。设想如果有人要取消电脑里的声卡，那么不管"读图时代"的说法如何深入人心，你我也不会答应。这样细想一下会发觉，在我们的日常生活里面，类似于"声卡"的文化装置无处不在。从地铁站、机场等公共场所的声音提示，到服务于私人听觉的耳机和手机应用，各自所发挥的文化功能都值得考察。广场舞不仅是被看到的，也是被听到的。看不见的声卡为何重要？又如何被意识所遮蔽？这些不为眼睛所见的声音（听觉）感知、装置、文化机理，虽然从来都不是人文研究学者所刻意要回避的，但却在现代知识建构体系中，在视觉性知识框架占据垄断地位的情况下，在事实上处于人文科学术主脉络之外的边缘地带，被封存在音乐学研究、建筑声学、电磁声学、录音学等孤立的专门领域，或者成为学者阐述其他问题所启用的转喻、借喻性修辞。

有意思的是，人们对听觉（声音）现象的思考，事实上有史以来不绝如缕。在中西方的思想谱系里，从毕达哥拉斯的"比例"、柏拉图的"理念"到黑格尔的"绝对精神"，从我国的《乐记》、《乐论》到《毛诗大序》，都能发现有关听觉感受的丰富话语和深层脉络。当全球各地次第经历了现代和后现代社会转型的时候，听觉性问题进入了一些重要学者思考议程。本雅明《机械复制时代的艺术作品》不仅论及视觉性问题，对于声音复制的文化工业产品如唱片、留声机也十分关注。阿多诺在分析现代文化工业时往往从音乐入手，其《论音乐中的拜物特性与听觉的退化》一文就是范例。[1] 在二十世纪四五十年代，法国皮埃尔·舍费尔（Pierre Schaeffer）在以实验性电子音乐为特征的"具体音乐"（musique concrète）方面的成就与表述，为日后的听觉（声音）话语发展开辟了道路。[2] 在传媒学领域，加拿大的麦克卢汉则在六十年代提出了"听觉空间"概念。[3] 在七八十年代，加拿大的雷蒙德·默里·谢弗（Raymond Murray Schafer）做出了"声音景观"、"声学生态"阐述。[4] 同时期在法国则有米歇尔·希翁（Michel Chion）关于视听差异、听觉机制的

---

[1] "On the Fetish Character in Music and the Regression of Listening" in Theodor W. Adorno, *The Cultural Industry: Selected Essays on Mass Culture,* NY: Routledge, 2001.

[2] Pierre Schaeffer, *Traité des Objets Musicaux,* ina–GRM, 1966.

[3] 概念出自：Marshall McLuhan and Edmund Carpenter, "Acoustic Space", in *Explorations in Communication: An Anthology,* ed. Edmund Carpenter and Marshall McLuhan, Boston: Beacon, 1960. 该思路反复出现于麦克卢汉从二十世纪六十年代到八十年代的各种著述和访谈中（参见埃里克·麦克卢汉等编《麦克卢汉精粹》，何道宽译，南京大学出版社，2000）。

[4] Raymond Murray Schafer, *The Turning of the World: Toward a Theory of Soundscape Design,* University of Pennsylvania Press, 1980.

当人文研究遭遇"听觉"课题：开拓中的学术话语（代序）

研究[1]和贾克·阿达利（Jacques Attali）提出的"音乐的政治经济学"[2]思路，在美国有唐·伊德(Don Ihde)对于声音现象学的开拓[3]和沃尔特·翁（Walter Ong）（《口语文化与书面文化》）对于声音的文化功能的论述。[4]限于篇幅，仅举出比较重要的几个例子。所有这些都为二十一世纪初西方学界听觉文化研究的兴起做了准备。

到了二十世纪末二十一世纪初，对听觉（声音）性文化问题的跨学科研究正式浮出水面。以英文学界为例，这类研究被冠以"sound studies""the study of sound culture""sonic culture""auditory culture""aural culture"等名字，其中"sound studies"居于主导地位。在欧美一些大学里也出现了专门的研究和教学机构。美国、英国、加拿大、荷兰等一些国家的相关学者已经初步集合为专门的学术共同体。在国内，除了笔者从2011年起开始发表话语建构性的研究论文之外，有越来越多的人文学者涉足听觉性议题，渐成星火燎原之势。在"中国文学""外国文学""中国历史"这几个一级学科下的课题可举例如下。傅修延从2013年起开始撰文探讨"听觉叙事研究"。耿幼壮研究西方哲学里面与视觉性"凝视"相对应的听觉性"倾听"的话语。在符号学领域，陆正兰展开"音乐符号学"研究。周志强在文化批评领域对当代大众音乐进行"声音的政治"分析。徐敏将文化研究与文化史研究相结合，探索百年来流行音乐和大众音乐的嬗变。上海社科院的葛涛研究二十世纪初上海留声机文化与现代化转型。浙江大学青年学者王婧

---

[1] 米歇尔·希翁，《视听：幻觉的构建》，黄英侠译，北京联合出版公司，2014；《声音》，张艾弓译，北京大学出版社，2013。

[2] 参见贾克·阿达利（Jacques Attali）《噪音：音乐的政治经济学》，宋素凤、翁桂堂译，上海人民出版社，2000。

[3] Don Ihde, *Listening and Voice: A Phenomenology of Sound,* Ohio University Press, 1979.

[4] 沃尔特·翁，《口语文化与书面文化：语词的技术化》，何道宽译，北京大学出版社，2008。

对新兴的"声音艺术"（sound art）理论和本土化实践予以了系统介绍。以上仅仅是几个例子，遑论音乐学领域里面民族音乐学、音乐人类学等方向的突破了。

如何在中文学术语境里命名和界定这一听觉（声音）领域？笔者认为不妨比照"视觉文化研究"把它叫做"听觉文化研究"。这是具备多重叠加含义的"听觉文化研究"，一是指与"视觉文化研究"相对应的一片跨学科领域，二是指能与国外学界新兴的"sound studies"相对应的研究，三是指比狭义的文化研究套路更多元的、在人文诸学科里面具备听觉性议题的研究。这一"听觉文化研究"亦可进一步细判为"听觉文化的研究"和"听觉的文化研究"两端。前者"听觉文化的研究"以"听觉文化"的内部机制作为内核。后者"听觉的文化研究"以"文化研究"为主词，更像是具备文化社会学式介入使命的"文化研究"家族的成员。以成果和泡沫都已经蔚为大观的视觉文化研究为鉴来开展"将来时"的听觉文化研究话语建构，这个"时差"本身就具备范式反思和创新的意义，从而带出一系列具备特殊性的话语节点来与文艺理论、文化研究、人文研究范围内的共相问题对接。

下面进入正题，勾勒和阐述笔者所认为的该领域前沿一些问题面向和话语增长点，并对该领域话语开拓与建构的进一步发展发表意见。

（一）跨学科知识坐标和知识网格的搭建

"听觉文化研究"作为宣称以跨学科为基本存在方式的"文化研究"家族新成员，跨学科是其基本存在方式。它考察散布于各学科关注之下，比音乐艺术的范围更加广阔的听觉（声音）文化课题，其相关知识和求索方法分布在错综复杂的知识脉络和思想史里面。从国内听觉文化研究

当人文研究遭遇"听觉"课题:开拓中的学术话语(代序)

起步标志之一的"听觉文化国际学术研讨会"(南开大学,2017年11月11日—12日)七十多篇的论文分组设置就可见一斑。其中"中外听觉文化理论及其延展"分会场里面分为"听觉文化的内涵与外延""听觉或声音史研究""关键词研究——'声音'、'听觉'、'噪音'、'寂静'""中外听觉文化理论与相关作品研究"等组。"媒介与听觉文化研究"分会场分为"技术与听觉文化研究""音乐理论与音乐作品研究""听觉研究与文化产业"等组。"文艺作品与文化现象中的声音研究"分会场分为"听觉研究与现代社会""声音美学与声音政治""电影中的声音研究"数组。[1] 当来自各学科的人们聚到一起讨论共同感兴趣的听觉性议题时,其思维方式和所受的学术训练之不同,得到了淋漓尽致的展现。

事实上,"听觉文化研究"出现得如此之晚近,也说明构建相应的公共知识坐标并不容易。如何解决这一难题?这也许意味着,当话语建构能力较强的文艺理论、文化研究界(也包括文学研究领域之内的现当代文学、比较文学和世界文学、外国文学、美学等分支领域)在介入听觉文化研究话语构建任务的时候,不宜过度在自身资源里面进行改头换面。"巧妇难为无米之炊"——话语能力强大未必意味着话语资源也丰富。所以要特别注意真正"跨"出去。这意味着除了要吸收邻近学科如传媒学、社会学、人类学、历史学、符号学、叙事学、哲学、思想史、技术史、文化史、影视学、民俗学、图像学、神学、宗教学等等的资源之外,还要了解、尊重、消化、吸收音乐学诸学科(特别是民族音乐学、音乐史、乐器学、音乐人类学等)和声学诸学科(电磁声学、环境声学、建筑声学)、录音学、播音学,以及"声音艺术"、"具体音

---

[1] 会议由南开大学文学院、中国人民大学文学院、《探索与争鸣》杂志社、上海美学学会、天津美学学会主办,由中国电影家协会电影声音艺术工作委员会、中国录音师协会电影录制专业委员会协办。

乐"、多媒体教学研发等实践门类的基本知识前提和规范。

这也牵涉到对关键词的概念梳理和辨析。关键词如同知识网格上的话语节点，是搭建公共议题的关键。这里面既有偏重于形而上思辨的"倾听"，也有牵涉物质文化和媒体、科技、身体诸问题的"耳朵""回声""广播""噪音"，也有与文艺表征、跨艺术理论共相问题接壤的"形象""符号""再现""音乐""空间""符码""灵韵"，也有极具听觉（声音）文化研究特殊内涵、兼备形而上和形而下广阔纵深的"寂静""声音""听觉"，还有极具延展性，既通达视觉性类比又通达现代性转型问题的核心概念"声音景观"。在每个关键词的后面，都牵涉复杂错综的知识脉络和思想史。词与词处于互动的相对关系之中。比如，"声音"和"听觉"是不是可以互换的概念？与声音概念对应的，是"噪音"还是"寂静"？声音的本体，与语言修辞的"声音""口吻""声口"的关系如何？国外学界近年也出版了这方面的研究为我们提供参考。如《声音关键词》一书，[1] 里面列举听觉文化研究者们所撰写的包括"语言""身体""回声""音乐""无线电"等在内的二十个关键词词条，折射了在西方学术语境之下的相关建构动态。被关键词所编织的知识网格处于开放的动态关系之中，不存在一劳永逸的界定，并随时邀请不同语境之下的更多分析阐释来激活并更新对知识框架整体和局部的理解与应用。

（二）对哲学和思想史里面听觉性知识源流的发掘与再叙事

身体、形象、语言、符号表意、修辞、时间、空间等，如何在声音、听觉里得到展现？听觉认知和文化表意具备怎样的先验结构或特质？与精神分析以及现象学等等现代主要的人文科学思考路径，有怎样

---

[1] David Novak and Matt Sakakeeny eds., *Keywords in Sound*, Duke University Press, 2015.

当人文研究遭遇"听觉"课题：开拓中的学术话语（代序）

的关系？不管我们对哲学认识论和思想史里面的听觉性话语脉络是否了解，前人对听觉和声音的认知和思考都已经嵌入认识论、思想史和认知科学发展。我们今天思考听觉问题，也是对认识论和思想史脉络本身被视觉性垄断所遮蔽的一些部分的再认识。

"启蒙"一词在英文里面是"enlightenment"，其字面意义大致是"被光照亮"。它在欧洲各主要语言里基本都是如此。"启蒙"这一命名，可以被解读为对《旧约全书·创世纪》第一章第三、四节经文"神说要有光，就有了光。神看光是好的，就把光暗分开了"所做的隐喻，即现代知识理性之光洞穿愚昧的黑暗，带来观看万事万物的明晰。这一隐喻在语词和想象层面显然是建立在视觉性基础上的，无形中喻示了视觉性知识在现代知识路径的中心地位。毋庸置疑，启蒙运动以降的人文学术以及日常语言的确充满了以光、视线来隐喻真理和启悟的修辞。但是即便如此，依然不能以为这样就能够将现代性的问题描绘得全面，也并不意味着听觉性知识脉络应该缺席。

美国听觉文化研究学者乔纳森·斯特恩（Jonathan Sterne）发现听觉性知识在启蒙事业和现代化知识生成过程中不可或缺。他甚至自铸新词"声音启蒙"（ensoniment）与"enlightenment"对应，以命名听觉性知识源流的存在。斯特恩发现听觉现象和感知被近代逐渐萌发的一系列学科所注意，成为生理、物理、精神性探索的对象。与视觉技术发展（光学透镜、仪器、摄影术）平行，人们借助不断增进的听觉性知识和聆听技术，加深对声音、听觉的理解和驾驭。例如十九世纪的医生从聆听病人的自述转向对病人身体更细致的倾听，使得听诊器与视觉性的显微镜等一道成为医疗职业的象征。在福柯的知识谱系学意义上，此间所发展出来的一些听觉知识和技术范式在后来的电话、留声机和收音机技术中得到间接的传承。[1]

如上所述，乔纳森·斯特恩将听觉性问题意识放置到学术史和思想史中，从而在学界所熟知的视觉性认知范式之外发掘出西方知识传统中与之平行的另一套听觉性知识脉络和资源。他的一段话值得引用：

> 如果对声音史、声音文化或声音研究的成分缺少某种整体性的、共享的感知力，要想从令人眼花缭乱的关于演讲、音乐、技术和其他声音实践的故事中拼凑出一部声音的历史，简直无异于在拼凑一块破碎的玻璃。我们只知道这些碎片会以某种方式排列，我们知道它们可以彼此拼接，但我们不确定究竟以怎样的方式将它们彼此整合。我们已经获得了关于音乐会听众、电话、演讲、有声电影、声音景观以及听觉理论的历史。但只有少数的声音史的写作者能够说出他们的工作是如何与其他研究成果或更大的知识领域建立关联的。因为围绕声音的学术研究从未持续地针对更具基础性与综合性的理论、文化和历史问题展开工作，这使得声音研究无法引入更广阔的哲学问题来勾连它所身处的不同知识领域。于是，挑战就在于如何将声音想象为一个超越近便的经验性语境的问题。声音的历史已经与更大的人类科学的问题建立了关联，而我们的责任，正是要将这些关联具体化。[2]

这是一件非常复杂但却能将听觉文化研究推向人文科学深水区的工作，能够使听觉（声音）局部性知识获得总体性拼图，即便这样的拼图不应仅是斯特恩的个人版本，甚至也不一定是以欧洲思想脉络为唯一脉络的版本。中国和世界其他地方同样会有自身的听觉知识源流以及在现

---

[1] Jonathan Sterne, *The Audible Past: Cultural Origins of Sound Reproduction*, Duke University Press, 2003.

[2] Ibid, 5.

代化转型时期发生在西方以外的范式碰撞与融合，这些都能够在听觉性资源的知识考古学、谱系学研究中带来发现、整合与惊喜。

（三）听觉文化史对现代化转型研究、媒介文化史、物质文化史的利用

对留声机、电话、麦克风、录音机、练歌房（KTV）、广场舞等不同的声学技术和日常文化活动予以考察，能否帮助回答人文社会科学有关现代和后现代转型、社区分化等的大问题？这是对媒介文化史、物质文化史等学科的发问。在视觉现代性之外同样存在着"听觉现代性"，赋予现代人与以往不同的现代、后现代审美和文化感受。媒介文化史、物质文化史如果忽略了对声音的录制、传输、扩放，以及听觉现代性形态对文化艺术的塑造等问题，也就不是完整的媒介文化史、物质文化史研究。听觉文化史则需要对现代化转型研究、媒介文化史、物质文化史研究里面所出现的听觉性考察加以凸显和利用。

美国的听觉文化史学者理查德·库伦·拉斯（Richard Cullen Rath）在其尚未出版的新作手稿《对历史的倾听/关于倾听的历史》（*Hearing History / History of Hearing*）中提出了"对历史的倾听"和"关于倾听的历史"这样一对概念。[1] "对历史的倾听"的重心放在历史学学科本体，是为历史学学科增添"倾听"历史的新范式。相比之下，"关于倾听的历史"，则在于研究关于"倾听"的感官专门史。这两个路径都要求研究者激活自身的听觉性问题意识并将其运用到历史想象、叙事中去，而且在研究实践中也难于截然分开。拉斯自己也说，这两个路径

---

[1] 在2017年召开的"听觉文化国际学术研讨会"（南开大学，2017年11月11日—12日）上，拉斯教授也到会并做了同题报告。

在并肩而行的时候效果最好。

关于国外的听觉文化史专著成果，笔者在之前的一些论文里面介绍过一些。比如文化史家阿兰·科尔班《大地的钟声：19世纪法国乡村的音响状况和感官文化》揭示了听觉生活变迁之下的社会变迁。布鲁斯·R.史密斯（Bruce R. Smith）《近代英格兰的声学世界》还原英格兰早期现代社会的声音景观和口传文化向文字文化的转型。马克·M.史密斯（Mark M. Smith）的《倾听十九世纪美国》对历史上美国南方社会的日常声响文化状况进行了还原。拉斯本人的《美洲多早开始发出声响》发现了清教意识形态对北美殖民地听觉的支配作用。约翰·M.匹克（John M. Picker）《维多利亚时代声音景观》则通过对于维多利亚女王时代的文学描写来发掘该时期声音景观的文学表征。卡林·比吉斯特威德（Karin Bijsterveld）《机械之音：二十世纪的技术、文化和噪音的公共问题》研究了都市噪音的历史。艾米丽·汤普森（Emily Thompson）《现代性的声音景观：美国1900—1933年的建筑声学及听觉文化》描述"现代声音"技术产品是如何由现代社会意识所决定的。乔纳森·斯特恩在《可听见的过去：声音复制的文化源头》将听觉技术史整合到现代的认识论和思想史里面。[1]

还有一些与中国研究相关的海外学者如安德鲁·琼斯（Andrew F. Jones）、唐小兵、黄心村、陈小眉等，用听觉研究的方法对中国近百年

---

[1] 参见科尔班，《大地的钟声：19世纪法国乡村的音响状况和感官文化》，王斌译，广西师范大学出版社，2003. Bruce R. Smith, *The Acoustic World of Early Modern England*, University of Chicago Press, 1999. Mark M. Smith, *Listening to Nineteenth-Century America*, The University of North Carolina Press, 2001. Richard Cullen Rath, *How Early America Sounded*, Cornell University Press, 2005. John M. Picker, *Victorian Soundscapes*, Oxford Univ Press, 2003. Karin Bijsterveld, *Mechanical Sound: Technology, Culture, and Public Problems of Noise in the Twentieth Century*, MIT Press, 2008. Emily Ann Thompson, *The Soundscape of Modernity*, MIT Press, 2002. Jonathan Sterne, *The Audible Past: Cultural Origins of Sound Reproduction*, Duke University Press, 2003.

来音乐、都市文化的发展进行研究，包括我国二三十年代上海留声机文化、延安左翼文化、建国之后的舞台表演，以及大陆、台湾当代流行文化。国内也出现了葛涛、徐敏等从物质文化史、媒介文化史方面来展开的多元研究。

（四）与音乐学诸学科话语的关系

音乐学与听觉文化研究的关系，与美术学和视觉文化研究的关系有些类似但又不同，因为听觉文化研究较视觉文化研究更为年轻，话语资源也更为零散。音乐学在听觉文化研究乃至于文化研究出现之前一百年就已经建立。把历史悠久的音乐学诸学科与新兴的听觉文化研究并置在一句话里面，巨大的张力立刻呈现。如果音乐学认为听觉文化研究业余和多余，听觉文化研究觉得音乐学远离人文研究话语主流，故步自封，则都是可以理解的"歧见"。笔者的任务不是解决分歧，而是指明情况，引发思考。从过去通过音乐学传统诸学科讨论音乐艺术形态，到后来发展生成民族音乐学、音乐人类学、音乐社会学来讨论更宽广的问题，再到现在经由听觉文化研究来探讨声音、听觉，有没有可能在话语和知识网格方面做到兼容和沟通？音乐作为人类最重要的听觉艺术形式，理所当然是听觉文化研究需要正视的内容，所以需要对音乐学予以足够的尊重。但听觉文化研究也认为，现代社会生产方式、听觉科技因素对人类的声音感知、听觉艺术形式变迁起到了关键的作用。这些因素虽然外在于对音乐形态的研究本身，但却是音乐形态变迁的必要条件。

已故的民族音乐学大师黄翔鹏在探讨中国古人的音律辨识问题时说道："我们对于人类听觉能力的认识，至今仍然知之甚少；如在艺术与科学的接壤之处，前来研究音乐听觉问题，恐怕就更将暴露出其间有关知识的贫弱了。"[1] 他这里所提出的"听觉能力"问题，是处在音乐学科体系的边缘，却居于听觉文化所研究的中心。听觉感知能力是人能够对音乐形态进行体验和分析的经验类基础，而恰恰对听觉感知和能力问题，音乐学做不出正面解答。"听觉能力"，正如同黄翔鹏所说，处在"艺术与科学的接壤之处"。这里的"艺术"一词，其特定含义比音乐艺术自身要宽广，包含了塑造审美感官的社会、历史、文化因素；这里的"科学"一词，指的是在具体科学技术条件下人们对感官的认识程度和对感官的人为延伸。而这个"接壤之处"，是个随着具体的社会状况而变迁的历史与当下语境变量。从我国国内来看，音乐学各学科和听觉文化研究诸领域相互关注、借鉴的态势越来越明显，但如何能够获得更有效的交集，还需要在今后的动态发展中来思考。

（五）听觉文化研究的"视听二元对立"框架陷阱问题

笔者认为"视听二元对立"是听觉性人文研究发展初期一些学者开始专注于此领域时经常掉入的思维陷阱。由于东西方各国的学术语境和进入此领域的时机、路径各不相同，所以具体呈现出来的症候也千差万别。涉足此领域的一些先驱人物如雷蒙德·默里·谢弗、麦克卢汉、沃尔特·翁，都曾陷于此。当我们初步意识到听觉问题的重要性，思考它为什么被忽略，并且苦于没有思维参照系来界定听觉性特质的时候，如果将听觉与视觉的各个方面逐一对比关照，往往会获得"豁然开朗"的感觉，并且不自觉地将潜意识里面的二元对立文化观一一激活，赋予听觉以清除视觉性文化弊端甚至文化救赎的价值。如果进入我国的学术语

---

[1] 黄翔鹏，《"悟性"与人类对音调的辨识能力——炎黄文化中几则有关辨音事例的提问》，见于《黄翔鹏文存（上卷）》，中国艺术研究院音乐研究所所编，山东文艺出版社，2007，541页。

当人文研究遭遇"听觉"课题:开拓中的学术话语(代序)

境,则还可能会把视听两者的对立叠加到将中国与西方文化审美、古典与现代文化审美、中国与西方叙事等等对立的一系列二元对立里面。

从国外听觉文化研究发展几十年历史来看,这样的二元对立框架在听觉性文化议题开始讨论的初期比较流行,并在学科领域得到进一步丰富和发展后逐渐消失。为了说明此,乔纳森·斯特恩提供了一份曾经被沃尔特·翁、麦克卢汉等广为关注的,用简短语词形式所固定下来的视听二元对立性描述。斯特恩称其为"视听连祷文"(audiovisual litany),发现其与天主教圣礼仪式中的连祷文吟诵有异曲同工之妙:

——听觉是球状环绕的,视觉则是方向性的;

——听觉将主体浸泡,视觉则提供视点;

——声音是向着我们而来的,但视觉则是向着它的对象而去的;

——听觉关注内部,视觉关注表层;

——听觉包含着与外界的物理接触,视觉则要求与之保持距离;

——听觉将我们置于事件之中,视觉则提供关于事件的视点;

——听觉趋向主观性,视觉趋向客观性;

——听觉带我们进入生命世界,视觉则将我们引向衰败和死亡;

——听觉与情感相关,视觉与理智相关;

——听觉主要是一种时间感官,视觉则主要是一种空间感官;

——听觉是一种令我们沉浸在这个世界中的感官,视觉则是一种将我们与世界分离的感官。[1]

---

[1] Jonathan Sterne, *The Audible Past: Cultural Origins of Sound Reproduction*, Duke University Press, 2003, 15. 斯特恩指出,这个列表在沃尔特·翁的 *The Presence of the Word: Some Prolegomena for Cultural and Religious History* (Minneapolis: University of Minnesota Press, 1981) 中有清晰的阐释。另外可参考 Ong, *Orality and Literacy*, 30–72; Attali, *Noise;* Lowe, *History of Bourgeois Perception*; Marshall McLuhan and Edmund Carpenter, "Acoustic Space", *in Explorations in Communication: An Anthology,* ed. Edmund Carpenter and Marshall McLuhan, Boston: Beacon, 1960.

这份"视听连祷文"从试图进行听觉、视觉属性的客观描述始,以二元对立的价值判断终。对于斯特恩来说,它"并没有提供一个进入感官史的入口",恰恰相反,"它将历史假定为发生在两种感官之间的存在。随着主导文化的感官从一种转向另外一种,历史也随之改变。视听连祷文将感官史变为了一场零和游戏,一种占据统治地位的感官必然会压抑另一种感官"。[1]

(六)其他重要前沿问题

因篇幅和研究所限,笔者难以对听觉文化研究话语建构问题全面铺陈。下面仅对另外几个重要问题做简论。

1. 听觉(声音)符号的表意以及跨符号跨媒介意义指涉问题

对听觉(声音)符号性表意机制的探索,本身就是挑战符号学既有范式和有效性的难题。从结构主义符号学高潮时期以降,音乐符号学作为一个分支学科,折射出符号学各流派与音乐学的互动。在音乐符号学之外,音乐或听觉的符号性问题也被西方比较重要的一些人文学者作为局部性问题来分析,例如出现于德里达的《声音与现象》和艺术符号论美学家苏珊·朗格《情感与形式》以及罗兰·巴特的随笔中。但至今为止,关于符号、表征、艺术创造等的机制如何通过声音得以运作,并如何通过听觉感知来表意,仍然众说纷纭。在"符号转向"退潮,"文化转向"方兴未艾的当下,如何让这样一种符号论立场之下的研究在广义"文化符号学"中发展出稳定有效的范式,也仍然是一个挑战。另外,如何用文字符号来解释关于声音/听觉的事情?语言文字符号、视觉符号、声音(听觉)符号相互之间有怎样的区别和联系?文字文献、图像

---

1 Sterne, *The Audible Past: Cultural Origins of Sound Reproduction*, 16.

文献，与声音文献的关系如何，各自的意义指涉如何被媒介形式所设定？这些多样性的探索已经在国内展开，比如陆正兰关于音乐符号学、歌词与音乐的关系等问题的一系列研究，正在该领域获得进展。

2. 语言、文学、修辞、叙事层面的声音与听觉

以语言符号为载体的文学文本具有两重性，即作为视觉符号的文字和作为听觉符号的语音，那么后者在文学本体中的功能如何？另外，讨论文学修辞和文学叙事的声音、听觉，能够与讨论实际的声音、听觉在怎样的学理层次发生关联？声音、听觉在文学修辞和叙事结构上的表征、延展，如何塑造了文学修辞、叙事结构乃至于社会想象力本身？在这一方面，国内外国文学和叙事学领域，傅修延及其团队做出了大量富有成效的工作。

3. 声音政治

尽管福柯对权力关系最脍炙人口的图解是视觉监视性的"环形监狱"（panopticon），他在《性经验史》（第一卷）也用听觉感官意义上的天主教的忏悔活动（神父与忏悔者之间阻断了视觉，只剩下听觉）来阐释权力运作的机制。听觉感官与权力、声音与政治，这些问题也被听觉文化研究者所关注。在国内，周志强借鉴并阐发了法国阿达利《噪音：音乐的政治经济学》的批评话语，开辟了声音政治批评的路径，在对我国当代声音文化现象的微观分析中示范了文化社会学洞察力、政治乌托邦想象力和当代历史文化语境"深描"这三者的结合。也有越来越多的学者在文化批评模式之下展开对改革开放以来流行音乐文化机制、声音政治的研判。

4. 视觉性研究和听觉性研究的打通与综合

现代人凭借技术手段很容易将音轨与视像拼装起来，也可以借助耳

机和随身听来将眼前与耳中的不同环境拼贴为复合式体验。鲍德里亚所说的"拟像",也应该包括声音之"像"。如何让视与听两种知识话语体系在研究中实现沟通、盘点,这构成了审美与文化修辞研究的一片深水区。电影学、媒体学以及视觉、听觉理论都在此大有可为。

5. 对听觉技术应用及其听觉性实践领域的考察

考察的对象包括声学诸学科(电磁声学、环境声学、建筑声学)、录音学、播音学,以及声音艺术、"具体音乐"、多媒体教学研发的理论与实践。另外,民俗学、人类学的一些研究和田野实践与听觉性手段的利用和对听觉性问题的考察(歌舞、口述等等)一直有不解之缘。这也可以成为听觉性研究的考察对象。考察的方法可借助技术文化史的方法,也可借助社会学、人类学的民族志方法进行"深描"甚至田野考察。考察的价值在于,这些学科深谙听觉(声音)一些极为鲜活、具体、独到的现象,有着自己的"行话",具备可资利用的经验性资源和理论资源。

6. 听觉与个人、集体记忆和身份认同

关于记忆问题的研究,无论是个人记忆还是集体记忆,目前正得到越来越多的关注,其中牵涉到心理学、哲学、文化理论、感知理论、感官研究以及媒介技术研究。听觉作为记忆构成因素的重要性不可低估。现代媒介技术在听觉上的应用,对性别、种族、身份、阶级等身份认同的塑造也起到重要作用。

最后,对听觉文化研究话语在国内进一步开拓和建构提出三点想法。

一是尊重此话语领域本身的复杂性和动态性。这需要注意避免在先入为主的问题预设和框架中去臆造,也要避免简单地将听觉文化与视觉文化二元对立起来,突出听觉贬低视觉,还要避免以偏概全,从哲学、美学、思想史、中西文化比较的论述中片面撷取某些片段，遮蔽听觉性问题的复杂性、深度、广度。还要真正做到将听觉本体的问题，与发生在语言里面的听觉性修辞、隐喻问题有所区分。

二是"实践性"优先。听觉文化研究模式有别于对文字、图像的研读范式。既然是要构建听觉性文化研究的话语场域，在研究方法上需要以"实践性"、"有效性"为先。构建出来的话语概念场域要为对听觉文化的跨文本分析提供有效的切入工具。

三是营造中国语境。要以外来的"sound studies"和国内近年来的听觉性人文学科论述为资源，开拓出一个开放、有机的知识话语场域。不仅要接榫到国内学术语境既有的文艺学、文艺理论和文化研究等的话语里面，还要与各种相关学科充分交流，构建在我国学术具体语境下的听觉文化研究学术共同语。

目 录

001 | [美国]艾米丽·汤普森（Emily Thompson）
声音、现代性和历史

012 | [美国]艾米丽·汤普森（Emily Thompson）
接通全世界：1927—1930年电影工业里的声学工程师和声音帝国

027 | [荷兰]卡林·拜斯特菲尔德（Karin Bijsterveld）、
[荷兰]何塞·凡·戴克（José van Dijck）
《声音纪念品：听觉技术、记忆和文化实践》导言

040 | [荷兰]何塞·凡·戴克（José van Dijck）
故事里的旋律：流行音乐乃记忆之土壤

050 | [荷兰]卡罗琳·伯索尔（Carolyn Birdsall）
耳证：纳粹时期的声音记忆

065 | [英国]特雷弗·平奇（Trevor Pinch）、
[荷兰]卡林·拜斯特菲尔德（Karin Bijsterveld）
声音研究：新技术和音乐

078 | [加拿大]雷蒙德·默里·谢弗（Raymond Murray Schafer）
被玻璃所阻隔的"声音景观"

084 | [英国]罗兰德·阿特金森（Rowland Atkinson）
音响生态学：都市空间的声音秩序

097 | [美国]斯蒂芬·菲尔德（Steven Feld）、
[美国]唐纳德·布莱内斯（Donald Brenneis）
做人类学的声音研究

114 | [美国]马克·卡茨（Mark Katz）
机械化音乐时代的业余爱好者

137 | [美国]乔纳森·斯特恩（Jonathan Sterne）
过往皆可听：声音复制的文化起源

167 | [美国]乔纳森·斯特恩（Jonathan Sterne）
美国商城的听觉景观：程式性编排的背景化音乐对商业空间的建构

188 | [英国]迈克尔·布尔（Michael Bull）
集视、听于一身的 iPod

202 | [美国]理查德·库伦·拉斯（Richard Cullen Rath）
不给魔鬼留下躲藏的角落

216 | [美国]米歇尔·希尔穆斯（Michele Hilmes）
广播与想象的共同体

227 | [荷兰] 卡林·拜斯特菲尔德（Karin Bijsterveld）
对技术的聆听

247 | [法国] 皮埃尔·舍费尔（Pierre Schaeffer）
听觉的内容

257 | [法国] 米歇尔·希翁（Michel Chion）
听的三种模式

267 | [美国] 布兰登·拉贝勒（Brandon LaBelle）
听觉性关联

279 | [澳大利亚] 大卫·加里奥（David Garrioch）
城市的声音：现代早期欧洲城镇的声音景观

297 | 寂寥的"声音政治批评"与"听觉文化"（代跋之一）

306 | 私人听觉——你听什么？为什么？怎样听？用什么听？
（代跋之二）

声音、现代性和历史

[美国] 艾米丽·汤普森（Emily Thompson）著
王敦、张舒然 译

> 此为艾米丽·汤普森专著《现代性的声音景观：美国1900—1933年的建筑声学及听觉文化》（*The Soundscape of Modernity: Architectural Acoustics and the Culture of Listening in America, 1900–1933*. The MIT Press, 2004）的导言，有删节。
> 作者艾米丽·汤普森，美国普林斯顿大学历史学教授，对美国十九世纪末到二十世纪初听觉文化与声学技术的转型做出了卓有成效的研究，包括建筑声学、电磁声学因素对现代听觉经验的关键性塑造作用。
> 译者王敦，中国人民大学文学院副教授。译者张舒然，美国亚利桑那州立大学东亚语言与文化系研究生。

《现代性的声音景观》所讲述和分析的，是二十世纪初美国听觉文化的历史。此书记录了当时人们所听到的声音的显著变化，并探讨了与此同等重要的听觉方式的转变。当时的人们，作为听觉商品的新兴消费者，开始被现代科学技术创造出来的新型声音所环绕。笔者认为，通过调查声音技术如何生产出这些声音，是出于怎样的文化诉求，我们就可以更全面地触摸"机器时代"（the Machine Age）的历史，特别是由科学技术方面所牵动的文化嬗变。

我把对"声音景观"的界定问题当作论述的开篇。按照二十五年前由音乐家默里·谢弗（R. Murray Schafer）首次提出的声音研究模式，声音景观，是指一个环境里面的声音状态。这主要是从环境议题上来讲。这个定义，恰好反映出了谢弗与二十世纪七十年代环境保护运动的密切联系。他对当时的声音景观做出的"被污染"的判定，是基于生态学式的忧虑。

谢弗的理念与框架，固然在社会议题和学术两个方面让人难以忘怀，但已经很难进一步推动我在历史方面的研究了。我所理解和阐述的声音景观概念，是与之有别的。我赞同法国新文化史家阿兰·科尔班（Alain Corbin）的研究路数，即将"声音景观"定义为在"听觉"接受意义上的"景观"，而不再仅仅是局限于"声音"自身的"景观"。正如视觉景观，声音景观应该既是一个物理环境，又是感知该环境的方式，以及所呈现出来的文化建构。在声音景观的物理层面，不仅包括声音本身和穿透空气的声波能量，还有那些使得声音得以产生或被消除的物质。在声音景观的文化层面，包括科学的和审美的听觉方式、聆听者与其所在环境的关系，以及支配了什么样的人能听到什么样的声音的社会环境。声音景观就像视觉景观一样，归根结底，与人类文明的关系要更甚于其跟自然的关系。正因为如此，它总是不断被建构，并时刻经历着变革。

在1900年后，美国的声音景观开始经历极具戏剧性的变化。到了1933年，美国现代文化里面的声音和听觉，都已经与过去大不相同了。声音自身，成为科技斡旋（mediation）的对象和产物。科学家和工程师为了控制声音在空间中传播的状态，对传统建材做了技术翻新。专门为控制声音传播效果而设计的各种新型材料也应运而生。紧随其后，影响更加深远的，是能够将声音转化成电磁波信号的技术应用。通过科学技术的干预，人们按照自己的愿望，努力造出前所未有的"好的声音"。人们也在社会意识的支配下，努力去消除工业时代的"噪音"。音乐会、广播和有声电影,成为大众的听觉消费品。

那种想控制声音传播状态的强烈愿望,致使美国二十世纪初期的建筑声学领域获得巨大的进展。这也促使听众对声音"质量"的需求变得更加强烈。这种想控制声音的欲望,有一部分是来自对新出现的噪音的焦虑,因为传统的人畜喧哗,已经日益被现代城市的工业化喧嚣所淹没。这种想对声音予以控制的欲望,还出自现代社会对"效率"的看重,想要消除所有多余的东西,包括多余的声音成分。对声音进行控制的这一行为,归根结底,原因在于听觉产品成为商品的市场机制。生产者和消费者一起来决定"好的声音"的构成应该是怎样的标准,并评估特定的声音产品是否符合此标准。

声音和空间的关系,也实现了分离和重组。这种分离,开始于吸音建材对声音的技术性声学处理。当电磁设备有能力直接将电磁波转换为声音时,声音便与原先赖以振动发声的空间实现了彻底的分离。当科学家和工程师越来越致力于用电磁波手段来处理声音问题时,通过电流转换出来的声音,也越来越"标准"得如出一辙,毫无个性可言。当电声设备如麦克风和扬声器从实验室步入社会,这种新的听觉思维也随之推广开来。声音被当作声波"信号"来对待。对声波"信号"进行评估的新标准也被建立起来。这自然是基于新兴的电磁波—声波转换技术。对清晰、可控、信号化的声音的渴望,变得无处不在。

建筑物回声,是建筑物反射声波,从而在空间中产生回环逗留的余音,其具体性状由空间大小、形状和表面材料等因素共同作用而成。正因为如此,从回声里可以听出特定建筑空间的声学"签名",代表其所在空间的特性。然而随着现代声音景观的进一步趋同化,回声被声学的明晰化、可控化的标准判定为"赘余",如同噪声,最好能被消除。其结果是，现代声音景观下的各种不同的场所，开始变得听起来几近雷同。从音乐厅到公司的办公室，从声学实验室到电影录音棚，不管声音是现场制作出来的还是被电磁波传输的，新的听觉效果都是清晰、直接且无回声。声音的效果与声音的源头，至此实现了分离。空间被抹除、被逾越。于是很难说清，耳边的声音到底是从哪里被生产出来的。

说这种新的声音是"现代"的，是有若干理由的。首先，是因为它"高效"。这种新的声音，通过摆脱所有当时所谓的"多余"因素，不仅在物理层面上"高效"，其信号化的产品准确性，也树立了"效率化美学"的理念标杆。当"噪音"的最小化和"好声音"的最大化之间的反比例关联被确认成为共识之后，在声音的消费者身上，便培养出了高效率的听觉行为方式。其次，说这种新的声音是"现代"的，是因为它是一个现代的产品。在这个日益被消费行为所定义的工业文化中，新的声音被当作是一种商品，而听众的耳朵亦已被市场所调教。最后，说它"现代"，是因为它是人类利用科技手段来支配物理环境的一个象征。声音、空间、时间之间的传统关系，得到了改变，展示了科学技术力量的"完胜"。从立体派艺术、爱因斯坦的物理学到乔伊斯的意识流小说，从现代的艺术家到思想家、科技专家，在他们的心中都有同一个想挑战传统时空纽带的欲望。现代声学家也是如此，并在自己的领域里实现了突破，营造了声音景观的现代化。

笔者努力想要把握这段历史时空里的情节。这一段往事，发生在1900年到1933年之间，从世纪之交波士顿交响乐厅（Symphony Hall, Boston）的首演之夜开始，终结于纽约无线电城音乐厅（Radio City Music Hall）于1932年底的开业。波士顿交响乐厅建成后，在人们的心目中如同一座古典音乐的圣殿。在这里，虔诚的听众蜂拥而至，膜拜古典音乐的杰作,尤其是贝多芬的音乐。这位作曲家的名字还被光荣地刻在镶金的台口上。与之相对,纽约无线电城音乐厅的落成,是对现代化声音的礼赞。其镶金的台口上没有经典作曲家的大名,但是装备了最先进的扬声器,向成千上万聚集其下的听众广播时下的音乐。

尽管波士顿交响乐厅是用来祭奠过去的音乐经典的,但它却是以开创了一个听觉新纪元的方式来做到如此。此交响乐厅是世界上第一个着意按照现代科学原理建造的听觉空间,运用科学技术手段,对声音效果予以了鲜明的控制,标志着现代声学技术的起飞。哈佛大学年轻的物理学家华莱士·萨宾(Wallace Sabine)被邀请作为该音乐厅的声学设计顾问时,发明了一个能够计算出空间音效的方程式,并将此成功地运用于音乐厅的声学设计。这一公式,日后被证明对声音景观的现代化转型,起到了奠基的作用。三十二年后,纽约无线电城音乐厅落成了。它标志了此前三十多年的听觉现代化转型的阶段性达成,展示了一种对声音的登峰造极的控制。纽约无线电城则以另外的新型技术方式,成为现代主义高峰期(high modernism)的听觉文化收官之作。

华莱士·萨宾关于交响乐厅的研究在二十世纪初,无疑是前卫的,因此需要细致地调查了解它,才能明白其对后世的重要性。本书的第二章专门探讨萨宾所进行的研究的细节,以及其研究结果在交响乐厅设计过程中的应用情况。他所发明的公式,对后世的发展来说是重要的历史创造。为了方便一般读者,我将通过非数学专业的表述形式来分析它的内容和意义。萨宾的研究,当然不是凭空产生的。因此需要了解其发生的背景。为此,第二章介绍了对声音进行控制的前期成果,且探讨了为什么萨宾的研究被建筑师和听众一致看作是有价值的。对交响乐厅声学效果的考察,显示出社会、文化和物理因素被复杂地结合在一起,共同参与了对"好声音"的定义和创造。

第三章到第六章从四个不同方面涵盖了从1900年到1933年的这段历史。

第三章将焦点集中到那些追随萨宾轨迹的科学家们都做了些什么。最初,这些科学家们如同前辈萨宾,也因为缺乏合适的测声仪器设备而感到苦恼。到二十世纪二十年代,新型电磁设备的发展不仅使测量声音成为可能,还由此激发了新的声波研究思维。声学专家跨出建筑声学的门槛,迈进了电磁技术领域,在声音与测量这些声音的电磁技术之间,发现了概念上的互通。对声音的信号属性的研究成为新热点。到了1930年,新仪器、新技术和描述声音的新术语,从根本上改变了声学界。"新声学"(the New Acoustics)被提出,其作为科学和专业的成就,随着美国声学学会(Acoustical Society of America)的创立而被公认。"新声学"家们努力扩展其科学技术的应用层面,努力将公众视线集中到他们的研究上,且希望他们的专业和成绩能够博得广泛的尊重。

另外,城市噪音问题引出了具有挑战性且备受瞩目的热烈讨论。于是第四章转向了公共政策范畴,记录了噪音问题及其意义的变迁。虽然噪音问题是贯穿人类历史的一个长期性问题,但二十世纪初的美国城市居民认为他们生活在一个空前吵闹的时代。传统的听觉刺激因素,逐渐被现代科技的嘈杂声所淹没,如高架火车的轰鸣声、内燃机的隆隆声、无线电通讯的嗒嗒嘶嘶声。当噪音的物理形态发生改变的时候,消灭它的社会需求和解决方式也发生了改变。在世纪之交,一些有影响力的公众人物和民意,试图通过立法手段来改变城市工业的喧嚣。然而事实证明这并不可行。当时的工业发展正如火如荼,二十世纪初期的工业喧嚣无法在当时被禁止。人们逐渐意识到,需要求助于声音技术专家来消除

声音、现代性和历史

那些不愿意听到的声音。于是在二十世纪二十年代,声学家被邀请来设计现代城市的和谐的声音环境。

当大部分与噪音做斗争的人希望将其消灭时,另一些人则由于他们周围的声音而被激发出更多的创造力。现代声音景观充满了新创造出来的乐音和噪音。第四章也研究了爵士音乐家和先锋作曲家是如何重新定义声音的意义以及乐音与噪音之间差别的。声学家也做了相似的工作,不过用的是科学仪器,而不是乐器。然而,消灭噪音的工程师们最终在主宰现代城市声音景观的尝试中失败了。他们所能够做到的,是对噪音进行越来越精确的定量测试,使得噪音问题成为公众越来越关注的热点。而在立法和公民活动的公众层面,仍然没有解决问题的有效方法。

在大众层面失败的情况下,人们渴望在私人层面获取个人听觉环境的改善。第五章即退回到私人层面,讨论人们如何通过采用建筑声学技术来解决噪音问题,并创造出一种新的现代声音产品。第五章讲述声学材料产业的崛起,记录了一系列致力于隔音和吸音等的新建筑科技的发展。声学家设计出新的材料,还将它们安装在办公室、住宅、医院、学校以及那些需要听觉改良的旧有建筑空间,如教堂和演说厅。这些得到声学改善服务的建筑空间为人们提供了躲避外部噪音的庇护所,且悄悄地把人们对声音质量的需求,从一种无法强制执行的公共权利,转化为一种私人商品,供所有能支付得起的人来购买。声学建材反映出对声音的技术支配,而且体现了对效率的价值追求。通过最大限度消除回声和其他多余的声音,这种材料创造了一个高效的声学环境,使工作于其中的人们能够从事高效的活动和生活,并启动了声音与空间终极分离的进程。第五章对具有代表性的声音改善材料及采用此材料的建筑进行案例分析,也介绍了现代声音的建筑学构建,结尾处还说明了这种被调教过的声音对美国现代建筑学的奠基所做出的不可抹杀的贡献。

由于隔音、吸音技术的成功使用,人工的封闭空间里面的无噪音"沉寂"已经可以实现。这时,一种想要以新的声音——电声——将空间充满的欲望,也随之而生。第六章考察了电声技术是如何从实验室走进社会的。麦克风、扬声器、无线电、播音装置和有声电影,给声音景观增添了新的电声产品。这些产品的消费者,正如声学科学家和工程师一样,学会了区分其想听的声音信号与不想听的"噪音"。这种区分定义了什么是"好的声音":清晰且受控制,直接且没有回声,其声音属性里抹去了产生此声音的空间来源。这种现代声音并不仅仅是电磁技术的产物,它本来是被建筑声学所构建出来的。它是二十世纪初的建筑声学和后来的电磁声学的合谋。越来越多的美国人从广播或电影中听到了并熟悉了这种现代声音。

第六章的重点在于有声电影院和录音棚的变迁。录音师和电影制片人在为电影画面空间的似真性景观搭配相应的声音的时候,不得不考虑音轨的听觉似真性问题,探索如何把已经被放逐的声音的空间感重新勾兑并加入音效中。在有声电影里面,声音的空间感重新变得不可或缺了。这成为了一种可以通过电磁手段,用对声音信号的处理而人工勾兑出来的产品。其听觉上的空间似真感,并不与真实的物理空间发生任何在场的关系。对声音的这一新处理,已经与1900年的建筑声学没有什么关系了,就连华莱士·萨宾的方程式都变得过时了。

从1900年到1930年这段故事的基本轮廓,至此已经介绍妥当。那么,对美国现代听觉转型来做文化史研究,意义何在?除了给向来沉默的历史叙事添加了一条声轨,《现代性的声音景观》这本书,还成就了些什么呢?科学史学家最近才开始将他们的注意力转移到声学上来。我所讲述的一些史实，已经被技术史领域的专门学者所熟悉。然而科学技术问题，从来也不曾独立于社会文化的需求和互动之外。我所添加的，就是我对技术专题的社会、文化诠释，把听觉技术史问题转变成为了听觉文化史问题。我的著作，不过是才开始调查这些问题。

科技史中的环保倾向也同样充满生机，并因其在城市背景中的思考而更加意义非凡。虽然我对美国城市噪音问题的探讨，是建立在其他人对此现象研究的基础之上的，但我的角度有所不同。我没有去重复二十世纪末在污染和环境退化方面的担忧论调，而是转回头去追寻二十世纪最初几十年中噪音问题的社会文化因素，借此来展现音乐家和工程师为什么要从现代世界的噪音环境中创造出新的听觉文化。我希望能够借此来展示，文化不仅仅是一个放置科技成果的有趣背景；它与科技活动本来就是不可分割的。

我从事建筑空间听觉研究，这一角度长期以来是被视觉主导型的建筑史学家所忽视的。我建议这些史学家不仅要观看，还要去"聆听"昔日的建筑，为理解美国现代建筑的兴起增添一条路径。作为这个领域的门外汉，我的研究方法和结论是否有用，那就要留给方家去评说了。

我在电影学方面同样也是一个门外汉。不过，与声学科技史以及听觉文化有关的一些最有趣且思维最缜密的研究都在此显现，而我自己的研究也从中受益匪浅。然而，如同在建筑学研究中一样，许多电影史学家依然还是以视觉为主导，主要是从了解有声电影与早期无声电影传统之间的关系来了解有声电影。相比较之下，我从一个新的角度，即声学科技发展和衍生，来探讨有声电影。如此这般，我就能说明，当时的电影人在决定有声电影听起来将会是什么样子的过程中，需要在一个更大的文化领域里考虑自身的任务。他们所做出的决定不仅反映了他们自己业内的情况，同时还显示了让有声电影得以繁荣的更广大的声音景观。

对声音景观的任何探索，最终都应该是一种对产生出它来的社会和文化的认识。比如利·施密特（Leigh Schmidt）研究了美国启蒙时期（American Enlightenment）声音的意义，由此不仅还原了美国历史中感官上的宗教经验，还记录了从中产生的科学和大众文化的话语。马克·史密斯（Mark Smith）通过还原当年的奴隶、奴隶主以及废奴主义者各自栖居的声音景观，指认出了一个不为研究者所知的美国南北战争之前的社群张力问题。这样的对声音景观的研究，也绝不仅仅局限在美国。布鲁斯·史密斯（Bruce Smith）还原了莎士比亚戏剧中那些原本响彻环球剧院（Globe Theatre）乃至早期现代英国的声音，细听了从口头文化到书面文化的变迁。詹姆斯·约翰逊（James Johnson）在法国音乐厅的声音景观中，发现了浪漫主义和资产阶级情调，而阿兰·科尔班在十九世纪法国乡村的钟声中认识到了宗教和政治权威的结构性变革。

这些新近出现的听觉文化历史叙事，对影响了声音景观的历史因素问题，说了很多让人耳目一新的话。直到最近，现代化的漫长过程依旧被认为是视觉性的，然而现在新的听觉历史显示，现代化并不像"看"起来的那么简单，特别是在现代主义高峰期。

在绝大多数情况下，机器时代的技术成就被当作是工程师们的事情，与文化无关，似乎也只有在通过艺术家的艺术的视角折射之后，才具有了文化上的意义。我并不是想否认这些艺术家以及艺术作品的重要性。但是我想说，在同一个时代里，脚踏实地的工程师和卓越艺术家的创造，两者是同等重要和同等现代的。测声器和隔音砖这些其貌不扬的技术产品，与毕加索的画、多斯·帕索斯（John Dos Passos）的文章、斯特拉文斯基（Igor Stravinsky）的音乐以及华特·格罗皮厄斯（Walter

Gropius)的建筑一样,也能对一个时代的文化发表许多见解,折射和勾勒出时代的文化建构。

马克思那句著名的"一切坚固的东西都烟消云散了",也表达了现代性文化的时间、空间的重组意味。马克思对物质层面的生活及其在历史变革中所处的角色有着深刻的洞察。我同样相信,能够在物质层面找到历史的精髓。我反对将"现代性"当作是一种抽象的"时代精神"(zeitgeist)、一个非具体的理念模型,由伟大艺术家理解和翻译,被赋予了物质形式,并在后来渗透到更加大众之意识层面。现代性是自下而上的文化构建,是由普通个人在认识世界过程中的行动和经验组成的。

声音总是"看不见摸不着、悬在半空",长久以来困扰着那些试图把握住它的人们,也同样挑战着声音景观历史研究者。但是,即便曾经的声音都永远消失了,它们还是会在器物、人及其栖居的文化中留下丰富的痕迹。以此为起点,借助现代听觉技术所产出的一些"坚固的东西",以及那些设计、建造和使用它们的人的物质性实践,我们可以开始还原那些"烟消云散"的声音,和我们的历史。

接通全世界：1927—1930年电影工业里的声学工程师和声音帝国

[美] 艾米丽·汤普森（Emily Thompson）著

王敦、程禹嘉、徐铭利 译

> 作者艾米丽·汤普森，美国普林斯顿大学历史学教授，对美国十九世纪末到二十世纪初听觉文化与声学技术的转型做出了卓有成效的研究，包括建筑声学、电磁声学因素对现代听觉经验的关键性塑造作用。著有《现代性的声音景观：美国1900—1933年的建筑声学及听觉文化》（*The Soundscape of Modernity: Architectural Acoustics and the Culture of Listening in America, 1900–1933*. The MIT Press, 2004）。此篇为 Veit Erlmann 所编 *Hearing Cultures: Essays on Sound, Listening and Modernity* (Berg, 2004) 一书里面的一章 "Wiring the World: Acoustical Engineers and the Empire of Sound in the Motion Picture Industry, 1927–1930"，为艾米丽·汤普森所撰写。译文有所删减。
>
> 译者王敦，中国人民大学文学院副教授。译者程禹嘉、徐铭利，中国人民大学文学院研究生毕业。

1930年7月25日的《纽约时报》将"听觉习惯"（the listening habit）列为"现代生活"的一种重要元素，提醒公众注意一个现象：如今美国人前所未有地具备"声音意识"（sound conscious）。这一现代声音意识的形成，起源于在这五十年之前电话和留声机的发明。然而，直到二十世纪二十年代末，听众才开始对新的"声音景观"产生自觉意识。1930年，一则隔音建筑材料广告解释了为什么会这样。广告声称，"有

接通全世界：1927—1930年电影工业里的声学工程师和声音帝国

声电影（the talkies）的到来，让人们'变得声音敏感'"。有声电影技术推动和颂扬着现代声音景观的构建。有声电影不仅为银幕上的无声暗影赋予了声音，也为现代化本身赋予了声音。

这一声音终将在世间回响。如同扬声器所发出的声波一样，新技术一瞬间向四面八方传播。大约1926年，电声设备从美国的广播和电话产业起源，继而从这里进入电影产业。最终，在几年之内，美国几乎每一家演播室和剧场都铺设了有声线路。其扩张范围也远超出其发源地美国。直到全球性的声音帝国建立以后，这场扩张才结束。从斐济到西班牙，从遥远的新西兰到东京和加尔各答的街道，横幅、招牌和游行宣告了有声电影技术的到来。

美国工程师意识到了自己在技术上的使命。他们的目标是让世界和现代美利坚"步调一致"，并且认为通过他们的同步音技术可以完成这一使命。有声电影技术的扩散，推动着世界从殖民帝国主义模式转型为一套更复杂、矛盾的关系。今天，这套关系被称为全球主义。

美国工程师（以及电影制作人）将有声电影的全球扩张视为一场扩散型的事业——在这过程中，美国技术、商品和文化都向全球扩散，使其成为标准化、现代化的同义语。然而，那些处于传播接收端的地区的人呀具备能动性，并不仅仅是选择去接受发来的信息和技术设备。相反，他们很快就学会利用技术来让有声片发出自己民族的声音。他们通过有声片所要说的，并不一定是美国工程师所期待听到的东西。有声片为各民族、殖民地提供了一个新的斗争领域。最终获得的不是单一化（美国化）的现代声音，而是互相竞争的信号和信息的交杂。

接下来的部分，是对这一复杂和范围广阔的故事的初步探索。我首要考虑的，并非有声片的声音本身；相反，我考察的是这一新技术对于其操作者的文化意义。我以一场关于有声片技术发展的简单回顾开始，然后考虑那些在美国开始为影院安装有声设备的工程师们的实践经验问题。我在这本部分结尾时，会描绘这一进程在全球维度的遭遇，并思考工程师们的乐观愿景是如何被各地的声音多样性所击败的。

有声片发展简史

托马斯·爱迪生最早的电影构想是受到他发明留声机所激励的。因此，从一开始他就试图将画面和录制声音同步制作。然而将这一构想变成实际运作的技术是有困难的。然后在放弃同步声音计划之后，只经过几年的努力，在助手威廉·迪克森（William Dickson）的帮助之下，爱迪生就让图片动起来了。1894年4月，世界上第一家活动电影放映机影院在纽约一家鞋店的原址上开业了。每一台镜头设备可放映22秒钟的胶片。顾客可花一毛钱就能单独窥看一次。爱迪生的活动电影放映机获得了巨大成功，参展商很快将设备放置进了全国各个酒吧、游乐园和购物场所。参与竞争的类似设备也渐渐出现，大众开始对运动图像产生了贪婪的需求。一个新的行业诞生了，生产商几乎拍摄了任何动态的东西，来满足看起来不断增长的市场需求。

不过在一年之内，这个新奇玩意儿的热度就逐渐消退了。爱迪生试图重拾将声音与画面搭配的主意，以此重振业务。当时的消费者通过活动电影放映机的标准取景器收看（画面），用一对耳管收听留声机的背景声音。但这并没有真正实现音画同步，声音的播放不过是类似于背景音乐而已。大众并未对这一新搭配产生多少热情。尽管如此，这个新行业还是重焕了青春，但不是靠声音，而是靠投影。与一个人通过小屏幕看小电影相比，将活动影像投放至大屏幕上，和一群人一起观看，这给

接通全世界：1927—1930年电影工业里的声学工程师和声音帝国

人留下的印象要深刻得多。而且，通过银幕上的投影，一个新的、经久不衰的大众娱乐方式诞生了。

随着投影的诞生，挑战音画同步难题的尝试也日渐增加。不仅在声音和画面之间维持音画同步是一个难题，而且让声音大到让剧场里的每位观众都可以听到也有难度——这确实是个问题，因为在那个时代，唯一的录音来源是声学留声机，它是非电、非扩音的。欧美的众多发明家面临着音画同步和音量放大的双重挑战。在二十世纪头二十年也出现了各种各样尝试性的声音电影系统，但全部遇到音量不足和声画同步性频繁失调的问题，且没有一个获得商业上的成功。

爱迪生做了他本人的最后一次尝试。他将自己的两项发明，一个超大的留声机和一个投影仪，通过传送带和滑轮简单连接。虽然这一开始令人印象深刻，但最终也被证明和其他人的方案一样失败。在1913年2月的首次亮相中，观众们印象还算深刻，但后续的放映却不太成功。音画同步实现了，但是扩音器放大了唱片上的表面噪音。

至此，电影业基本上放弃了音画同步的梦想。如果爱迪生自己都不能让电影发出声音，谁能呢？此外，公众也为默片大声疾呼：为什么要改变一个已经成功的产品？之后，让实验继续下去的动力并不是来自行业本身，而是来自外部，来自电学发明家和制造商——他们还没有从默片的成功中获利。这些人意识到，近来应用于长途通讯、收音机、电子唱机和公共扩音系统的新电声技术——真空管扩音器和扬声器——也可以在电影院高质量地扩大声音。

电学发明家李·德·福雷斯特（Lee de Forest）发明的三级真空管是各种形式的电声扩音的基础。就在1913年爱迪生的活动电影放映机的声音同步播放尝试失败之时，李·德·福雷斯特开始试验用一种方法往摄影胶片上录制声音。发明家西奥多·凯斯(Theodore Case)改进了德·福雷斯特的设计,并且做到将在胶片上录制的声音予以播放。凯斯和德·福雷斯特最终创建了一个实现音画同步的系统。德·福雷斯特在1924年创立了有声电影公司(Phonofilm Corporation),凯斯是他的合作伙伴。德·福雷斯特也说服了几十家剧院老板安装他的设备,上演了其公司制作的有声短片。这些电影通常是由歌舞剧演员们表演的音乐剧,获得了各种评论。性情古怪的评论家很快就不再是发明家们最担心的问题了。德·福雷斯特追求高度创造性的财务策略,为公司创造营业收入,这很快和美国司法部产生了冲突。凯斯带着自己有贡献的那部分专利离开了公司。虽然1926年德·福雷斯特的美国本土公司破产了,但是他已经给授权给许多国际子公司继续推广他的系统。二十世纪二十年代末,全球很多电影发烧友通过德·福雷斯特公司的设备头一次体验到音画同步影片的诱人味道。

在美国国内,美国电话电报公司(AT&T)、通用电气(General Electric)和德·福雷斯特分享真空管扩音技术和广播喇叭技术的合法使用权。这些公司同时也开始探索开发电影业。通用电气公司的研究员查尔斯·霍克西(Charles Hoxie)发明了一种全新的声音录制技术。这是让声波振动微小的镜面,并投射到电影胶片上,录制为专门的一条光斑痕迹作为音轨,播放时候,再将光讯号转化为电讯号,再转化为声波。这项技术,被悦耳地命名为"振荡光音"(the Pallophotophone)。1919年,当美国无线电公司(the Radio Corporation of America,RCA)通过合并通用电气与无线电通信相关的资源和西屋公司(Westinghouse)而创立时,"振荡光音"也被用来预先录制广播节目并在广播中播放。但该公司不打算将这项技术应用到在电影上。

接通全世界：1927—1930年电影工业里的声学工程师和声音帝国

美国电话电报公司（AT&T）与美国无线电公司（RCA）不同，它对进军电影商业十分感兴趣。在电影胶片中添加音轨的技术系统，和让唱片与电影胶片协同播放的技术系统，被同时进行研发。美国电话电报公司下属的子公司西电公司（Western Electric）集中于研究后者，并获得成功，到1924年之前，他们一直在向好莱坞的大牌演员展示这套系统。但几乎无人问津。事实上，电影业内几乎所有的领袖人物从那时起的很长一段时间内都对有声电影的发展前景予以否定。但是，当派拉蒙（Paramount）、米高梅电影制片公司（MGM）和其他一线的电影制片厂都对这项新技术充耳不闻时，一个由四兄弟经营的二流机构——华纳兄弟公司（Warner Bros.）选择倾听它。

1924年，华纳兄弟公司的制片厂开始发起一场颇具侵略性的战役以奠定自己在电影制作、分配和放映中的主导地位。西电公司的那套有声电影系统激发了萨姆·华纳（Sam Warner）的兴趣，他说服自己的兄弟这是他们成名的好机会——华纳兄弟可以用录制的声音代替在剧场中的现场音乐。由百老汇最著名轻歌舞剧演员出演的有声电影短片可以代替地方剧院提供的普通的当地演出，为正片所录制播放的管弦乐同样也可以替代剧场现场的乐手的质量参差不齐的音乐伴奏。通过提供标准化的高质量音乐节目，华纳兄弟就可以把每个华纳剧场都转变成音乐演出现场，无论这个剧场本身多小多偏僻。

1925年，华纳兄弟和西电公司合力形成了维他风公司（Vitaphone Corporation）。1926年8月6日，维他风公司在纽约的华纳剧院推出了第一个节目。节目一开始放映了电影业界沙皇威尔·海斯（Will Hays）的演讲以及一系列"高级"音乐短片。纽约交响乐团演奏了瓦格纳的歌剧《唐豪瑟》序曲，以及其他精彩展示。但华纳公司的大多数竞争对手仍坚信维他风不过是一时的流行,直到阿尔·乔森(Al Jolson)的维他风专题节目,1927年的《爵士歌王》(*The Jazz Singer*)改变了一切。电影本身的虚构叙述加强了它所带来的技术改革方面的影响。乔森扮演的角色杰克,是一个爱好爵士乐的现代音乐家。他的父亲是一个受传统束缚的唱诗班领唱人,他想和这个亵渎神灵的儿子断绝关系,影片的高潮就发生在已经是一名百老汇明星的杰克回家和自己的父母和解时。在一个经典桥段中,母亲拥抱了归来的儿子,儿子也唱起带着爵士乐旋律的歌曲进行回应。然而父亲打断了一切,他愤怒地喝令道:"安静!"在音乐再次响起之前,场面沉默了十几秒。此时的沉寂,突然让人感觉无法忍受了。影片在此时恢复了默片时代的对白词幕,以及杰克向父亲恳求时的无声的哑剧表演状,深刻地强调了这样的信息:声音才是未来。这个信息,响亮而清晰地被电影观众和处于激烈竞争中的电影制片商们听到了。

到了1928年,好莱坞充分意识到这种新的声音技术将不会像其之前的一些技术尝试那样消失。美国无线电公司如今提供一种叫做光音器(Photophone)的胶片加音轨系统(sound-on-film)来抗衡西电公司的唱片与胶片同步系统(sound-on-disc)。1928年期间,电影公司争相搭建有声舞台,安装声音设备以及学着如何操作这些仪器。大量有声电影作品得以涌现。因为放映商们现在都争着去放这些新电影,所以接通有声电线的剧场数量也在增加。到了1932年,仅剩下百分之二的美国剧场还在放默片。

西电公司宣称这种新系统乃是"电话的产物",强调有声电影与声学技术之间的联系。美国无线电公司将它的有声电影指称为"无线电画面"以突出它们的声学渊源。电影从无声到有声的转变是极度突然的,而且

接通全世界：1927—1930年电影工业里的声学工程师和声音帝国

这种转变是以先前技术无法达到的方式，吸引了消费者的注意力。各种声画同步系统的竞争式发展，让听众的视听行为达到了从未有过的细致。正如《纽约时报》所报道的，在通过消费全新的有声商品来重新定义"现代生活"的过程中，观众变成"具备了声音意识的"人。

声音工程师与美国影剧院的线路铺设

在这种刚刚具备听觉性自觉意识的文化里面，成为一名声音工程师是令人兴奋的工作。这一全新的工作机会吸引了一批有听觉倾向的年轻人。他们大部分都受雇于电气研究产品股份有限公司（ERPI: Electrical Research Products, Inc）。这是由美国电话电报公司（AT&T）所成立的子公司，以运营其电影商业。1929年，电气研究产品公司收到了几乎八千封求职信。只有432名申请者受雇，其中很大一部分员工是来自贝尔系统（Bell System）的，还有很大一部分员工的背景广泛，有来自无线电领域的，还有来自电话或电力领域的。受雇者在正式从事这项新工作之前，会接受为期三个星期的培训。他们会学习复杂而精细的仪器操作技巧，还有建筑声学的基础知识。他们也会学习倾听，这项"听觉训练"，正如它的名字那样，要让每个新的工程师学会"借助他们的听觉能力来查找系统故障，识别某些缺失的频率范围，同时找到引起此类失调的设备故障"（《电气研究产品报》[*Erpigram*]，1930年5月1日，第5页）。

在完成训练并正式开始在剧院安装声音设备的实践工作之前，电气研究产品公司的就职工程师要做的第一件任务就是在剧院的安装工作现场完成一次实习性质的听觉调查。为了保证观众席的声音质量，他要在分析观众席的听觉性能的基础上，向剧院推荐具体的设备以及对建筑改动提出建议。该公司自家的新闻通讯机构《电气研究产品报》解释了这一过程：

　　为了完成这项调查，要求工程师精确地确定出音量和观众的座位数，剧场使用的覆盖及装饰所用材料的种类、厚度和数量，座位和器具的确切类型等等。还包括噪音调查以及对降低室内一切噪音的建议。所得报告包括五页，其中还得有精确的透视图或者建筑师的手绘稿，这项调查才算完成。（1929年12月15日，第3页）

　　为了让全美国乃至全世界的电影院都安装上听觉设备，统一着装的电力研究产品公司（ERPI）工程师们就像一场大型游戏的逐猎者四处出击。他们"装足弹药，继续征途，去驱赶叫做沉默的妖怪和它的近亲'混响将军'。……每个人都配备了一个用来装设备的背包。里面包括用来测量房屋的钢卷尺。他要分析出建筑物结构中所隐藏的声响恐怖怪，比如'靠墙砖来撑腰的洋灰'。"他们的装备里面还囊括了一把特制的玩具枪，这是借助其开枪时候清脆的声音，用来"搜寻出混响将军和他的回声小兵并将之驱逐出剧院的"。（《电气研究产品报》，1930年1月15日，第4页）。被送到俄亥俄州"广州"市洛伊斯剧院（Loew's Theatre）的ERPI工程师可能感觉好像他们真的是在狩猎远征（《电气研究产品报》，1929年7月20日，第5页）：这些人听到从屏幕方向传出巨响，"花了大量时间试图找到噪音所在"（正如他们被训练的那样去做），结果发现声音竟然是从后台关在笼子里的六只狮子那里发出来的！

　　到了1929年的1月，ERPI已经为超过1000个场所进行了安装，每月安装任务超过250个。到年底已经安装了将近4000家。在每一个安装场所，在安装工程师安装之后，服务工程师会接管后续服务工作。延续先前对电话生意的处理方式，美国电话电报公司（AT&T）下属的ERPI出租而非出卖它的有声电影系统。公司提供的后续服务乃是竞争市场上有力的卖点。每个服务工程师负责一块地理区域,并对自己区域的每一家剧院进行周期性访问,检查设备以及校正问题。

显而易见,这对年轻人来说是种令人激动的生活方式——不停地旅行,住旅馆,通过电报流与总部保持联系,以及将新技术带到盼其到来的城乡中。ERPI工程师们的技术专业知识赋予他们额外的权力,高人一等的尊重以及获得在其他时候无法进入某地的许可权。举个例子,在亚拉巴马州的首府蒙哥马利,服务工程师J·W.波兰德(J. W. Borland)是允许进入黑人平民剧院(Pekin Theatre)的唯一一名白人。

这种优越感在ERPI工程师外派出国时更加有增无减。早在1928年的12月,工程师们的工作地点就不仅抵达了欧洲,还包括澳洲、印度、西印度群岛和巴西。他们所受到的热烈欢迎以及在这些遥远土地上经历的冒险,激励他们把工作当成一项输出技术的使命。通过将声音装置连通向全世界,他们觉得自己是在安装通往现代化的导管,这将使这些看起来似乎发展迟缓的落后人群变得更像他们自己。

接通全世界

声音工程师对自己全球任务的使命感,被一位名叫巴登·巴克豪斯(Baden Backhouse)的人士所捕捉,发表在其题名为"电气研究产品航行日志"(Erpilog)的诗中(《电气研究产品报》1929年7月20日,第9页):

从好莱坞到阿尔伯克基,

从朱诺到纽约,

荧幕闪烁之处

不再只有目光停驻——
因为 ERPI 让它们开口说话！

澳大利亚的城市啊
都知晓声音的魔力，
穿过快乐巴黎的池塘
"有声电影"在他们中间口口相传——
这就是 ERPI 的欧洲领土！

中国人无视其偶像，
日本人要切腹自尽
穆罕默德的血脉逐渐微弱
那是因为 ERPI 崛起于
大米与咖喱之地！

很快就轮到爱斯基摩人了
他们会知道恋物为何物，
横穿赤道的食人族
懒得管烹煮的壶罐和敬仰的图腾
只想听银屏上的声音！

那些没有纽带的民族
憎恶像瘟疫般疯长，
谁来驱逐愚昧和纷乱

接通全世界：1927—1930年电影工业里的声学工程师和声音帝国

还世界全新的生命契约？

究竟怎样？只有ERPI是答案！

巴克豪斯的诗描述了这样一个世界：不同民族的人热情一致地抛弃了他们的文化遗产和传统，爱上了电气研究产品股份有限公司（ERPI: Electrical Research Product, Inc.）提供的娱乐——"银屏"，从而改进自己和世界。这样一种文化帝国主义式的想象，清晰地传达出了二十世纪早期美国人救援世界文明的努力——如同一战期间美国部队的出征。当ERPI第一批派往英国的工程师在1929年的夏天启程时，他们被唤作"美国远征军"。ERPI装备过的最北端的电影院离北极圈不足60英里，最南端的电影院坐落于新西兰南岛的最南点。安装在一艘海洋班轮上的有声电影系统，则在1930年5月完成了随船环航地球。

新安装的有声电影系统在世界各地的第一次亮相都收到了巨大的欢迎。ERPI的工程师觉得这"表明他们喜爱有声电影，不管他们是否能懂英语"（《电气研究产品报》，1929年6月20日，第1版）。尽管这个状态在有声电影的初期确乎如此，但这不会长久持续。当观众们要求从有声电影中获得更多的东西，不再仅仅是对一项刺激的新技术的体验之时，工程师们文化上的天真便暴露无遗。事实上，不久以后，全世界的观众群起反抗有声电影的美国统治权，而不是支持它。

在全球有声电影的第一年，各国除了模仿美国电影业那样拍有声电影并且在电影院安装美国公司提供的有声装置，也没有别的路可以走。大多数欧洲国家的电影工业仍在从一战的毁灭所慢慢恢复的过程中。大多数非西方国家尚未给本国的电影工业添砖加瓦。这些国家大都在第一次世界大战之前遭遇了早期的欧洲电影。当战争行为中止了欧洲电影的影响力，美国发行商充分利用了这个局面的优势，得到联邦政府的帮助，基本上用好莱坞的产品填满了世界市场。

有声电影的出现给欧洲、亚洲和非洲的努力挣扎着竞争的电影制作人带来了额外的经济负担。因此，从1929到1930年，好莱坞在世界银幕上的领导权不断加强。于是乎，在印度广为流传着美国环球影城公司的《爱的旋律》（*Melody of Love*）；斐济人为《阿比的爱尔兰玫瑰》（*Abie's Irish Rose*）所倾倒，上海放映了《爱的大游行》（*Love Parade*）、《丽奥丽塔》（*Rio Rita*）和《好莱坞滑稽剧》（*Hollywood Revue*）。这段时间在数量上占压倒多数的音乐剧类型的电影，帮助减小了走向全球后的语言不通问题。但这终究不是长久之计。

在上海新海伦电影院（the New Helen Theater），经理在观众席建了一个台子，他安排六个中国演员边看电影边小心地同步用当地语言给对话配音。在麦克风里，他们的声音通过电影院的声音系统被放大和广播，盖过了电影放映出来的音乐和英文对白（《电气研究产品报》1930年7月15日，第3页）。

美国制作人也开始试着发行美国电影的外语配音版本，但1930年的声音编辑技术使这个过程很困难，并且不太令人满意。对话字幕也在探索中。在这种情况之下，害怕失去国际市场美国制作人，采用了同步制作电影的多种外国语版本的翻拍策略。为了"多种语言"的翻拍，派拉蒙公司在法国开了一家新的工作室。其他公司则把法国的、德国的和西班牙的演员带到好莱坞，一个场景对一个场景地重新拍摄已经发行的英语电影。然而，这些用外语来重拍的电影，缺乏最初制作的"明星吸引力"，他们没能产生期待的海外收益。到了1931年，大多数工作室抛弃了这项做法。这时，欧洲很多国家以及一些其他的国家尤其是印度，

接通全世界：1927—1930年电影工业里的声学工程师和声音帝国

能够提供他们自己本国语言的电影产品，直接和美国的英语电影竞争。

在欧洲，有声电影的形势激发了国家政府采取行动支持国家电影工业的发展。德国的法院成功阻塞了美国有声系统和美国有声电影长达一年。在别的地方，进口限额和进口税减缓了美国电影的涌入。

印度的有声电影工业被1931年印度生产的第一部有声电影《阿拉姆·阿拉》（*Alam Ara*）所唤醒。其导演伊朗尼（Shri Irani）在1956年回忆道："当我1929年在精益求精（Excelsior）电影院看到美国音乐剧电影《演艺船》（*Show Boat*）的时候，我受到激发，要制作一部印度语电影……这个项目起初很冒险，因为在印度，我们没有设备、没有工具、没有经验开拍有声电影。但是不管如何，我在现有准备下决定一往无前，因为制作我们自己民族语言的电影的诱惑不可抵挡。"[1]

伊朗尼回忆起当外国设备到达他的帝国摄影棚（Imperial Studios）时，"每个人都觉得这是一个新纪年的黎明。"尽管他起先雇佣了一名外国专家来指导他和员工使用声音系统，但当伊朗尼在拍摄电影时，发现西洋的知识技能无法完全满足这部印度电影的需要。《阿拉姆·阿拉》是印度人的杰作。观众对它的接受是狂热的。印度电影，尤其是像《阿拉姆·阿拉》这样的音乐歌舞片，很快获得繁荣。

印度的情况也带出了多语言并存问题，因为不同的民族说印地语、乌尔都语、泰卢固语和各种各样其他的语言。有一个制作人声称印地语电影在印度完成了野心勃勃的语言统一目标："有声电影在印度的每个隐蔽点每个角落传播了印地语。不夸张地说，像孟加拉和马德拉斯这样的省份是通过有声电影学会了印地语的。"[2]

---

1 *Indian Talkie 1931–1956*, Silver Jubilee Program. Bombay: Film Federation of India, 1956, 23.

2 *Indian Talkie 1931–1956*, Silver Jubilee Program. Bombay: Film Federation of India, 1956, 33.

很明显的是，在二十世纪三十年代及其以后，有声电影技术越来越多地服务于世界各地的民族主义进程。在意大利，墨索里尼意识到有声电影的政治用途，德国的扬声器助力于所谓"国家社会主义"的形成。当《福克斯有声电影讽刺剧》（*Fox Movietone Follies*）1929年在巴黎上映的时候，法国人对外语电影的抗议之声甚至升级为暴动和对电影院的摧毁。由于声音的引入，无声电影时代的"国际主义"很快被民族国家的多样化市场所代替。

最初为全世界的影院接通有声装备的ERPI工程师团队已经离去很久了。当他们被派驻到世界各地的时候，他们被收到的热烈欢迎所陶醉，但无法预料其带来的技术会播下怎样的种子。ERPI工程师是在文化帝国主义的时代被派出来工作的。在他们环游世界的那个短暂时刻，工程师那种觉得声音科技将使得世界大一统的梦想，似乎是触手可及的。地球上各地之间的距离也许会通过西方的电学声学技术而变得更近。

最终，这幅图景被证明是幻想。尽管新的声音系统确实提供了共同的物质性，并激发了世界范围内在这一领域的科技进步，但这同时使每个国家和殖民地的电影制造者得以清晰表达各自的民族意识，并处于相互竞争之中。有声电影加强了国界，增强了愈演愈烈的民族主义趋势。

《声音纪念品：听觉技术、记忆和文化实践》导言

[荷兰] 卡林·拜斯特菲尔德（Karin Bijsterveld）、
[荷兰] 何塞·凡·戴克（José van Dijck）著
王敦、俞小婷 译

> 卡林·拜斯特菲尔德，荷兰马斯特里赫特大学教授，从事对噪音、声音文化史、音乐与技术关系等的研究。何塞·凡·戴克，荷兰阿姆斯特丹大学教授。从事数码文化、社会媒体等方面的研究。此为两位作者合编《声音纪念品：听觉技术、记忆和文化实践》（*Sound Souvenirs: Audio Technologies, Memory and Cultural Practices*. Amsterdam University Press, 2009）一书的导言，为二人合写。译文略有缩编。
> 译者王敦，中国人民大学文学院副教授。译者俞小婷，中山大学中文系硕士研究生毕业。

一

在学者帕斯卡·梅西耶（Pascal Mercier）所著的当代哲理思辨性小说《帕尔曼的沉默》（*Perlmann's Silence*）中，（虚构的主人公）语言学家菲利普·帕尔曼教授陷入了危机。对他来说，熟悉的事物都丧失了"在场"性。他只有借助记忆才能触及生命体验的实存感。为了应邀准备某重要学术会议的主题发言，他开始翻译一位俄国同行关于语言与记忆关系的论文，并禁不住对该问题的一个方面展开思索：人的感官

记忆是否会由于个人回顾性叙事的更改而被更改？（帕尔曼对此的思辨，是在他的发言稿中唯一没有剽窃俄国同行的原创。）

　　帕尔曼的纠结，触及了本书的核心论题：人不可能仅仅通过语言来召回往事和情感，还需要通过对声音和音乐等的感官体验来进行；现代人对往事的记忆，也包括了曾经听过的某段录音和摆弄那些音响设备时的感官和物质性体验。听觉技术使人们得以重温这类体验。于是，就有了摆在你面前的这样一本书。它为你讲述人们是如何利用声音技术进行种种文化实践的——人们诱导、重构、美化和管理自己的记忆，甚至营造自己未曾参与其中的社会文化之想象的"过去"。

　　近几十年来，人们已经日益认识到声音对于营造记忆和归属感的重要性。因为听觉的记忆难以忘怀，所以我们珍藏各种"声音纪念品"如唱片、盘式磁带、卡式磁带。艺术家和普通听众也新瓶装旧酒，利用最新的数码音频技术，将过去的声响并再利用为新声。声音和记忆难解难分的关系，不仅体现在为电台里反复播放的怀旧金曲和商业化的怀旧情绪，还体现在故意用原初的技术来重现旧日歌曲的效果，以及对以往的乐曲产品所进行的收集、备份、列表、述评等。

　　本书探究有关声音的记忆问题的各种文化实践。过去几年里，在关于声音技术与文化实践关系的研究领域诞生了一批有创见的专著和论文集。然而，在本书出版之前，还没有一本是专门研究声音（包括音乐）与记忆之间的关系的。另一方面，虽然有很多关于文化记忆的论著问世，却罕有注意到听觉问题的。听觉作为记忆构成因素的重要性，每每被人低估。鉴于此，本书将桥接上述两个话题，讨论声音技术与个人乃至集体记忆的关系。

《声音纪念品：听觉技术、记忆和文化实践》导言

声音纪念品与声音技术

现在说到"声音纪念品"，人们通常会联想到压箱底的珍贵磁带和专辑。但在二十世纪七十年代，加拿大作曲家、环境思想家雷蒙德·默里·谢弗（Raymond Murray Schafer）创造这个词的时候，其含义尚未定型。在谢弗的开创性著作《音景：我们的声响环境和世界的律调》（*Soundscape: Our Sonic Environment and the Tuning of the World*）所附的术语表里，还没有出现这个词。谢弗是在提到"濒危的声音"（例如工业化生活之前的声音）时用到"声音纪念品"这个词的，意思是声音经过现代技术的存储，从而被后人铭记。然而对于谢弗而言，录音技术也有其负面，可以被用来篡改并夸大被"罐装"起来的声音，从而为现代声音环境的"污染"助纣为虐。他用"音裂"（schizophonia）来形容"声音技术将声音从其原有情境中分离"的状况。这个词在谢弗的术语表上赫然在列，表达了他对声音录制的负面性的担忧。

在本书中，我们也会碰到 作为声音纪念品的"噪音"（noise）。例如在二十世纪六十年代，青少年开始在公共空间里用便携式磁带录音机播放他们喜欢的音乐，这对另外一些人来说只是噪音而已。但我们的关注点，不是纠缠于关于"噪音"的形而上和形而下的问题，而主要讨论，经由电磁录制和供放的过去的声音，在个体和集体听觉记忆实践中所扮演的角色。我们所讨论的声音纪念品既有音乐性质的，也有非音乐的。本书收录的文章都隐含了一个共同的观点：在关于人的现代听觉纪念物记忆实践中，音乐录制品远远比家庭的非音乐类录音等录制品更能激活记忆。种种案例表明，听音乐所带来的记忆和回忆的方式，更容易嵌入到日常的文化实践中。音乐更能勾起人的情绪，帮助人们反复品咂过去；人们常常利用音乐而不是日常声响来打开通往回忆之门。诚然，各种声

音都有可能启动回忆，但人们很轻易就能记下乐曲，而要将日常声响深深地印入脑海则要难得多。神经学家奥利弗·沙克斯（Oliver Sacks）在其著作《恋音乐》中说，他在生活中听到过无数的狗吠声和不绝于耳的交通噪音，然而这些声音却不会像音乐一样伴随回忆而娓娓浮现出来。心理学史家杜威·德拉埃斯玛（Douwe Draaisma）也强调，随着时间的流逝，人很难记住别人的声音。人们也许能够"认出"某人的声音，但这和全面的回忆还原不是一码事。

沙克斯对此的解释是，我们可以通过千千万万种方式重构记忆画面和社会情境，但对音乐的记忆却只能有一种，那就是忠实于其已有的形态，因为我们听到它时，它就已经完全编排好了。尽管我们会带着不同的诠释和情绪，有选择地去听，但是一段音乐的特征及其构成框架——它的速度、节奏、旋律——都会被大脑仔细地记下来，如同音乐学家休仑在《甜蜜的期待》中所揭示的那样，听众能准确地定位一部乐曲中刺激了他们情感和记忆的某个瞬间。为什么是如此？从事神经学和音乐认知研究的学者对这个话题争论不休。也许，正是我们记忆音乐结构时的精确性，结合它激起的个体联想的丰富性，才使得被录制的音乐成为激发回忆的利器。

本书有几篇选文专门讨论声音技术问题，涵盖了听觉技术的"新欢旧爱"：无线广播设备、盘式和卡式录音机、晶体管收音机，还有iPod。此外，我们还会讨论扬声器、电磁模拟模式的扩音器、数字音频存储模式，以及特雷门琴（theremin，由前苏联物理学家利夫·特雷门教授发明于 1928 年，是世界上第一件电子乐器——译者注）这样的电子乐器古董。本论文集中，只有一篇是单纯地论述记忆与声音的关系问题，而不涉及声音的录制技术。卡罗琳·伯索尔（Carolyn Birdsall）关心的是声音如何激起回忆，或是当语言不足以表达过去的经验时，声音是如何发声表意的。尽管我们在本书的最后一部分把这篇和另一篇"亲耳所闻"二战的文章放在了一起，但在阅读有关声音录制技术实践的几篇之前，这篇文章也值得先看。

记忆

记忆与声音的关系问题，在音乐和音频技术研究领域一直没有形成理论话语。在关于记忆的文化理论中，有关音频感知和技术的话题更是乏人问津。近几年，一些学者考察了作为物质性中介的文化产品与人的感官知觉，分别在记忆行为中所起的作用的问题。这些研究大多数都遵循一个思考前提：个体记忆和集体记忆是被分开来考察的。当然，对这种划分方式的思路本身，也需要进行思考。

研究个体记忆的构成，向来是心理学家和认知专家的地盘。美国心理学家苏珊·布拉克（Susan Bluck）认为个体记忆有三个主要功能：维持自我存在感的连续性，分享个人记忆以增强社会联系，还有通过调用以往经验建立参照模型来区分他者与自我。人类学家和社会心理学家则强调了个体记忆构成的文化维度，尤其是叙事在记忆行为中所发挥的作用。安妮特·库恩（Annette Kuhn）等哲学家让我们认识了照片等文化产品对于"自传性"回忆的重要性。个体记忆问题在知觉展现的许多方面，都被学者研究过，尤其是视觉和语言表达方面，但从声音入手的却寥寥无几。和"影像与记忆"研究相比，对声音纪念品的研究仍旧是一片尚未开发的处女地。

对集体记忆（又叫"社会记忆"或"公共记忆"）的研究，是历史学家和社会学家的领地。这个概念是莫里斯·哈布瓦赫（Maurice

Halbwachs）在1925年提出的，他曾师从柏格森和杜尔海姆（涂尔干）。哈布瓦赫认为，记忆的发生，需要一个能把个人与更大的社交圈（诸如家庭、社区、国家）联系起来的社会框架。作为社会性动物，人类体验着与他人有关的公共事件。因此，个体记忆和集体记忆总是紧密关联的。哈布瓦赫的理论为许多当代历史学家所信服，他们将记忆的外延扩张到一些泛交际形式中：展览、纪念碑、博物馆，还有最重要的影视大众媒体。在这些地方，他人的私人证词——例如大屠杀幸存者的日记和照片——都被突出展示，并成了集体记忆的公共基准。当代记忆理论一个有趣的特点就是，学者对作为"记忆的中介"的媒介与媒介技术很感兴趣。如同我们在个体记忆理论中看到的那样，集体记忆理论也强调视觉媒介的重要性。这是必要的。但是，还很少有文化史学家会通过研究听觉表征来建构历史的集体身份。

自柏拉图开始，文字和书写的发明就被看作是导致"纯粹记忆"（未经技术"污染"的记忆）的退化的罪魁祸首，每一种代我们记事的新玩意儿都招致了忿恨与怀疑。无论是史学家还是心理学家都曾深受柏拉图影响。近年来，科技研究学者及文化理论家已经有力地论证了媒介技术在日常生活的社会实践中所占的构成性地位。技术，特别是某些音频和视觉技术，已经深入到我们的记忆行为之中。它们不是什么"罪魁祸首"，而是个体和集体记忆形成过程中不可或缺的一部分。

文化实践

技术与记忆之间错综复杂的关系，激发我们对音频技术在记忆实践中所起的中介性作用的关注。因此，本书的作者们在跨学科的研究中更倾向采用文化历史学、人类学、媒介研究、技术分析的方法，而不是心理学、神经学或音乐认知的方法。我们将"文化实践"定义为人们习惯性的行事途径以及他们对此日常性文化行为所赋予的通常意义。曾经的电磁模拟模式音频技术的发明,带来了当时新兴的文化用途;创建家庭专辑或者录制磁带做礼物等等,都曾被用来为未来回忆预存声音。晚近时间以来的数码技术向我们展现了专业录制和储存声音的新标准,这也翻新了我们对声音文化遗产的思考。

描述音频技术与文化实践之间的关系,需要一个新概念:新技术的"挪用"。随着新的音频技术面世,制造商在宣传产品时,会把新功能嵌入新设想的文化实践里。本书中,在卡林·拜斯特菲尔德(Karin Bijsterveld)和安娜利斯·雅各布(Annelies Jacobs)讲述盘式录音机的一篇里,我们看到,制造商对自己产品功能的想象力远远大于用户的实际需求。而海克·韦伯(Heike Weber)谈论便携收音机和卡式(盒带式)录音机的一篇则表明,用户在发现产品的新用途上也创意无穷,重塑了音频技术的市场应用。

二

本书分为四个部分,分别以"声音储存"、"听觉怀旧"、"技术怀古"、"亲耳所闻"为主题,不求涵盖关于声音技术与记忆实践的所有话题,但求对"技术认识论"(techoustemology)有所建树。这个词是托马斯·波切洛(Thomas Porcello)杜撰的,指的是"技术中介的形式对个人见闻的意义,以及在声音的生产和接受过程中,人们对其所在声学环境所产生的理解、感受和行动"。波切洛是从人类学家斯蒂芬·菲尔德(Steven Feld)的"声学认识论"(acoustemology)概念里得到灵感的,后者描述了非西方国家的人在听觉方面如何感知世界。就像波切洛所做的一样,我们研究的是,媒介技术在人们认识声音的过程中扮演了怎样的角色。我们更是特别关注人们如何利用声音作为回忆的中介。

声音储存(STORING SOUND)

最近数十年来,录制和保存声音的技术成倍增加。这些文化实践有效地塑造了记忆行为。

卡林·拜斯特菲尔德和安妮利斯·雅各布合写的一篇(《储存声音纪念品:对磁带式录音机的多重家庭驯化》)与乔纳森·斯特恩(Jonathan Sterne)的一篇(《数字化音频时代的声音储存悖论》)探讨了关于"声音备份"的历史与哲学问题。

前两位作者讲述了追溯听觉记忆之困难。在二十世纪五六十年代,录制一盘家庭磁带是相当复杂的技术活儿,这甚至妨碍了庞大的盘式录音机进入寻常家庭。新的文化消费形式(录制家庭声音专辑)的营销,在成熟的文化消费(制作家庭摄影相册)面前败下阵来。当制造商对新媒介产品的象征价值、使用技巧和大众习惯缺乏全面的考虑时,这种状况时有发生。

斯特恩则另辟他径发出质疑:人们事无巨细地保留声音,意义何在?我们大可以把所有已有的模拟式音频声音纪念品转换成数字格式,但这样做会有什么后果?我们真的能够继续这样无边无际地保存下去吗?如果不能,则意味着什么?斯特恩将读者引入了一个关于储存声音记录的有效性的文化悖论。

在这两篇文章之间,巴斯·詹森(Bas Jansen)的文章(《盒式磁带与曾经的自我:个人的磁带翻录如何成为记忆的中介》)分析了个人通过翻录个性化盒式磁带来传递记忆的行为。在当代民俗中,这曾经象征着把声音存作礼物送给挚爱。这篇文章定位于一个历史性的时刻:电磁转换模拟模式的磁带录音机的没落与数码技术的兴起之交。通过解析这一文化行为背后的物质、艺术与身份问题,詹森使磁带的文化含义变得清晰起来。他发现,当人们听到自己昔日的翻录时,十分关注从中遇见的是使用哪一种技术"版本"的自我。

听觉怀旧(AUDITORY NOSTALGIA)

这一部分收录了四篇从便携式听觉技术装置和音乐工业相结合的角度来讨论音乐记忆的文章。从随身收录机到iPod,都体现了都市人营造私人听觉空间的趋势。便携式音响作为私人装备,是听觉记忆术的法宝。在流行音乐方面,听觉怀旧以叙事和煽情为媒。音乐产业深谙此道,在电台大肆播放"经典摇滚"或"怀旧金曲"。

海克·韦伯从"移动收听"这个话题来做其文章(《随身携带个人声音偏好:移动式收听》)。二十世纪五十年代以来,便携式音频技术塑造了西方一代年轻人的听觉记忆,将这样的技术和听觉习惯普及向日常生活,塑造了当代听觉文化。这篇文章深入到昔日西德消费者的文化语境中,强调了三个分期,分别是便携收音机、便携收录机以及随身听的时期。海克·韦伯认为,移动听觉装置提供了技术与文化用途搭配,例如倒带和快进功能,有效地培养了个体身份认同和消费群体归属感。通过引用消费者杂志和市场调研中的例子,她探究了文化实践与技术推广战略之间的关系。

在讨论了移动音频技术的历史实践之后,我们转向了当下的数字听觉体验。在短短的几年内,iPod已经成为当代青年文化的标志。迈克尔·布尔（Michael Bull）的文章探究了 iPod 的使用体验如何与回忆融为一体（《iPod 文化的听觉怀旧》）。实际上，MP3 使用者通过引发各种听觉记忆，营造穿越时空之感。布尔从数百份 iPod 用户的访谈中发现，这些小小的装置让用户觉得能够拥有一个属于他们自己的内在"小宇宙"，安然躲进私人听觉声景里。在对用户使用情况调查的分析中，布尔审视了听觉怀旧的本质。

能帮助再现听觉记忆的不仅仅只有录音设备。在帝莫西·泰勒（Timothy Taylor）描述的一种美国现象里，对六十年代音乐现场演出的再现是听觉怀旧的关键。在他的一章（《老歌粉丝圈的表演与怀旧》）里，我们进入了新泽西街头 doo-wop 音乐风格的老歌粉丝圈。这些忠实粉丝是一群上了年纪的人。他们对这种音乐的好感，混杂着对已逝的时代与青春的怀念。除了个人对六十年代的怀旧之情，这种音乐还标志着美国历史上的一个时代——那时人们都觉得能够和平实现种族融合，这与今天街头的嘻哈乐对种族问题的尖锐表达形成了鲜明对比。通过连接个人与集体的听觉记忆，泰勒在街头 doo-wop 的表演再现实践里打开了一扇通向文化历史之窗。

的确，听觉怀旧是在个人与社群之间公共空间内发生的，人们的记忆也在此形成。何塞·凡·戴克（José van Dijck）的文章（《通过大众叙事来记住歌曲：作为记忆资源的流行音乐》）分析了荷兰音乐排行榜上的热门歌曲，指出个人与集体记忆的向心性。每年从圣诞到元旦前夜，成千上万的荷兰人为他们最喜爱的流行歌曲投票，在电台栏目里，人们讲述自己被音乐勾起的内心深处美好回忆。何塞·凡·戴克认为，这个讲述、讨论和磋商个人音乐记忆与集体音乐遗产的过程，其文化效力远比排行榜本身更重要。

《声音纪念品：听觉技术、记忆和文化实践》导言

技术怀古（TECHNOSTALGIA）

为何在数字化时代，人们如此珍惜电磁模拟模式声音供放器和古旧电吉他的声音？为什么在有了新式的合成器之后，乐手还要费大力气，把二十世纪二三十年代笨重的特雷门琴搬上舞台？在流行音乐的歌词里，过时的晶体管收音机被奉为至宝，这又传递了什么信息？

这些问题都指向了一个现象："技术怀古"。对旧式技术的缅怀有很多种，这也是本书第三部分的主题。安德里亚斯·菲克斯（Andreas Fickers）的文章（《怀旧波段：晶体管收音机的音乐记忆》）分析了英、美、法、德流行音乐歌词中对风靡一代人的晶体管收音机的咏唱，有当代翻唱的老歌，也有当今音乐人对晶体管收音机的怀旧。晶体管收音机作为最初一种便携型的个人音响消费品，受到当时西方青年人理所当然的青睐，其所蕴含的种种关于文化解放与超越的想象和隐喻，成为当今技术怀古的重要内容。

技术怀古的对象并不限于个人音响消费品和流行音乐，还涉及乐器与舞台表演。近年来，老古董电子乐器特雷门琴在世界范围内的再次走红，是一个有趣的技术怀古现象。汉斯–乔希姆·布劳恩（Hans-Joachim Braun）的文章（《平步青云？老古董乐器特雷门琴的复兴》）分析了演奏艺术对特殊效果和意味的追求，音乐的"再魅化"，以及新趣味的崛起等有趣而独特的现象。

特雷弗·平奇（Trevor Pinch）和大卫·莱内克（David Reinecke）的文章（《技术怀古：新音乐中的旧设备》）认为，即使用旧式技术装备演出流行音乐，也不能单纯地看作是"对返璞归真的渴望"。古董电吉他、电磁模拟模式扩音器和老式合成器所能做到的，不仅是怀古，本身也是一种创新。

亲耳所闻（EARWITNESSING）

本书最后的第四部分收录了卡罗琳·伯索尔（Carolyn Birdsall）和露丝·本肖普（Ruth Benschop）的两篇文章，主题都是"亲耳所闻"，案例分析都与二战记忆有关。博索尔的文章（《耳证者：纳粹时期的声音记忆》）呈现了幸存者对纳粹时期德国的声音记忆。本肖普的文章（《所有亡灵之名：音景、录音技术，和历史再现》）讨论了"声景"效果设计师如何去建构过去战争的声音情境，让听众有亲历之感。这些再营造出来的"过去"声响听起来无论有多么逼真，也只是使用电磁和声学技术所达成的"逼真"的非真实。本肖普带领读者回到了声音纪念品的双重含义上：录制技术有助于凸现珍贵的声音，也会威胁到声音的本真性。这也是回到了听觉文化研究的先驱者雷蒙德·默里·谢弗所开启的论域，而讨论还远未终结。

结论

在帕斯卡·梅西耶的当代哲理性小说《帕尔曼的沉默》中，虚构的主人公，语言学家菲利普·帕尔曼教授帕尔曼陷入了回忆之中，他感受着曾经经历的往事，觉得在回忆中这些事情才显得真切。因此，过去于他比现在更有在场感。他丧失了活在当下的感觉。在我们所编的这本书中，作者们的许多访谈对象大都通过聆听录制下来的音乐和声响，有意识地请出自己的怀旧情思，渴望回到无法折返的过去。对于现代的听觉大众而言，借助对音频技术的消费，他们能够激发起怀旧的渴望，将过去存放在触手可及的近处。

2007 年 11 月初，我们聚在一起讨论本书的构架，分享彼此的想法和调查经验。编著本书，为编者和作者都提供了许多相互交流、认同的

《声音纪念品：听觉技术、记忆和文化实践》导言

机会，我们衷心希望读者也能体验到这些。本书虽然定位在媒介理论、科技研究和文化研究的交叉路口，我们仍然期待着，书中的内容对不同专业背景的读者都有用处。本书的作者们来自七个不同的国家。在十二个章节中，每一篇里的案例都与作者各自的文化和民族背景有关。他们的年龄，从二十六岁至六十多岁不等，他们所分析的案例，成为交流代际听觉经验的难得途径。总之，作者们对听觉技术、记忆与文化实践的共同兴趣，超越了国家、民族和年龄的边界。若本书可以向读者传递这份热诚，哪怕是一小部分，我们都将倍感欣慰。

故事里的旋律：流行音乐乃记忆之土壤

[荷兰] 何塞·凡·戴克（José van Dijck）著

王敦、李惠子 译

> 何塞·凡·戴克，荷兰阿姆斯特丹大学教授。从事数码文化、社会媒体等方面的研究。此为《声音纪念品：听觉技术、记忆和文化实践》（*Sound Souvenirs: Audio Technologies, Memory and Cultural Practices*. Amsterdam University Press, 2009）一书的第七章 "Remembering Songs through Telling Stories: Pop Music as a Resource for Memory"。译文略有缩编。
>
> 译者王敦，中国人民大学文学院副教授。译者李惠子，中国人民大学文学院硕士研究生毕业。

前言

"你可以随时退房，但你永远无法离开……"，唐·亨利（Don Henley）已经唱完最后一字，紧接着是一阵动情的吉他拨弦。这激发起我脑海中一系列的情绪和记忆。我从生活了四年（1987—1991年）的加利福尼亚州返回荷兰的家之后，就经常被这首歌似曾相识的体验所激活，让我回到加州那段日日夜夜，比如住在沙漠中一家荒凉的旅馆，驾一辆皮卡车沿着101高速公路北上，在太平洋岸边掷飞盘。这首《加州旅馆》也不可避免地和我公寓里那个古旧的磁带录音机发生联系，它是一个大个儿的红色大功率手提式"路霸"型。虽然许多人认为这首歌早已烂大街了，但它所引发的我的个人记忆仍然是如此私人化。它也无疑

故事里的旋律：流行音乐乃记忆之土壤

名列过去十年里任何一个"老歌金曲"榜单的前五名。四十岁左右的中年人不可能在听到这首歌的时候没有一些相关的记忆，而年轻一代则通过他们的父母或者音乐电台而了解到这首歌及其故事。这首歌作为我的私人记忆的同时，也是社会的集体记忆。你能试着忘却它，却无法逃避……

在这章，我计划研究流行音乐的私人记忆和集体记忆这两者之间的关联，这些记忆是通过被录制的音乐或关于被录制的音乐的故事而建立起来的。流行歌曲常被当作回忆的载体，它们把特别的体验黏合到记忆里面。尽管这些记忆在现实中是可能发生过的，但物是人非，已经不可能被核实。于是我们每次回忆的时候，记忆都会进行自我重组。与其他的记忆一样，音乐记忆既反映体验，也构建体验。集体体验经常被个人表述在个人的故事中。我在此提出的问题是：我们是怎样通过故事来建构私人和集体的音乐记忆的？在音乐记忆的建构过程中叙述（叙事）起了什么作用？

为了分析那些被录制的音乐所促成的个体记忆和集体记忆，以及两者之间的交织状况，我将利用网络上一组现成的叙述性文本。这来自听众网友对我的祖国即荷兰的国家广播电台节目，"荷兰Top 2000"歌曲节目的文字性反馈。自1999年以来，荷兰的一个公共广播电台（Radio 2）推出这个长盛不衰的节目。每一年，它都会用五天的播出时间，对公众所认为的迄今为止最著名的2000首流行歌曲进行放送。这名单完全是根据听众意愿决定的，每位热心听众向电台递交他自己最爱的五首歌曲。在节目进行时，电台征求个人的评论，既有审美的评估也有关于歌曲的记忆。除了DJ通过直播方式朗读这些评论之外，它们还被完整地放到交互式网站上。另外，电台还设置了一个聊天信箱用来进行评论和交流。这样一来就形同留下来了多年的文献记录，人们可以通过它来一窥被录制出来的音乐是怎样作为记忆的媒介或资源来服务于人的。

被录制的流行音乐和自传式记忆

被录制的流行音乐是个体生活体验的信物，被我们挑选出来储存进私人记忆"点唱机"中以便在将来任何一个时刻回味。我们不可能记住一生中听过的所有歌曲，因此肯定存在一种机制来解释为什么有的旋律过耳不忘，有的则不然。一首歌为了能让人记住，必须吸引听众的注意，在与其他的体验或者感知的竞争中胜出。美国民族音乐学家托马斯·都灵（Thomas Turino）通过把音乐看做符号系统来处理音乐记忆这个令人迷惑的问题。他使用皮尔斯（Peirce）的"索引性"（indexicality）概念去解释音乐不是关于"感受"自身，而是调用了事关"感受"的符号。都灵说，音乐符号的作用是在感受者身上创造出感受声音的事件。按照都灵的说法，音乐的情感效果并不存在于音符和歌词中，而是存在于听到某首特定歌曲时的特定的情绪、感觉和体验中。因此，音乐符号裹挟着非常强烈的个体内涵，泄露出其在情感上的投资。[1] 与此同时，一个社会阶层或社群的人们在表述和理解其共同体验上面，有着相同或类似的符号运用。所以音乐符号起到了整合这些人的共通性情感体验和身份塑造的作用。歌曲就是如此。

通过对人们讲出来的被播出的音乐所感动的故事进行分析，就可以在私人记忆和集体记忆这两者之间的关联上获得有价值的洞察。通过这些故事，我们可以获知人们怎样在一首歌中投注情感，一首歌又为何对

---

1 Thomas Turino, "Signs of imagination, identity, and experience: A Peircian semiotic theory for music". *Ethnomusicology* 43.2, 1999: 221–255.

故事里的旋律：流行音乐乃记忆之土壤

听众产生了特殊意义，以及这些情愫如何能稳稳地萦绕于心，让人随时愿意与更多的人分享。

下面这段评论是在 Top 2000 节目的网络平台上，某听众对 U2 乐队的歌曲《若即若离》(*With Or Without You*) 的感受：

> 我的父亲在 1986 年 11 月猝然离世，那晚全家彻夜未眠。为了暂时忘却这哀痛，我戴上耳机听起了这首歌曲。在博诺（Bono）的嘶吼中我的悲痛得以充分表达。这个经历将毕生难忘。后来每一次再听到它，我都是热泪盈眶。(Jelle van Netten)

和强烈的愉快或是悲痛相联系着的记忆，例如上例那样，更可能在我们心中久久停留，这是因为大脑倾向于将声音知觉与情感体验捆绑起来储存。叙述性明确的回忆值得分享给旁人，因为它和普遍的以及私密的体验都能产生共鸣。

上述故事暗示了这样一个事实，即由一首歌曲所唤起的记忆实则是对储存在某人脑中的原始聆听经验的一次重复。在每次重复播放一首歌曲的时候，听众在潜意识里实则是将歌曲置换成了关于它的一些记忆。人们期望每一次听到某张唱片时都有同样的反应，这种期望源于人们渴望重新经历永恒不变的过往——就好像过去的时光也是一张唱片（可以反复播放和回忆）。许多人希望关于初次聆听体验的那段记忆是一尘不染的，不会因为时间、年龄和精神而带来损害。然而，一生中的反复聆听不可能保留原始的完整的情感。相反，"原始的聆听经历"是被持续建构的。每一次回忆都使得记忆改变，也就是说记忆的内容被当前决定的，多过被过往决定的，随着时间的推移，将被更加鲜明和强烈地着色。

通过将群体建构的意义叠加到个人记忆上，被录制的流行音乐可能构建起一种认知体系，将回忆与想象、联想和虚构予以混合。一位听众

听了披头士乐队的《便士街道》(Penny Lane)后,表达了颇为奇特的时间感受:

> 这首歌最大程度地诱发了一种周日的午后感觉,我把这种感觉和香烟、炸肉饼以及业余足球比赛联系起来。这种感觉界定了我五岁到十五岁的日子。这是一种怀旧的对于各种事物的渴望之情,尽管这首歌成为热歌的时候我还没成为胎儿在妈妈肚中呢……(M. Klink)

借助这首歌曲,这位回答者把过往一个时代的普遍情愫置换到了她的童年生活中,尽管那个时代是在她出生之前。可见,即使一个人清楚地知道某些回想并非来自真实的生活经历,这些回想或回忆也仍然会起作用。回忆和投射还是会窜入个人的故事之中。

关于音乐体验的叙述,常常将个人回忆和他人回忆编织到一起,或者和集体性记忆联系起来。某些歌曲成为"我们的歌",因为它们和"我们"(家庭或是同辈群体)发生了紧密的联系。在传达音乐偏好及其相关的感觉时,口头陈述显得尤其重要。于是,在某种程度上,要想从父母亲和兄弟姐妹讲述的故事中分辨出他们真正亲身经历过的记忆是很困难的。这当然也并不意味着孩子们就接受了他们父母亲的所有记忆和音乐品味。

年轻人通过和同辈的人交流来在头脑里面创建自己喜爱的歌单,也能通过和上一辈人交流来创建,不管上一辈人对他们的影响是积极的还是消极的。在创建自己头脑里面所喜爱的曲目单时,音乐记忆成为一种可以用来去顺应或抵制的资源。Top 2000 上五花八门的评论或许可以佐证这一点。一位听众对大门乐队(The Doors)的歌曲《暴风雨中的骑士》(Riders on the Storm)有如下回应:

> 我父亲遗留给我的东西中有一样是他的音乐品味。他的最爱是吉

故事里的旋律：流行音乐乃记忆之土壤

姆·莫里森（Jim Morrison），小的时候我就能唱出吉姆的大门乐队的每一首歌曲。奇怪的是，父亲认为，《暴风雨中的骑士》是吉姆最糟糕的单曲，而我则认为这是最棒的一首。（Joanna）

我们在这里看到的，是个人和集体的文化遗产的代际转移现象。这不仅是通过分享音乐进行的，还通过分享故事。许多贴在网站上的评论证实了文化记忆通过歌曲而共享的现象。像照片一样，被录制的歌曲涉及个人的回忆。毫不奇怪，年长者都渴望通过自己的故事把自己对音乐的偏好传达给下一代。

故事有帮助人们记住听到特定类型音乐时的心理联想的功能。这些故事就像回忆本身一样，可能随着时间而改变。当我们希望还原被音乐所引发的"原初情感"时，我们希望故事能够冻结那种感觉，以便为未来的回忆存真。然而故事就像唱片一样，仅仅是回忆过程中的资源，而这一过程通常需要跟记忆力同样多的想象力。换句话说，我们的私人音乐曲库是一个活生生的记忆，它刺激叙事性的参与，从我们第一次听到一首歌到以后每次重播它，都是如此。这样一个生动的叙事性的重现过程，赐予了唱片以意义，并且使得一首歌有了个人的和文化的价值。

被录制的音乐和"技术性怀旧"（Technostalgia）

技术和被录制音乐的实体是怀旧行为的内在组成部分。即便它们的物质性状况会随着时间的推移而老化，但物质性的老化，也往往会由此引发我们的怀念之情。通过我们与这些设备（唱片播放机、CD播放器、收音机等）和物质的东西（唱片、磁带、数字文件）之间的互动，个人记忆才得以展开。媒体技术和唱片通常被认为是一种文化欲望的延伸和隐喻，即希冀个人记忆能像一个存档库或类似的存储设施一样储存活生生的经验。说到音乐，很容易看到这个隐喻的概念起源在何处。唱片的预设功能是记录——保持——一种特殊的情绪、经验或情绪反应，将它原原本本地记载下来。人们期望技术性手段和唱片能重播一首歌曲的原始声音，这已经是老生常谈了，尽管我们认识到，唱片和设备就像身体一样，会负荷，会衰老，会随着时间而改变。被录制的音乐的"物性"是不稳定的，但这个领悟并不妨碍人们总是对音响质量特别期待，因为这早已被察觉和证明，比如伴随着近期 CD 热销而出现了"黑胶唱片怀旧病"（vinyl nostalgia）。把录制音乐当做回忆的工具的那些人通常期待着比单纯复古更多的东西：他们希望这些设备重演他们珍惜的、神奇的聆听经验。

从 Top 2000 网站上的评论去审视这种对技术手段的怀旧之情是有趣的。许多受访者通过讲述第一次听到某首特别歌曲的情形来回忆那时候的音响设备，他们强调它是如何定义了他们的聆听体验。对披头士乐队《漫长曲折的道路》（*The Long and Winding Road*），一位女士这样说：

> 第一次听到这首歌时我几乎是依偎着晶体管收音机的。这是我所听到过的最美的东西。当我拿到披头士的专辑，我几乎把力高（Lenco）小音箱（随身听的前身）压到耳朵里面去了。每当这唱片再次播放，我跪在地上，直接把我的耳朵向下，紧紧贴住地板上的扬声器。我还是想住在这首歌里……（Karin de Groot）

在这个评论中，倾听的经历似乎和初次听到播放时所使用的私人设备密不可分地交织在一起，这记忆也可以部分地在当代所使用的音响系统中得到重演。毋庸置疑，重演从来不可能彻底把人带回当初的声音设备和情境声音，当事人对此是非常清楚的，但可以肯定的是，当事人是以其自身的方式来重演那种情愫的。

音频制品和技术显然激发起对过去时代的文化乡愁。约瑟夫·奥尔[1]认为在某种程度上，每一个新媒体都在证明老旧的反而具有"正宗"感，这意味着每一种新的音频技术出现时，老旧的被珍视为再现"正宗"的工具，或者被视为"原始"的听觉经验。在数字时代，划痕、记号或噪声可以从磁带中删除掉，从而使旧的录音声音变得纯净，但它们也可以被添加到磁带中，使一段纯净的声音听起来古老。音响技术从而在不同代际之间形成对话，成为当代的流行歌曲的表现手段之一，如果需要表现历史感的话。奇怪的是，声音技术同时也是变化和保留的中介。使用新的数字技术，过去的声音体验能在将来被保留下来或者重建。

毋庸置疑，被录制下来的音乐的物质性存在形式，对记忆的过程是有影响的。"被录制下来的音乐"这个范畴已经越来越大了，现在已经包括了用黑胶唱片、录音带、CD 存储音乐，以及用 MP3 等文件形式存储在计算机上或移动存储介质上。但它们每个的状态都在变化，并且这种变化会影响它们在记忆形成中的功能。听音乐电台直播、听唱片、听磁带或听 MP3 播放器播放音乐，感觉都会不同。

聆听经历的分享和交流

歌曲所连带的记忆，本质上很难说只是个体性的反应而已。被录制下来的音乐通过集体性的聆听和欣赏被感知和被评价。个人记忆几乎无一例外地出现在社会实践的背景下，如音乐交流和公共聆听，还有流行的电台节目，现场音乐会等等。这些社会实践和文化形式给回忆创建了一个情境，并成为集体身份建构的载体。社会学家蒂亚·迪诺拉[2]在她的

---

1 Joseph Auer, "Making Old Machines Speak: Images of Technology in Recent Music", *ECHO* 2.2, 2000. URL: www.humnet.ucla.edu/echo, accessed 19. July, 2007.

2 Tia De Nora, *Music in Everyday Life*. Cambridge: Cambridge University Press, 2000

民族志研究中调查年轻人怎样在日常生活中使用音响设备以及音乐何以帮助个人演变成社会行动者。自从在十九世纪的最后十年，人们开始用留声机来录制声音以后，声音体验已经通过表演仪式被赋予了作为集体记忆的意义。从那时候起，聆听录制音乐，就像日后的音乐共享和音乐交换一样，一直是社会活动。这在帮助个人塑造音乐口味的同时，也兴建了身份认同体。[1]

因此，听流行音乐的社交性变成人们记忆固有的一部分就不难理解了。举例来说，一位听众在 Top 2000 的聊天室里给出了如下评论：

> 那是在 1976 年，我与一些朋友在当地的足球俱乐部组织了迪斯科活动。这种活动总是会变成像"选择你最喜欢的流行曲"的一场锦标赛一样。Top 2000 使我记起那段日子。(Henk Vink)

如果通读 Top 2000 上的所有评论就会发现，差不多每十个人中就有一个讲述这样的事实，即一群人，不管是一个三世同堂的家庭，还是工人群体或办公室人员，都作为一个群体持续关注着连续五天播放不停的节目。一位女士在 Top 2000 上留言说，在房子装修期间听 Top 2000 的播放，有效地改善了她和爷爷、父母以及孩子的关系。电台节目造就了听众集体，与此同时也产生了很多集体的回忆。因此与群体分享音乐或者一起合唱，成为由音乐引发出来的情感的一部分。

即使有些声音技术由于其硬件本身性质使得聆听音乐成为一个单独的活动，但它们仍然可以用于组建社会性的行为。自从二十世纪七十年代出现随身听以来，个人可以用个人音响来营造个人的声音空间，但这些技术也可以有社会用途，作为服务于集体收听的工具。以下是一个

1　Simon Frith, *Performing Rites: On the Value of Popular Music*. Oxford: Oxford University Press, 1996.

十八岁的听众给 Top 2000 网站写的评论：

> 去年夏天，我和我的六个同学驱车前往法国庆祝我们高中毕业。我们听了很多老歌。我们开两辆车，每辆车都有连接到立体声系统的 iPod，我们跟随着我们自编的播放曲目，放声大唱。现在我们已经分开到了不同的大学，但下个月，我们将有一个聚会，我敢肯定我们还会随身带着我们的 iPod，一定可以再次收获美好的回忆。（Willem van Oostrum）

将 iPod 插入汽车的音响系统，可以让这些学生跟着录音一起唱，这是铭刻在一代年轻人心中的故事。他们有意识地创造了自己的声音记忆，使用最新的设备来体验和消费旧时金曲。所以，MP3 一类的播放器不仅仅是单纯的个人音乐工具，它更是人们建立集体记忆的得力帮手。MP3 文件轻易地给了听众复制和交换的轻松交流之便。虽然这样的数字物质性在最近几年已经成为一个争论的焦点，因为它涉及盗版和免费下载音乐的现象，但无论如何，新的文化习俗和那些混合、共享的习惯正在产生。这方面是值得去研究一下的。

综上所述，诸如公共聆听和交换录制音乐的这些文化实践，在帮助理解我们为什么和怎样通过叙述性经历来构建分享的记忆时，显得至关重要。音乐记忆既是通过社会实践和文化形式来塑造的，也同样多地通过个人的情绪塑造。新的数字技术使音乐爱好者可以定制自己喜欢的收藏歌曲，并且在身份和共同体的建构中作为一种象征性的资源来使用。

"你可以随时退房，但你永远无法离开……"

耳证：纳粹时期的声音记忆

[荷兰]卡罗琳·伯索尔（Carolyn Birdsall）著
王敦、蒋歆微 译

> 卡罗琳·伯索尔，荷兰阿姆斯特丹大学教授，从事对噪音、声音文化史、音乐与技术关系等的研究，专著有《纳粹声音景观：德国的声音、技术与城市空间，1933—1945》（*Nazi Soundscapes: Sound, Technology and Urban Space in Germany, 1933–1945*. Amsterdam University Press, 2012）。此文原名"Earwitnessing: Sound Memories of the Nazi Period"，收录于《声音纪念品：听觉技术、记忆，和文化实践》（*Sound Souvenirs: Audio Technologies, Memory and Cultural Practices*. Amsterdam University Press, 2009）一书，169—181页。译文略有缩编。
> 译者王敦，中国人民大学文学院副教授。译者蒋歆微，中国人民大学文学院硕士研究生毕业。

应当谈论这样一些事件，
它如同被召唤惊醒的回声，在我们耳旁萦绕；
它如同一个声音，
曾经在过往黑暗前世的某个地方被听到。

——本雅明

导言

有这样一种趋势：认为"声音纪念品"（sound souvenirs），无论是录制的声音，还是乐谱和歌词，可以起到唤醒听者的回忆的效果。听觉技术（sound technologies）也通常被视为"记忆的隐喻"（metaphors of memory），这种新技术能够引发对过时的载体的怀旧感。在这些情况下，声音可以用来对过去进行追怀。这依赖于外在的、物质的客体如技术、载体等。然而，我试图在下文通过考察记忆背后的个体和社会语境，来探讨声音的地位。人们对见证者（eyewitness）的常见看法却仍旧支持某种"目击者"概念，在视觉和语义学的意义上，这位目击者亲历并记忆事件。本文致力于探讨"耳证者"（earwitness）的概念。这不同于视觉主义者对证人的理解。在此背景之下，我将不仅在怀旧的声音记忆这个层面研究"声音纪念品"，还会探讨"声音纪念品"与创伤性事件（traumatic events）的关联。

1977年，谢弗（Raymond Murray Schafer）将耳证者定义为活在过去历史中的表述者。按照谢弗对耳证者的理解，文字书写的权威性在于传达对过去历史上的声音的可靠体验。在谢弗看来，通达过去的那些知识，有助于引起人们对工业城市的声音景观（soundscapes）的警觉，这种声音风景已经对聆听性的技巧构成威胁。大约在同一时期，德语批评家和作家卡内蒂（Elias Canetti）同样认为耳证者体现出来的见证模式是经历和记忆的关键模式。正如卡内蒂在《耳证人》（*Der Ohrenzeuge*，1974）中呈现的那样，比起图像和视觉，耳证者更加信赖听到的和说出的声音。卡内蒂的耳证者可以被解读为对被动的听者这一典型形象的夸大，他"从不忘记任何东西"，偷偷摸摸地记下信息以便加害于他人。这两种说法都呈现了对耳证者的想象。谢弗的耳证者可以证实丰富而复杂的历史音景（historical soundscape），而卡内蒂的耳证者能够准确再现记忆中的声音。然而，谢弗那种认为耳证隐含于文字记述中的观点，其实是认同了存在一条直接通向过去声音的道路。与此相反，卡内蒂的讽刺画式文字则嘲弄了记忆可以直接通向过去这一观点。在他其后的四部自传体作品中,卡内蒂还试图强调,随着时间的推移,人们可以选择记忆,也可以夸大某一回忆(Canetti, 1977, 1980, 1985, 2005)。

对于耳证者,我主要关注记忆和证人的证言是怎样出自听觉经验的。本文将侧重分析,当德国杜塞尔多夫(Düsseldorf)市的老年人们被问及纳粹时期(1933—1945年)的生活状况时,他们的声音记忆所呈现的不同方式。口述历史访谈这一方式,通常是让耳证者在协调过去的经历时,得以表演、记忆和看待声音之作用的重要方式。我将部分地利用文化地理学家本·安德森(Ben Anderson)构建的理论框架,他强调声音对于记忆的身体性经验的作用,并提出由个人和社会组成的相互关联的几个范畴。[1] 我试图用这些范畴来阐释三种主要情况。在这些情况下参与者都做出某种不同寻常的身体行为,打破了陈述时通常的连贯性。我将通过特别关注战时对德国城市的轰炸,集中讨论当言辞难以描述创伤性事件时,肢体语言和声音如何促成某种行为。这些讨论旨在思考这样一个问题:就受访者的声音记忆,以及更为宽泛的涉及社会记忆和身份认同的文化叙述而言,过去的声音怎样成为当下的"回声"。

表演性记忆和耳证者经历

我对于记忆的身体性实践(embodied practices)的审视主要为了探讨如下问题:回忆作为一种具有创造性的动态过程,在何种程度上是非表征性的(non-representational)。出于这一目的,我采用了口述历史的方法,以便探讨听觉体验和听觉记忆在耳证者的证言里的交互作

---

[1] Ben Anderson, "Recorded music and practices of remembering", *Social and Cultural Geography* 5, 2004: 3–20.

用。不同于自传式叙述或访谈录的写作形式，访谈过程中现场的自觉不自觉的表演特质和涉及人际交往的特征，强化了语音和身体的运动。这种特质会在人们试图回忆时展现。尽管如此，正如琼·司考特（Joan W. Scott）在《作为经历的证据》[1]中强调的那样，历史学家应当避免将经历视为存在于言语之外的更为优越的范畴。司考特主张，经历无法和言语分开，因为"颁布历史的场所是在语言里面"（页777）。司考特要求历史学家一视同仁地考察经历被言辞建构以及经历被社会实践活动建构的方式，这样的话，才会注意到感官知觉的产物。就我的访谈计划而言，必须强调那段历史里面纳粹的宣传也起到了重要作用，它塑造了人们对听觉感知的态度，并将德国人构想为参与和属于一个民族共同体（Volksgemeinschaft）的耳证者。因此，纳粹注重公共仪式和教育系统中听觉对于青年组织的作用。与之相反，纳粹宣传机构特别拒斥被认为是出自那些被认为不属于可接受的社会秩序的团体的声音和音乐。这导致纳粹对声音的双重看法：声音既被刻画成和睦亲切、受到社会认可的东西，又被描述为堕落无序、引起和他人的纠纷的东西。

当我在杜塞尔多夫进行口述历史的访谈时，我尤其希望获得对纳粹时期日常生活的声音和日常节奏的深入理解。我采访了三十人，大多数出生于1920年到1935年之间。我还拜访了当地的一个老妇人团体。绝大多数受访者出生于下层或中产阶级的家庭，在儿童或青年时期亲历了纳粹统治。我提出的问题可以分成两类。第一类涉及有关他们生平的信息，包括童年、家庭、学校和日常生活。第二类侧重于他们日常生活中的声音记忆，包括对收音机和其他视听技术的记忆。完成这份访谈时，我让参与者谈了谈他们对这次交流的感受。

---

[1] "The Evidence of Experience", *Critical Inquiry* 17, 1991: 773–797.

所有受访者的一个共同特点是，在人生的最后阶段，他们毫不隐晦地陈述自己的回忆。在对声音记忆的探索中，至关重要的一点，是他们承认这一记忆是被当下的日常境况和自 1945 年至今的六十年生活所过滤过的。访谈获得的亲历性口述，不仅反映了一段历史时期，还折射了一段政治记忆。在二十世纪七十年代，心理学家亚历山大·米彻利希（Alexander Mitscherlich）和玛格丽特·米彻利希（Margarete Mitscherlich）创造了"对哀悼的无能"（the inability to mourn）这个短语，声称德国人掩盖了他们在纳粹时期的所作所为以及对希特勒（Adolf Hitler）的忠诚。自二十世纪八十年代起，伴随着对正视过去（Vergangenheitsbewältigung）的关注，越来越多的学者意识到一种与纳粹德国时期有关的"记忆爆炸"（memory boom）正逐渐浮现。在 1990 年德国统一后的十年中，公共话语和文化领域出现了另一种趋势：讨论德国平民在二战中遭受的苦难。

最近的出版物《爷爷不是纳粹》[1]批判性地研究了德国公共争论和大众言说中的这些新近发展。一个口述史学者小组对一些德国家庭的三代人进行了采访，旨在探究纳粹时期的个人经历如何被吸收入"普通的"家族叙事中。为了记录这一过程，学者发展出了一种新的访谈方法，他们向受访者展示一系列电影片段，包括十部业余电影和三部纳粹宣传片。利用视觉材料成为使那些亲历纳粹时期的子辈和孙辈参与进来的有效方式，因为他们主要是通过流行文化和故事来经历纳粹的。此外，这一谈论纳粹时期家族记忆的过程被描述为一个"虚拟的家族相册"（virtual family photo album）。然而，光靠视觉性的激发是不够的。"照片和电影是激发一段回忆的中立方法"这一预设，或许忽视了这些人工产物固

---

[1] Welzer, Moller, *Opa war kein Nazi*, Tschuggnall, 2002.

有的可选择性和可操作性。尽管如此，我的意思是，声音记忆并非比视觉刺激物所产生的记忆具备更少的可选择性。与视觉记忆相反，声音趋近于用索引式（indexical）的方式来与记忆关联。换而言之，不同于固化一种确定的线性叙事或图像，声音可以被用来激发相应的情绪和感受。考察声音记忆的价值在于，它们能够使个人和团体利用声音来创造对于过去的某种感觉。声音可以被用来有效地唤醒记忆，抑或出乎意料地引起和过去的关联，但声音记忆并非必然需要对过去的声音进行准确再现。

近来，文化地理学的学者在有关日常社会实践和身体实践（everyday social and embodied practices）的研究中做出了重要的理论贡献。我利用了安德森的研究，他的田野调查考察了居家空间（domestic spaces，比如屋子和车）中的录制音乐和日常记忆行为。[1]

在安德森有关声音和肢体如何参与记忆的社会实践的理论中，他提出三个范畴：习惯性记忆（habit memory）、意向性记忆（intentional remembering）和非意愿记忆（involuntary remembering）。在之后的小节中，我会针对纳粹时期的口述史访谈中所体现出来的声音记忆来详细阐释这三个范畴。第一个范畴（习惯性记忆）会在身体技能和后天习惯中得到讨论。其次，声音对记忆中意向性行为的作用将被置于对某种持续感和团队归属感的创造中来讨论。最后，对令人痛苦的声音的重演，将被视为第三个范畴（非意愿记忆）最为显著的例子。

习惯性记忆和身体性技能

习惯性记忆出现在重复性的行为中，通常使之内化成某种直觉或自

---

[1] Ben Anderson, "Recorded music and practices of remembering", *Social and Cultural Geography* 5, 2004.

动机制。铭刻于肉体的那些习惯对我们给出这样的暗示,即过去的生活能够凭借鲜活的身体行为,持续形塑着当下生活的一些部分。根据这一定义,安德森将身体性技能视为记忆被身体所表演出来的方式,特定的音乐经历和声音技术的某些特征借助这种表演变得常态化。他举了一个例子来说明当下的习惯性记忆:关于如何使用 CD 机和从 CD 盒里取出 CD 的知识。这样的特定的文化性动作和程式化的身体行为的重复,成为我们习惯性记忆的内在组成部分。

在我的口述历史采访中,许多长者试图传达他们在纳粹学校和纳粹社会系统中体验到的惩罚性本质。此时,他们通常从椅子上跳起来,挥舞胳膊来展现他们被迫执行的"希特勒万岁"(Heil Hitler)的敬礼。少数人开始跺脚表演退场,有时另一些人会高声唱出国歌的歌词"高举旗帜(Die Fahne hoch)……"。习惯性记忆包含了这样一些时刻:过去的存在借助声音和表演重现于当下。习惯性记忆中这些时刻的过去的当下性(presentness)和被用来传达记忆的动作,成为安德森强调记忆过程中感官"表演"的绝佳印证。

形成习惯性记忆可以被视为自童年起就存在的社会化过程,这一过程不仅包括教给儿童身体位置和身体习惯,还包括传达对听觉感知和声音的态度。因此,它暗示了一种由纳粹教育中重复的声音和音乐所创造的"耳之契约"(aural contract),这种契约表现在与程式化的身体行为的紧密关联中。即便纪律和命令同样是过去德国教育体系和家庭传统中的固定内容,纳粹时期对儿童身体的政治影响和教育训练却是前所未有的。1933 年纳粹接管政权之后的几个月,学生的日常生活和校园活动围绕着一系列新的仪式而受到改造。每天早晨,课前十分钟,学生们在操场上集合参加典礼,穿着制服的希特勒青年团(Hitler-Jugend)成员在学校操场上升起旗帜,所有的在场者被要求唱国歌并进行"希特勒万岁"的敬礼。学生们还被要求在学校所有课程开始和结束时进行正式的敬礼,他们必须起立并高举右手。

即便学生们并不总是遵守这些官方程序,这些实践仍然折射出一种教育模式。学校的日常活动不仅要求学生的身体在团体中接受某种被编制好的位置,还通过在集体的"赞同的共鸣声"中确认个人的声音,来创造一种从耳到口的回应。伴随着对这些仪式的积极执行,学生们在学校接触了一系列传播产品。这些产品要求学生们纹丝不动地坐着,注意宣传电台、电影片段和偶尔出现的留声机唱片。学校和青年团体的日常活动因此在两个过程上发挥作用:一,静坐着注意视听宣传资料;二,按照明文规定的惯例和程式化的姿势,在仪式中积极表演。

显而易见,我的受访者的身体记忆或习惯记忆的主要组成部分是对纳粹政治宣传的经历。一般而言,习惯性记忆很难遭受重大变化,因此可以轻易唤醒并表演它。按照列斐伏尔(Henri Lefebvre)对习惯性记忆的概念化表述,童年的社会化进程和"驯马技术"(dressage)的具体特征甚至决定了一个人在街上的步行方式。列斐伏尔声称,这构成了个体接受同化他的社会身份认同的关键方式。然而,习惯性记忆不能被视为一个完全确定的过程,它只能作为个体能动性渐变和演进的可能性。因而,我转向了第二个范畴"意向性记忆",它包含了在当今的回忆行为中个体和社会之间的更多协商。

意向性记忆

意向性记忆趋向于某种由声音和音乐经历所导致的,无论通过播放录制音乐还是参与合唱而达成的固定化用途和含义。安德森这样描述这个范畴:"有意利用音乐来回忆、追忆并重现一种已经被确认的记忆"(Anderson, 2004, 13)。它并不真正再现过去,而是体现音乐的这一用途:将过去征用为一部分的当下时刻。在我的研究计划中,意向性记忆的一个特殊例子呈现在受访者罗列他所熟悉的德国音乐类型的清单的方式中,包括电影和收音机中的畅销歌曲、民歌、军歌和党歌。纳粹时期,歌曲是遍布社会生活不同领域的显要因素,德国人被鼓励去共享一种有关歌曲和歌词的集体认知。尽管单个受访者也经常能唱出歌曲中的歌词,我却将在这节中集中论述一个团体,因为这层背景提供了音乐记忆的社会互动过程之达成的生动例证。

当我受邀参加一个老年妇女团体的每月午餐例会(她们的活动获得了地方议会的赞助)时,在我眼里,将音乐整合进记忆的社会语境就变得尤为显著了。大多数妇女已经丧偶,她们在参会前并不一定认识其他成员。她们和我的那些单独采访受访者处于相似的年龄段。在几段休息时间,都会有一名成员开始哼起一首民歌,其他人受到歌声的促使加入进来,最终整个团体一起歌唱。我起初惊讶于这些看似意料之外的歌声的爆发。然而,当重听这场午餐的录音时,我发现那些妇女显然选择的是所有成员可以认出并加入歌唱的曲目。这也并非她们第一次一起唱那些歌曲。更确切地说——正如一位组织者后来解释的那样,团队会议这一"自发"的合唱已经存在很长一段时间。意向性记忆的特殊社会语境依赖于一些共享的编码,在集会中,它们很可能是那些对他人来说适合并且可以接受的东西。

受访者唱过的传统歌谣和民歌包括《小小的花儿开在荒野上》(*Auf der Heide blüht ein kleines Blümlein*)、《所有的鸟儿都来了》(*Alle Vögel sind schon da*)、《三月的农民》(*Im Märzen der Bauer*)、《五月到来了》(*Die Mai ist gekommen*)。许多传统歌谣,包括晚歌

（Abendlieder）、乡谣（Heimatlieder）、漫游曲（Wanderliede）、快歌（Fahrtenlieder）的德国形式，可以追溯到十九世纪或更早，但在纳粹时期却被用来服务于意识形态的目的。比如，我的受访者之一玛利亚（Maria S.，生于1926年）就曾给老年人集会带去一张包含众所周知的音乐的CD。她说：

> 我们如同孩子般吟唱这些歌谣——它们是至今仍在传唱的民歌（Volkslieder）：《流浪是磨坊小伙最大的快乐》（Das Wandern ist des Müllers Lust）、《我是精力旺盛的技工》（Bin ein fahrender Gesell）、《我们乘车走遍了德国》（Wir sind durch Deutschland gefahren）。

玛利亚继续说道，她参加了一个每周步行小组。她暗示那里的所有成员都能够参与歌唱，因为二十世纪三四十年代每个成员都在家里或青年团里学过这些曲目。类似的机会为个体记忆创造了整合入当下社会语境的可能性。这些音乐类型营造了某种持续感和真实性，不仅仅是因为歌词通常引发了对过去的正面因素的怀恋之情。这些歌曲不是因为其内容，而是它们在意识形态和政治目的上的应用（比如纳粹时期的青年团体聚会和官方仪式）而区别于其他欧洲民歌。对于类似玛利亚那样的老年受访者而言，民歌营造了某种共享而稳固的参考基点，他们通常将之视为"非政治性的"，因此也将之视为他们纳粹时期的童年中的合法音乐回忆。通过观察受访者对意向性模式的参与，也强调了个体和社会的维度如何被用于团体的处境中。

创伤和耳证者证言

本·安德森的第三个范畴"非意愿记忆"，处理了过去的声音在访谈中得以再现的出乎意料的方式。这些和声音记忆有关的执念，作为过去的隐蔽踪迹，可以顷刻之间在当下重现。安德森把这类记忆踪迹比作普鲁斯特（Marcel Proust）的非意愿记忆（memoire involuntaire）概念，认为非意愿记忆不能被安排或预想，也不能被准确重复。非意愿记忆使过去主要作为一种价值、一种非系统性、一种态度和情绪而重现。以我在杜塞尔多夫的采访为例，这类感官刺激最为显著的例子都与二战时期轰炸平民的爆炸声有关。其中一位受访者特蕾莎（Theresa B.，生于1925年）从未详细谈论她过去遭遇的事件，在采访中却变得愈发情绪化。如今，特蕾莎听到警报声和救护车的鸣笛声时，她感到恐慌，双手紧抱在胸前，直到别人提醒她现在已不是战争时期。这个例子显示出和普鲁斯特对非意愿记忆的理解的惊人相似之处：外部的感官刺激（声音）可以触发恐慌和震惊，仅仅因为当下的鸣笛声和二战的防空警报在听觉上相似。

与此相反，另一位受访者呈现了非意愿记忆的第二种形式，这种形式几乎暗示了全然相反的现象。当吉尼（Jenny E.，生于1923年）如今感到震惊时，她下意识地只能说低地德语（Plattdeutsch）。在这样的时刻之外，她自二十世纪四十年代中期后就不再使用这种德意志方言了。吉尼的震惊感受与前面的特蕾莎听见当下类似防空警报的声音的例子并不一样，似乎激发并重建了与过去给她造成创伤的事件的联系。此外，这一创伤性记忆引发了某种声音上的回应，它临时改变了她此刻的说话模式和音调。

在这层语境中，指出非意愿记忆的第三重演变是有趣的。访谈过程本身通常借助使人们回忆起过去声音的感官刺激来唤醒当事人与过去的感性重逢，例如同盟国对杜塞尔多夫的轰炸。举个例子，当格哈特

耳证：纳粹时期的声音记忆

（Gerhard R.，生于1934年）的声音记忆被唤醒时，他感到惊讶。"当我谈及这些回忆时，它们又回到了我身边，"他说，"它们在我的内心深处沉睡了太长的时间。"在谈论和回忆童年的过程中，格哈特注意到，音乐正"在我的耳中回响"。这隐含了口与耳之间的联系如何在回答有关过去事件的问题中产生。

最后，非意愿记忆的另一例子出现在对声音效果的利用中，因为在一些时候，受访者不能轻易将（创伤性）事件整合进他们的口头陈述。当谈及他们对二战时期德国城市受到轰炸的记忆时，大多数受访者的确能够描述空袭预备警报，但却通常无法准确描述轰炸事件。相反，他们挥舞胳膊扮演飞机，用嗓音模仿炸弹的爆炸声。受访者易于描述某些伴随着炸弹袭击的习惯行为，比如听见警报声、起床、穿衣、前往防空洞。将对这些行为的陈述整合进一个完整的叙述中并不困难。与此相反，轰炸本身并不跟随这一模式，它通常在一天中的某些时刻以不同的频率发生并持续。当开始描述这些事件时，许多受访者表演出警报声和投落的炸弹的爆炸声，仿佛轰炸发生于当下，并且发出诸如"另一个炸弹来了"、"炸弹隆隆作响带来气浪，大地在震动"的叫喊。

过去"涌现"于当下的类似时刻，暗示了对事件缺乏控制或整合，或许还指出了某种创伤：创伤性事件被定义为那些超出人类经历的常规领域的事件，它们在当时并没有被完全体验。创伤性事件的一个后果，或许是无法进行关于自身的连贯叙述，抑或是重复"表演"还未受到整合的创伤。因此，证人证言中的创伤不仅造成意识的混乱状况，还造成对事件经历之把握的无能为力。尽管声音暗示了植根于过去的回忆，爆炸的确切事件却只能作为当下发生的事而被表演。对创伤性记忆的生动感受提供了和通常的认识（"记忆随着时间逐渐消失"）全然对立的观点。

诚然，一旦创伤性声音作为部分的现在而重现，讨论"声音记忆"的基础就会受到质疑。这揭示了与造成创伤的声音的重逢如何模糊了过去和现在的分界，并检验了语言在描述一个创伤性事件的声音和感官印记时的有效性。

学者们通常会分析视觉图像和创伤之间的关联，这一趋势很可能被新近关于作为回忆技术的照片和电影的研究强化。在莫莉斯（Leslie Morris）关于大屠杀再现和大屠杀记忆的研究中，她强调声音的难以捉摸和其对传输媒介的需求：

> 和视觉框架相反，对听觉框架的缺乏要求我们考察声音和记忆的关联，这或许比针对视觉领域的研究更具推理性，结论也更为开放。[1]

不同于照片和电影，战争时期的那些巨响几乎没有留下任何证据确凿的踪迹，因此将它看作（集体）创伤来创建理论并不容易。由于对创伤的看法依赖个体的认识过程，因此以集体或民族的层面去审视创伤也具备某些困难。这一有关创伤概念之相对性的观点被广为接受。事实上，大多数老年受访者能够提供相对连贯的对于他们生平故事的陈述。更不应被忘记的是，存在有关炸弹袭击的公共认知，尤其当时的报纸将作为敌人的同盟国描述为进行"恐怖袭击"。纳粹的官方机构也强调面对空袭时共同体的勇敢和团结。战时声音的创伤性特征似乎至少部分地被关于同盟国轰炸的公共话语所建构，这种公共话语包括战后采用空袭警报的"声音图示"（sonic icons）一类字眼儿来暗指空袭。

尽管如今受访者的证言主要涉及轰炸这个事件（event），这些袭击却仍旧是纳粹统治下社会生活和文明秩序全面崩塌的催化剂。从战争的

---

1 Leslie Morris, "The Sound of Memory", *The German Quarterly* 74, 2001 368–378.

最后一个月到战后同盟国管理机构的设立这段漫长的时日,意味着大多数学生整整一年没有接受教育。由于儿童已经习惯于纳粹教学方法和社会机构的限制,由轰炸引起的社会日常生活的断裂瓦解了这一政体下的整个世界观。目前有关当今政治独裁下的儿童的社会研究表明,爆炸声在很大程度上构成了儿童在空袭时期的创伤性经历。轰炸之后的境况也加剧了类似的创伤,诸如物质短缺、对日常生活和教育的取代和破坏。在此基础上,伴随战时轰炸声,共同体的损失和社会秩序的瓦解是给童年造成特定创伤的原因,因此,对此的强调似乎是合理的。无论如何,战时轰炸的公共话语和文化表征是使这些轰炸声具备创伤性的富有影响力的因素。

结语:记忆的回声

正如本雅明(Walter Benjamin)观察到的那样,比起"被召唤惊醒的回声",某种视觉上似曾相识的感觉(déjà vu)或许更为远离记忆这种行为。[1] 记忆就如同回声一样,在不同的平面之间折射,导致其迷失或增强。由此,回声的周边环境提供了对视觉可见性的某种替代性选择。回声通常提供了某种有用的隐喻,来描述记忆的身体实践中过去的再响。声音记忆并不必然预示着过去声音的准确再现,耳证者的叙述也并不必然向研究者揭示出"它真正是怎样的"。

通过对采访者的证言中的声音记忆问题予以对待,本文试图将对证人的片面看法(证人应当与视觉相关)去除,不再假定为是理所当然的。声音记忆与耳证者的关联在于,它们都揭示出记忆的过程是深植于听觉

---

[1] "Berlin Chronicle". 1932, *Reflections: Essays, Aphorisms, Autobiographical Writings*, ed. Peter Demetz, New York: Shocken, 1978: 3–60.

感知和身体经历之中的。此外，口述历史访谈突出了讲述生平和收听的行为。除了访谈背景、访谈者的身体特质和涉及人际关系的性质，我的这份研究也关注于历史背景分析中个人经历的地位。在纳粹的背景下，听觉经历必须在与如下事物的关系中受到考量：关于音乐和声音的公共话语、关于感官体验的（意识形态式）的生产。这些回忆行为同样应当作为如下事物的对立面而受到审查：众多的文化表征的背景、对于德国记忆的地位的延伸性讨论。

  我对于耳证者这个问题的回答，利用了已被接受的一种关于实践经验的理论，即"非表象理论"（non-representational theory）。对于我所研究的口头历史访谈中的声音记忆问题，本·安德森的记忆实践的三种模式提供了很有价值的概念范畴。第一个范畴（习惯性记忆）涉及受访者持续至今的集体知识和身体技能，二者形成于受访者在纳粹时期的童年经历，如今却可以轻而易举地寻回并表演出来。在访谈的设定之下，习惯性记忆与对音乐的社会性经历以及身体仪式紧密关联。通过利用本·安德森的第二个范畴（意向性记忆），我强调了个体的声音记忆在社会记忆的共同语境中如何（再度）受到塑造，这呈现在民歌和流行歌曲的合唱实践中。通过利用第三个，也是最后一个范畴（非意愿记忆），我探讨了轰炸的巨大声响如何使受访者成为耳证者的十分生动的例证。我关注受访者与伴随着创伤性事件的过往声音重逢的不同方式，无论是表现为受到当下的某种感官刺激，还是说话方式的改变。通过表演出这些过去的事件，声音和身体姿势成为传达个体受访者无法用语言表达的东西的一种方式。我试图促使人们注意战时轰炸对个体和共同体的普遍影响，尽管关于声音和创伤性记忆的集体记忆维度仍有许多尚待考察的地方。

声音研究：新技术和音乐

[英国] 特雷弗·平奇（Trevor Pinch）
[荷兰] 卡林·拜斯特菲尔德（Karin Bijsterveld）著
王敦、张舒然 译

> 特雷弗·平奇，康奈尔大学科学技术史教授，相关研究领域为声音技术史。卡林·拜斯特菲尔德，荷兰马斯特里赫特大学教授，从事对噪音、声音文化史、音乐与技术关系等的研究。此文出自：Trevor Pinch and Karin Bijsterveld, 2004, "Sound Studies: New Technologies and Music", *Social Studies of Science*, 34. 5, *Special Issue on Sound Studies: New Technologies and Music*, 635–648. 译文有所删减调整。
> 译者王敦，中国人民大学文学院副教授。译者张舒然，美国亚利桑那州立大学东亚语言与文化系研究生。

声音技术在过去五十年中的发展使音乐的生产和消费方式产生了巨大的变化。十九世纪的音乐大多是以现场演奏的方式被接受的，而如今，人们聆听音乐的时候，则往往是要借助听觉技术装置为媒介。这些装置包括私人立体音响以及支持网络下载音频文件的个人电脑，此外，电子琴、电吉他、音响合成器和数字音乐采样器等新型电子乐器在过去的几十年中也参与到音乐的生产中，生产出了当下的音乐。留声机、磁带录音机以及光盘等技术使得"声音"能被来自音乐家以外的因素生产、控制并处理。在今天的录音棚中，录音师在声音生产方面的重要性与音乐家本身相当。那么,这些变化是如何被人理解的,它们对于听众和对于科技因素研究(S&TS)的意义何在呢?

这一辑专刊的这些论文正是致力于回答上述问题的。这些论文最早出现于 2002 年 11 月在荷兰马斯特里赫特大学举办的一个国际研讨会上,主题是"声音之重要:音乐领域的新技术"(Sound Matters: New Technology in Music)。与会的学者来自非常不同的各个学科领域,如民族音乐学(音乐人类学)、历史学、人类学、文化研究、社会学和科技研究等。他们都是从各自的角度致力于我们可以称之为"听觉文化"(auditory culture)的研究。对于这些学者来说,声音是至关重要的。

研讨会的主题是新技术和新音乐。这些论文涵盖了有关音乐生产和消费的技术革新,包括新型乐器,如各种新型的电吉他和电中提琴;录音棚中控制和处理声音的新手段,如麦克风、混响效果调节器、混合调音台和新型网络软件;新的听觉媒介技术,如高保真音响、车载移动音响和个人移动音响;以及新的音乐形式的出现。大家都公认,任何一种标准化的学术途径都不能说是已经完备自足的了。本着跨学科研究的精神,学者们先把各自的角度放在一边,将注意力转向了由其他方法所带来的认识。这样做虽然时有坎坷但也收获颇丰。在有些时刻,我们的研究主题看起来极为庞大和复杂,而我们对此又知之甚少。整个音乐技术领域以及广大的听众体验领域依然完全未知。不过,我们有时也会觉得欢欣鼓舞,尤其是看着不同因素的相互补充——隐约看见了等待着我们的新前景。我们无意间发现了一个崭新且富饶的领域。这批论文则代表着对此领域的一次探索。

这个领域就是我们所谓的"声音研究"(sound studies)更广阔领域的一部分。声音研究是一个新兴的跨学科研究领域,其研究对象是对音乐、声音、噪音和寂静的物质性生产和消费,以及它们在不同历史时期和社会中的变化。这显然要比一些有关于音乐的学科,如民族音乐学、音乐史学、音乐社会学,要涉猎得更加广泛。声音研究是多种多样的,比如默里·谢弗(Murray Schafer)开创的声音景观(soundscape)的概念;詹姆斯·约翰逊(James Johnson)对法国大革命以后巴黎观众聆听歌剧的新方式以及由此产生的中产阶级听众的研究;克里斯多夫·思茂(Christopher Small)所提出的"musicking"的概念,用来捕捉各种音乐形式对其自身物质性表演和听觉实践的需求。

针对声音问题的科技因素所展开的研究,对整体上的声音研究所做出的主要贡献,是对声音的物质性的关注。声音不仅仅被嵌入历史、社会和文化中,还被嵌入了科学、技术及其认知和反馈的方法中。借助这一辑的论文专刊,我们希望展现出,在音乐文化研究的主流探索之外,对声音的科技因素研究是大有用武之地的。

这一专辑的论文,并不是宣称要对时下所有研究声音、音乐和新技术的观点给出一个完整的概述或者是能悉数涵盖。我们相信此论文集能够作为一个整体,反映出其与声音的科技因素研究的密切关联,而且我们希望借此鼓励人们从新的研究机会中获益。尽管这个领域早已成为了人们的兴趣所在,但却缺乏扎实的学术研究。对于研讨会的一些与会者来说,这是他们首次接触到对声音的科技因素研究。在准备论文的时候,我们鼓励那些对声音的科学技术因素研究还比较生疏的学者们从这个领域来理解声音问题,并试着加入与声音的科学技术因素研究方法的对话。同样地,那些对声音的科学技术因素研究比较内行的学者也要从他们的框架中跳出来,从其他学科中汲取营养。

声音实践

如果说科学实验室是一个充斥着视觉的世界,那么它同样也为其他感官留有空间。我们在这里关注的是声音。科学家在实验室与其他人(比如技术人员、管理员和学生)进行交谈,科学仪器产生噪音(真空泵和离心机的呼啸声)、传真机、电脑、打印机和复印机等办公设备也发出噪音,溶液流动发出声音,茶和咖啡的冒泡声,背景里的广播声……四周的声音无所不在。假如视觉维度是物质性实践的一部分,那么声音世界也是。当我们进到实验室观察时,我们也必须准备聆听。

然而,在进行声音研究的时候,我们不太可能脱离视觉。视觉暗喻充斥着我们的语言——正如前文说我们"看"到声音研究的"前景"而不是"听"到。视觉领域是已知的——我们有应付、谈论和研究它的方法。听觉领域则是未知、陌生、新鲜的——就像是一个陌生人在敲门,世界因此而面临分崩离析的威胁。这也许是无法避免的,我们需要"看"这个新的世界而不是"听",至少一开始是这样的。更重要的是,学术出版物方面依然被视觉性的呈现技术及方式所占领。书和学术论文能被简单地复制成视觉图像而不是声音。用语言来描述和展现听觉现象这件事情也是个值得探讨的问题。如何描述斯坦韦钢琴或者穆格电子音响合成器(Moog synthesizer)的声音呢?摆在研讨会上的另一部分困难则是因为不同学科已经发展出自己的专业术语来描述声音。音乐学者已经发展出了一种高端技术性的语言来描述声音,但音乐家、听众和录音师却还在使用他们各自的语言,互不相通。

在科学史上,我们可以发现许多与听觉维度相交的部分。数学和音乐有着悠久且密切的联系——毕达哥拉斯是第一个意识到与基音同时共振发声的泛音是以有理数比例出现的人。亥姆霍兹(Helmholtz)也许比以往其他任何人更加懂得,对声音问题的认识可以被当作理解其他物理现象的手段。乐器对于科学仪器的发展也起到了显著的作用,而科学家为了了解和创造更好的乐器,亦做出了重要贡献,如对音高、音律的标准化。而且,不仅仅是在物理学领域,在那些从动物行为学到地震学的多样化的各学科领域,声音成为研究世界的重要途径。当我们步入二十一世纪后,此间各种联系不断深化,就像声呐革新了海洋学。的确,声音化(sonification)作为一种通过声音而不是视觉来反映结果的方式,是科学领域的一个新的热点话题。正如艾米丽·汤普森(Emily Thompson)所充分论述的那样,二十世纪的声学发展与建筑和新技术发生了密切的联系,如扩音器,它改变了在公共空间里的听觉体验。

作为技术产品的乐器

正如电子音响合成器资深设计师鲍勃·穆格(Bob Moog)评价的,"乐器设计是人类最复杂和专业的技术之一"。演奏这些乐器的音乐家们,就像穆格,把协调使用者和技术之间的互动当作是一个乐器成功的关键。音乐互动的确对其他人机互动的设计产生了影响,打字机和电脑鼠标就是根据作为其前身的音乐键盘而制造的。

将乐器看作是特定群体所使用的科技产品的这一认识,把声音研究带入了对科学技术因素研究的领域当中。伍尔加(Woolgar)认为使用者是被技术"设定"(configured)的,而阿克里奇(Akrich)指出技术就像文本一样,将使用者的自创脚本铭刻其中。维特根斯坦(Wittgenstein)曾提出对语言的理解来自对它的使用。与此相似,致力于声音技术研究的平奇(Pinch)和特洛克(Trocco)从乐器(音响合成器)发展角度提出:"对乐器意义的理解来自真正的音乐家对它的使用——在先进的录音棚和家庭地下室里,在舞台上和旅途中。"这意味着我们必须按照与早期的科学技术因素研究中所谓"追随弄潮者"(follow the actors)相同的方式来"追随乐器"。这正是史蒂夫·瓦克斯曼(Steve Waksman)在其被收录于此辑的论文中所描述的策略。年轻人鼓捣乐器的重要性是无线电广播和音响合成器历史中耳熟能详的主题。瓦克斯曼通过介绍吉他大师艾迪·范海伦(Eddie Van Halen)从"吉他鼓捣者"到吉他设计者再到成为乐器大师的过程,展示了使用、设计和制造之间密切的联系。

通过研究乐器的发展,我们能更好地把音乐理解为一种文化形式。人们是在复杂的特定的社会文化环境中使用乐器的。摇滚乐种,比如硬核朋克、重金属摇滚,需要表演者、观众和听众等参与到一个文化生产和再生产的高度仪式化形式中。各个艺术类别中的文化习俗经常会阻碍革新,但有时一种新乐器的引入或一种旧乐器的改进却可以成为音乐文化的转型机会。人们只需要想象一下吉米·亨德里克斯(Jimi Hendrix)对吉他的利用便可得知。在这种文化转变中,改变的是噪音、声音和音乐(以及寂静)之间的界限。像约翰·凯奇(John Cage)等试验性作曲家的作品、未来主义者早期引进的噪音机器以及新乐器的引进,如自动钢琴和音响合成器,也为这个观点提供了许多例证。

在收录于本辑的卡林·拜斯特菲尔德(Karin Bijsterveld)和马滕·舒普(Marten Schulp)的论文中,古典音乐才是最受到文化环境制约的乐种。表面上看,古典交响乐团的乐器基本上没有发展变化。相关参与者有划分好的角色,如老师、作曲家、演奏者、乐器制造者或者是录音师。此外,像交响乐团、指挥、音乐会以及音乐学院等组织也没有发生太大变化。经典保留曲目还展示出一种不可思议的固定性——特别是与瓦克斯曼笔下的摇滚乐研究相比较。乐器的革新是如何在这个保守而固定的经典音乐世界中产生的？它们是否能被接受以及它们能被用来做什么？拜斯特菲尔德和舒普就这些问题采访了乐器制造者。他们的论文聚焦于革新者如何用新的方法来成功地改造和重装传统。他们还采用了一个在声音的科学技术因素研究中越来越火的理念——中介者，或者用他们的话说是"二传手"（the go betweens）。是处于专业交叉部分的人们成了促进乐器制造者革新的主要力量。乐器世界充满了这样的"二传手"。在平奇和特洛克对音响合成器的研究中，他们发现是录音师和音乐家转化或者转换了界限，从而沟通了设计和使用。

  这些有关新乐器的研究还为更加广泛的声音研究领域做出了贡献。新技术和新乐器的引入为探究和颠覆那些经常被认为是理所应当的音乐文化之规矩、价值和习惯提供了一条道路。艺术技巧以及创造力等问题受到了挑战：究竟是表演者还是"仅仅"是乐器带来了革新呢？在人为和非人为因素之间的徘徊及其争论，对于声音的科学技术因素研究是非常有利的。新乐器的介绍显示了革新所采用的特定策略以及主要参与者，如使用者和"二传手"的重要作用。

录音棚：秘而不宣的知识经验和声音的物质性

  声音技术所涵盖的，当然不仅仅是乐器。由于20世纪音乐录制、存储和消费的方式发生了改变，个体乐器的重要性被大大削弱了。录音棚的具体历史——包括其所涉及的许多技术，从调音台到混响室以及重要成员的作用，如录音师和唱片制作人——才刚刚呈现于众人面前。苏珊·霍宁（Susan Schmidt Horning）所展示的，可以当作是最早的录音棚简史之一。在论文中她认为录音师掌握了前所未有的声音操控能力，由此使得录音棚变成了一个独立的乐器。霍宁的论文聚焦在被人所忽略的录音师这个群体，并通过她所记录下来的口述性历史，描绘出录音师的技能和其所接受的训练，他们是如何使用录音技术的，以及作为专业群体的他们是如何崛起的。论文的主题之一就是隐性知识。最初的录音师是通过反复尝试来掌握其工作的，但很快他们就发展出了特定的隐性的技术知识如"miking"——麦克风的安置。录音师总是依靠他们的耳朵，但由于越来越多的技术可供使用，大量的新型声音装置介入他们的听觉技能中。这些器械就像是"外部的耳朵"（externalized ears），其之于听觉世界就如同林奇（Michael Lynch）提出的外部视网膜（externalized retina）之于视觉世界。

另一个与声音的科学技术因素研究相关的主题是在录音棚创造特殊音效以及标准化声音的发展过程中，空间所起到的作用。棚里的录音师无论是通过麦克风的安置、混响还是混声，都是致力于重新设定录音棚里面的音响空间效果。为了更好地完成这项工作，录音师们不仅需要创立一套只可意会不可言传的绝活儿，还要构建一套行话。正如汤姆·珀塞尔（Tom Porcello）的一篇被收入本辑的关于新手如何掌握录音技术的论文所提到的，对声音进行描述的行业语言已经在业内圈子里面发展得非常微妙了，总是将技术与局部性的知识（local knowledge）与经验结合起来。他对现场录音部分的记录，展现出录音棚里面事关声音问题的语言运用，如何能够凸显内行与新手的区别。

当录音师更加精通于控制声音时，他们所调制出来的某些特定的声音效果开始走向标准化，开始被推广。有时，这些声音效果的命名与一个地方或者一个录音棚有关，比如著名的纳什维尔之声（Nashville sound）；有时，与一个特定的制作人有关，比如菲尔·斯佩特克（Phil

Spector)的"声墙"(wall of sound);有时则是与特定的音乐家、乐队或者乐器有关。声音被认知、复制,并由此被标准化的过程,是一个复杂的话题,它不仅仅有赖于录音棚里(以及剪辑和发布过程中)技术和技能的局部组合,还依靠全球录音产业来使特定种类的声音广泛流传并成为"标准"。霍宁和珀塞尔的论文都将重点指向了标准化过程中的各种因素。

保尔·西伯奇(Paul Théberge)在其论文中也探讨了人们重新设定音响空间声音效果的问题,他讲述了录音棚如何成为一个特别的"不存在之地点"(non-place)以及会成为"网络性录音棚"(network studio)的未来趋势。最新的网络技术将区域性的空间因素特征从录音中清除,理论上使得任何地区和时区的音乐家可以自由联网录音。西伯奇介绍了这种去空间化理念的发展,他认为此概念事实上来源于技术和技能的特定组合。他还提出,录音棚设备,如调音台,与对声音空间特性进行设定的技术手段同等重要。电脑进入录音棚将录音数字化则是另一个关键的实践。西伯奇还对软件公司争夺录音行业前景的掌控权进行了追踪。

聆听

这个专辑里面还有一篇马可·伯尔曼(Marc Perlman)的论文,是关于新的听觉技术如何推动聆听方式变化的。在表面上,这篇论文与对声音的科学技术因素的研究并不相关,但如果稍稍深入声音研究领域,我们就能发现其中的联系。

"声音景观"(soundscape)是声音研究的一个关键词。加拿大作曲家和环境学家雷蒙德·谢弗(Raymond Murray Schafer)在二十世纪七十年代创造了"声音景观"这个词。它指的是我们的声音环境,而其所包括的不仅是声音的"自然"环境,如海浪冲刷沙滩,还有乐曲和"声音雕塑"(sound sculptures),它们使空间,如花园,充满了吸引人们聆听的声音。"声音景观"也许是一个不尽如人意的新名词,因为其与"视觉性景观"(landscape)的语义过于有共鸣,暗示了静态性的属性,而非大多数声音实际所具备的运动的和环绕性的特性。然而,乔纳森·斯特恩也正确地提出,转瞬即逝性(ephemerality)也不能算是声音的专属特性——视觉和听觉体验都是即时性的。

默里·谢弗的目标是"绘制"(map)过去和当代的声音景观。其著名的世界声音景观项目(World Soundscape Project)聚焦环境议题,关注新的和消失了的声音。就像成批的动植物种群已遭灭绝一样,谢弗和他的同事们提出"人类"已经丧失了工业革命以前的"高保真"(Hi-Fi)声音环境。与之形成对比的是在如今工业化的"低保真"(Low-Fi)声音景观中,个体声音是被遮蔽的,也是拥挤的。现代声音景观的问题之一就是"分裂"(Schizophonia):原创声音和它的电子产品的分裂。这照应了瓦尔特·本雅明(Walter Benjamin)的著名观点,即在机械复制的时代,艺术作品脱离了它们的"光环"。谢弗认为原创声音与生产它的机制是密切相关的。电声则是复制品,可以在任何时间地点重播。

谢弗在二十世纪七十年代危险沉闷的社会氛围里面,强调了原创声音与其复制品分离所造成的异化性结果。而最近在声音研究领域的成就则提供了一个较为乐观的前景,那就是人们有希望控制日常生活中的周遭声音。这样的故事是从家庭日常环境开始讲起的。正如苏珊·道格拉斯(Susan Douglas)在其关于广播文化历史的书《听广播》(*Listening*

In）中所说，由于广播可以使音乐的传播不受时空的限制，它使"音乐成为日常生活、时代认知以及个人与公共记忆中最重要、最有意义、最受欢迎且最明确的设定性元素之一"。

比如在二十世纪二十年代，广播使得中产阶级从"拥挤与混乱、不必要的煽情、噪音、小剧院的恶臭"中脱离出来，满足了他们越来越需要安全、舒适和具备隐私性的家庭休闲性娱乐的愿望。久而久之，广播为美国人培养出了一套不同于既往的听觉模式和曲目——通过加入主动性的选择而与单纯的被动聆听区分开来。根据道格拉斯的观点，理解广播重要性的关键在于"大部分人听音乐是为了加强或者转变一种心情……这就是广播'模式'（formats）发展得如此成功的原因之一——当听众将频道调至'乡村和西部音乐'或者'现代摇滚乐'或者'体育'台的时候，他们非常清楚这些频道将激起的心情和感觉"。不同于谢弗所说的声音景观的被动消费者，道格拉斯认为听众是"主动积极"寻求某些声音体验的。

二十世纪六十年代，家庭录音设备的问世进一步激发了私人在"聆听"上的主动性。虽然圆盘式磁带录音机在二十世纪四十年代末就出现了，但它对西方的大众来说还是过于笨重和昂贵。直到便宜的晶体管磁带录音机发明（尤其是 1962 年飞利浦便携磁带式录音机出现），私人翻录音乐专辑和单曲的文化才得以起步。摇滚青年文化和"移动音乐播放模式"的兴起是由城郊的住宅区以及汽车文化所支撑的，反过来又为其提供了动力。用蒂亚·迪诺拉（Tia De Nora）的话来说，留声机、收音机、录音机、便携磁带录音机和小型私人立体音响如索尼随身听都为"自我掌控的技术"做出了贡献。这些都帮助人们建构了文化和社会的主体性。人们利用音乐来改变或者保持心情、鼓舞斗志、努力前进、治愈过往，或者集中注意力。

迈克尔·布尔（Michael Bull）在他对个人立体音响使用的研究中，写就了最早的听觉体验民族志（ethnography）之一。他展现了人们如何在通勤之中通过听音乐来屏蔽外部的环境声音，从而假装脱离闹市，自选背景声音，并营造"电影般的"（filmic）体验，借此来美化他们周边的环境。他们创造了专属于"自己双耳间的个人声音景观"，并"加强了对环境的控制"。布尔发表于最近出版的《听觉文化读本》（The Auditory Culture Reader）上的文章，通过探究移动的个人立体音响和声音播放器（在路上、火车上、地铁里或汽车中，步行、骑自行车或开车途中）深化了这种研究方法。他介绍了众多的私人化技术手段，使用者可以借此来主动地重组公共和私人领域的界限。布尔的关注焦点在于音乐技术是在日常生活管理中进行选择和控制的工具手段，使用者是技术的主动消费者。这与声音的科学技术因素研究的理念相协调。这些移动声音技术的使用者事实上重新设置了城市的社会地理。

马可·伯尔曼（Marc Perlman）的论文进一步讨论了"听众"问题，记述了"音乐发烧友"这个人群。他们是为了追求高保真录制的音乐而花大钱来购买高级音响设备的听众（主要是中产阶级白人）。这些音响设备被安排在家中的特定位置——一般是地下室里。伯尔曼区分了两种不同的听众人群："金耳朵"（golden ears）和"抄表员"（meter readers）。前者迷信于耳朵的主观感受而不相信科学标准，后者则正好相反。伯尔曼在对发烧友追求所谓"绝对声音"（absolute sound）的听觉体验的分析中，指出了这两种主要听众人群将其声音偏好合法化的不同方式。有趣的是，这些听众在事实上参与协商了对所谓合法科学和伪科学边界的讨论。也许伯尔曼论文中更重要的一点，是他指出了听众通过将声音嵌入一个高度控制的声音环境里，能够重新获得对声音的控制。

音频和录音技术是技术史里面的重要一页，在探索"控制性文化"（cultures of control）的发展时更不应忽视。技术的历史体现为对于控制权的争夺。技术原本是被用来控制自然的，后来这种控制延伸到对机器和大型技术系统的控制中。技术"失控"的思潮充斥了1945年后的一段时间，直到人们发明了专门用来进行指令、控制和信息处理的系统，创造了能够实施间接分层控制的新型技术文化。然而，另一种反向的趋势也产生了。在被这样的间接控制性技术占领，普通居民不具备掌控权的都市世界中，新的音频和录音技术使得人们能够重新建立起他们对周遭声音环境的直接控制（还不期而然地包括了对所创造的音乐的控制），以至于对日常生活其他方面的控制。

工业革命以后的世界变得越来越嘈杂。社会运动如各种减噪协会的兴起，组成了现代性风土人情的一个重要部分。噪音是如何被体验、测量、回应的，以及"寂静"的意义和其产生的方式，都是"声音研究"领域的关键部分。今天的喧嚣世界变得更加复杂。移动声音技术，如个人立体音响和汽车立体音响，让人们能够更好地控制他们的声音环境，但与此同时也为他人添加了噪音源。当我们关注音频和录音技术在家庭之内和之外等场所的引入时，默里·谢弗着手讨论的噪音问题已经以新的形式重新浮现。

总之，这一辑专刊里面的论文，对我们了解音乐在当代生活的地位以及其中技术的作用，有着重要的贡献。它们展现出声音研究和对声音的科学技术因素研究所共有的问题。希望两者能在今后展开进一步的对话、互补。声音和听觉确实是理解现代生活的一个关键！

被玻璃所阻隔的"声音景观"

[加拿大]雷蒙德·默里·谢弗(Raymond Murray Schafer)著
王敦 译

> 见于加拿大《声音景观通讯》第 4 期,1992 年 9 月。Raymond Murray Schafer, "The Glazed Soundscape," *The Soundscape Newsletter* 4, September 1992: 5–7。作者谢弗(1933—2021)作为文化学者和环境思想家,从二十世纪六七十年代开始着手"声音景观"(soundscape)、"听觉生态"(acoustic ecology)理论及实践,奠定了听觉文化研究最初的一些轮廓,对日后听觉文化研究的启发和影响极为深远。"声音景观"是谢弗创造的名词,其空间比附的意味十分明显,目的是把看不见摸不着的声音附着在其"栖居"的具体的自然、技术和文化空间里,来对声音的构成、形态、历史进行文化分析。谢弗预设了与现代城市文明对立的"自然"为上的价值,体现了二十世纪六十年代西方"反文化"潮流的激进一脉以及七十年代环境保护思潮的影响。其听觉理想和姿态,在今天仍旧是有针对意义的,但在国外听觉文化研究界和译者今天看来,也需要在"文化"思考方面进行相当的扩容,才能够推动人们对声音/听觉文化问题的进一步认识。否则,仅仅是充满诗意的乌托邦诉求和姿态性宣言无法提供有效的研究范式,无法帮助人们进一步了解和分析解释现代听觉生活。
>
> 译者王敦,中国人民大学文学院副教授,亦从事听觉文化方面的研究。

在蒙特利尔的一家突尼斯餐馆里,店主夫妇共享一根弯管,从玻璃容器里同饮葡萄美酒。他们抬起软管,调整之倾斜之,让美酒直接流入嘴里,而不是从酒杯里呷饮或用吸管吸吮,与很早以前人们从皮酒囊里喝酒的法子实质上是一样的。这意味着与现代饮用方式全然不同的感受,也包括声音效果——空气和流动的液体在狭窄弯曲的出口争夺空间,迸发出明快的汩汩声。现在,这方法已经被玻璃杯的使用所取代了,就好比个体的私有制已经取代了部落共享。

而通过吸管来从瓶子和罐子里吸吮,就如同体现了私有制的变本加厉——连芳醇也要隐藏起来。人们在就餐的开始就举起玻璃杯碰击,部分的潜意识动机是为越来越无声化的进食做一点听觉上的补偿。而后来出现的一次性塑料杯则更加无声,连碰击的声音也发不出来。可见,物质材料在变迁,声音在变迁,社会风俗也在变迁。

每一个社会的"声音景观"都是由该社会的主要物质材料所决定的。人们就是在这个意义上谈竹文化、木文化、金属文化、玻璃文化和塑料文化等。这意思是说,人的活动和自然因素能使它们在各自的振动范围内表现出具有文化相关意味的声音。生活里离不开水声。不同时代和文化的水的声音成为分析具体文化形态的理想声音资料。在现代社会,由于水龙头、抽水马桶和淋浴设备的日常运用,水声成为家居生活的一个重要基准音。在前现代文化里,水声的标志更多地是要在村庄的泉眼或水泵那里才能清晰地听到,因为人们在那里从事所有的洗涤和打水的活计。与水不一样,石头只有被别的东西砍凿、刮削或碾压时,才会被动地发出声响。不同的人们用不同方式来对待石头,从而也发出不同的声响;这也可以被当作是世界上很多文化的重要听觉标识。

在十九世纪道路开始用碎石铺路之前,马车的轮子碾过鹅卵石路面的声音是很响的,曾经是所有的石头文化所共有的基准音。这种响动经常很大,所以在医院和病人的住处附近,稻草经常被铺在路上来消解马蹄声和车轮的咯吱声。在欧洲文学里有大量此类描述。比如说在萨克雷小说《名利场》的第十九章,当克劳利小姐(Miss Crawley)生病的时候，临近街道上铺了齐膝深的稻草，叩门环也被摘下。欧洲很大程度上曾经是一个石头文化，而且在很大程度上仍旧是这样，特别是在当今欧洲一些遗存的、较少被光顾的地方。石头曾被堆积起来修建大教堂、宫殿和宅邸，极大地塑造了这些建筑的声学效果。这不仅体现在这些宏伟和坚硬的建筑空间内部的声音折射，也在建筑墙体的外面强化了演说、奏乐和仪式的声音效果。北美本来在建筑声响上是属于木文化，但后来在二十世纪走入了混凝土和玻璃的时代，像现代欧洲一样。

在构建"音景"的材料中，玻璃是最不易被察觉的，因此需要特别注意它。人类制造和使用玻璃的历史，可以上推到九千年以前或更早，尽管其变得重要是很晚近的事。在公元前二百年左右，古罗马的玻璃工匠掌握了碾制玻璃平板的工艺，用来制造马赛克和小块的玻璃平面，尽管这时的小块玻璃制品是半透明的，只能透过微弱的光线。在公元1300年后，威尼斯人改进了玻璃熔液的制造工艺。平面玻璃窗的大量制作是十七世纪以后的事了。1567年，让·卡利（Jean Carre），一个安特卫普商人，从英国女王伊丽莎白一世那里获得了二十一年的执照，为英国人做窗玻璃。1688年，路易斯·卢卡斯·德·内汉（Louis Lucas de Nehan）发明了新的浇铸方式，使得人们得以制作大面积的、光滑的、厚度均匀的玻璃平面。从此，人们可以做出高质量的镜子，也能给大面积的窗户安装玻璃。

曾经在很长时间里，玻璃窗是要上税的。在1776年的不列颠，拥有十个玻璃窗的住宅每年要交8先令4便士的税。从1808年到1825年，年税提高到了2英镑16先令。此后，税率减半，而且拥有七个以下玻璃窗的房子可以免税。到1845年，玻璃工业已经迅速地发展成为一个繁荣的产业。1851年为伦敦世博会建造的标志性建筑"水晶宫"（Crystal

被玻璃所阻隔的"声音景观"

Palace),安装了 100 万平方英尺的平面玻璃,显示了玻璃技术和应用的辉煌成就。

在二十世纪,所有城市的商业街道都在逐渐地淘汰那些浪漫的石头时代的雕琢工艺,好腾出地方来安置大幅面的玻璃橱窗。在街道上方,高楼大厦彻底取消了窗户,而以整体玻璃幕墙代之。从街道上,我们就可以透过玻璃窥见曾经属于隐秘地带的室内景观。在高层写字楼上,高级管理者们的视线一直延伸到高远的天际。这些对我们来说,都不是什么新鲜的感受了。我们早已生活于其中。值得认真思考的,是平面玻璃的应用所带来的感知变迁。

从"音景"的角度来说,玻璃窗是一个非常重要的发明,能将外部世界框定在一个人工的如幻影般的"寂静"里。随着玻璃的大量应用,声音的传递被阻碍,不仅将空间区隔为"这里"及"那里",而且导致了诸感官的分裂。今天,一个人可以一边观看着自己的外部视觉环境,同时聆听着自己的听觉环境;二者的分隔靠的是一扇玻璃。平板玻璃击碎了感官整体,替换以矛盾的视觉和听觉印象。伴随着室内生活的普遍化,文化习俗变迁的两个现象不经意地演变出来:一个是音乐成为室内的艺术,另一个就是对噪音污染的阻隔——噪音就是要被阻隔在外面的声音。

在音乐活动被搬到室内之后,街道上的喧嚣就变成了特别需要谴责的目标。贺加斯(Hogarth)的著名版画《被惹恼的音乐家》(The Enraged Musician)淋漓尽致地展现了这种冲突。在室内,一个职业乐师烦恼地把手捂在耳朵上。室外,众多的声响活动正在进行中:婴儿在尖叫,汉子在磨刀,儿童在滚铁圈和敲鼓,小贩们敲钟吹号来叫卖。还有一个衣衫褴褛的乞丐正对着乐师的窗户吹奏双簧管。从画中可以看得出,市内的音乐和室外的"音景"开始变得敌对了。这通过比较贺加斯的画和一个世纪前勃鲁盖尔（Brueghel）笔下的市镇活动场面，就更觉明显。贺加斯的画里有玻璃窗，在勃鲁盖尔的油画《狂欢节和四旬斋的战争》（*The Fight Between Carnival and Lent*）里则没有。勃鲁盖尔画里的人们走到开着的窗子那里去聆听，贺加斯笔下的乐师则是去关上窗户。

玛丽-路易斯·冯·弗兰兹（Marie-Louise von Franz）在一个关于童话的研究里指出，玻璃"切断的是感性，不是思维活动……就是说你透过玻璃可以不受干扰地看清每样东西，就觉得好像玻璃不存在……但是它割断了各种感官间的联系……人们经常说，'感觉好像那儿有一面玻璃墙……在我和我的四周间隔开'。"[1] 玻璃将丰饶的声音感知世界排除在外。我们通过自己在室内（往往是坐着的）的视线，虽然能把外面的世界"看"得一览无遗，但我们与外部世界丧失了真正的互动。需要感知的世界是在"外面"，反思的活动则发生在"里面"。没有我们的感官参与，真实的"外面"被思维活动简化为几个标签：a) 被遗弃的（比如现代公寓楼的四周）；或 b) 肮脏喧哗的（比如稠密的都市区）；或 c) 浪漫化的（比如从度假胜地的窗户看出去）。

可以判定，城市噪音的增加是与玻璃的增加同步的。从十八和十九世纪的欧洲保留下来的旧街道上，那些美丽的法国式窗户如今已经蒙尘。这些昔日繁华居所里曾经的主人已经遗弃了它们，迁往更"安静"的地段去了。这告诉我们，这样的窗户曾经能满足人们抵挡街道噪声的问题，但已经有很长时间落后于时代需要了。那些昔日的窗户常常是打开着的；它们可不像现代旅店那种不能推开的"窗户"，完全把环境封死。而当人们将内部空间彻底绝缘于外部"噪音"之后，人们又张罗着重新让室

---

[1] Marie-Louise von Franz, *Individuation in Fairy Tales*. Boston and London, 1990, p.15.

被玻璃所阻隔的"声音景观"

内的听觉感受"交响化"起来。于是,在二十世纪,开始了背景音乐和广播的纪元。室内听觉环境的重新营造,其实应该算是"室内装潢设计"的一个分支,为的是让内部空间重新拥有感官上更完整的活力。然而在今天,内部空间和外部空间的听觉视觉分裂在变本加厉。通过窗户所看到的世界就如同电影,其配音来自室内的音响搭配。我记着有一次坐火车经过落基山脉。坐在圆顶透明的观览车厢里,听着从公共扩音系统里传出的肤浅煽情的背景音乐,我不禁想:我不过是在欣赏一部关于落基山脉的旅游观光影片——我根本没有"来到"这里。

当"内部"和"外部"的分离已经告成,脆弱的玻璃墙在文化意义上就会变得像石墙一样坚不可摧。甚至连窃贼也尊敬玻璃,因为其碎片所能造成的痛苦是每一个人都巴不得要避免的。"他必用铁杖治理他们,好像打碎陶器一样粉碎他们"——这是《启示录》(2:27)里面颇为有力的一个听觉形象。陶器是《圣经》时期中东地区人们的日常用具,人们当然熟悉其声音和特性。陶器一旦被打碎,绝对会产生非常刺耳、暴力的听觉信号。对今天的我们来说,玻璃一旦被击碎,也是这样。但是我却忍不住觉得,除非我们将阻隔感官的多余的玻璃打碎,否则在西方文化里心灵-肉体的分裂是不可能被治愈的。但愿我们得以再次栖居在一个统一的感知世界里,在那里面,所有的感官是互动的,而不是对立、分等级的。

音响生态学：都市空间的声音秩序

[英国] 罗兰德·阿特金森（Rowland Atkinson）著
王敦、高宇 译

> 罗兰德·阿特金森，英国谢菲尔德大学都市研究与规划教授。此文原文见于：Rowland Atkinson, 2007, "Ecology of Sound: The Sonic Order of Urban Space". *Urban Studies*, 44, 10, 1905–1917. 译文有所删减调整。
>
> 译者王敦，中国人民大学文学院副教授。译者高宇，澳大利亚悉尼科技大学博士研究生。

摘要

我们在考虑城市的结构的时候，声音往往被忽略。音乐、声音和噪音所拥有的指代特定区域、分割空间的效力，促成了音响生态学（the sonic ecology）这个想法的生成。城市空间中的声音生态，既具备空间性也具备时间性的特征，这些特征具备社会影响效能。这篇文章试图去"锚定"城市秩序里面看不见的声音部分，并且对其在空间和时间上的构成予以理论性阐述。都市的声音景观由变动不居的"声音地形"（aural terrain）所构成，为我们的城市生活经验带来区隔和微妙的导向。

导论

对路易斯·沃斯（Louis Wirth）来说，他的眼睛一看到一座城市，就了解它了。他的著名理论着眼于城市的大小、密度和异质性。[1] 刘易斯·芒福德（Lewis Mumford, 1937/1996）在一定程度上也讨论了沃斯的理论，并且将这些着眼点拓展为城市被表征出来的"社会行为的剧场"。[2] 沃斯也呼吁城市学家的视角要超越城市在物质、经济和文化上的结构，去发现在城市生活里面所没有被发现的潜在因素。笔者这篇文章则以感官为出发点，将分析从城市中不断变换的工业、交通、休闲、聊天场景等释放出来的噪音、声音和音乐对城市空间秩序的构成性因素。通过对这些被忽略的声音因素进行理论化，来丰富我们对于城市构成的定义和理解。声音研究为探索城市结构中稍纵即逝的因素提供了一个手段，这些因素在我们试图对其做具体性的评估的时候通常是很难被抓住、分解、衡量的。从这种意义上说，城市中丰富的声音有着不同的释放方式和效果。城市里面这些"不可见"的存在，通常在城市研究中被忽视了。这篇文章试图去填补这样的认知鸿沟。

在区分声音和噪音方面，甘尼（Gurney）提出了一个很有用的说法："噪音是声音在它不该在的地方。"[3] 因为我们对于声音大小的感觉是主观的，所以城市并不是简单地比其他地方的声音更大。依据每一天不同的节奏和其他因素，如街头庆典、晚间家庭聚会或者上班族每天的穿梭路线，安静的城市绿洲和充满噪音的地方在城市生活的节奏中是可以互相转换的。在这个意义上，城市空间的声音景观和时间秩序的潮涨潮落通常被社会生活所设定、布局，而不是无迹可寻。这些布局使得城市文

1　Louis Wirth, "Urbanism as a Way of Life", *American Journal of Sociology*, 44: 1, 1938, 1–24.

2　Lewis Mumford, "What Is a City?", *Architectural Record*, 82, 1937, reprinted in: R. Legates Ed. *The City Reader*, New York: Routledge, 1996, 183–188.

3　C. Gurney, "Rattle and Hum: Gendered Accounts of Noise as a Pollutant: an Aural Sociology of Work and Home", Paper presented to the *Health and Safety Authority Conference*, York, April, 1999.

化空间里面的声音具备了"生态性"的特征，尽管其复杂又无法看见的边界还有待探索。

对于城市声音的日常秩序、空间界定和时序性，我们需要用"音响生态"（sonic ecology）这个术语来描述。由此我认为城市声音具有空间秩序上的结构性，呈现为特有的流动性、对应性、重叠性等等复杂的规律。这篇文章试图针对复杂多变的音景的构成方面和功能性方面做出一定的解释，并就其重要性和社会影响力做出考量。声音和音乐拥有既能够指示地点又可以区隔空间的力量。这篇文章试图去思考这种力量与音响生态问题的关系，试图去绘制一座"看不见的城市"，这座城市看不见的一面，掩藏着生理的（比如致聋）、社会的（如反社会的噪音）和政治上的（如对新机场跑道的抵制）问题。

方兴未艾的声音学（acoustemology）深入研究了这些问题，并且描述了探索"声音感受"（sonic sensibilities）的可能。[1] 在这一领域，现有的研究主要倾向人类学方面。在品客（Pink）所描述的日常（家庭）声音景观中，对于家庭里位置和活动的感受被进一步细化，她的被访者着重关注他们在居室空间的相互关系，甚至包括了由于使用广播以及干家务所产生的声音因素。[2] 而在家庭空间之外，赖斯（Rice）进一步探寻了不同的社会机构背景下的声音学。赖斯在对爱丁堡皇家医院的病人感受所做的研究中，强调特定声音景观带来的差异性体验——"医疗活动的声音、设备的声音以及科技的声音不定时地充斥着医院的生活。"[3]

---

[1] Steven Feld, "Waterfalls of Song and Acoustemology of Place Resounding in Bosavi, Papua New Guinea", in S. Feld and K. Basso, Eds. *Senses of Place*, Sante Fe, NM: School of American Research Press, 1996. 91–135.

[2] S. Pink, *Home Truths: Gender, Domestic Objects and Everyday Life*. Oxford: Berg, 2004.

[3] T. Rice, "Soundselves: an Acoustemology of Sound and Self in the Edinburgh Royal Infirmary", *Anthropology Today*, 19:4, 2003, 4–9.

音响生态学：都市空间的声音秩序

为了延伸以上这些空间角度的研究，以及深化声音学的目标，我们可以勾勒城市的轮廓、风景、装置。布尔（Bull）研究了城市空间中声音的复杂性和层次性。他在对于个体立体声音响使用者的研究当中，发现人们使用这些设备来逃避城市声音景观。个人音响装置作为"声音庇护所"所创造出的"明亮"体验，与缺乏个性化私人音轨的"世俗外界"形成鲜明的对比。布尔提出的私人听觉经验强调城市公共声音景观已经被看作具有侵略性的声音统治方式，而个性化的音轨作为替代品将其屏蔽。[1]

接下来的讨论将进一步呈现为三个部分。首先通过整理一系列的文献来展现"音响生态"这一概念的发展轨迹。接着是梳理关于"功能性音乐"（有时被称作"muzak"）的研究，来思考声音的领地性特征和功能性、规划性问题。最后简要探寻城市噪音的含义，来理解城市中的社会规范和运作。文章在结尾再次呼吁要对城市在物质上以及感官上的双重构成进行更广阔的思考，以此扩展我们对于城市的社会影响力和不平等性的理解。

声音生态

在 E. M. 福斯特具有讽喻性的故事《机器休止》（*The Machine Stops*, 1909）当中，机器在生活空间里满足了市民所有沟通和交通的需要。在那个世界中任何与自然的接触，不管是视觉上还是声音上的，都被认为不再必要。这个故事里的主角库诺（Kuno）反感于这一既定的逻辑。他对他的母亲说："机器在轰鸣！你知道吗？这些轰鸣声渗透进我

---

[1] Michael Bull, *Sounding Out the City: Personal Stereos and the Management of Everyday Life*. Oxford: Berg, 2000.

们的血液,甚至有可能操控我们的思想。"这一具有讽喻性的宣言也可以被解读为再度认识我们自身城市空间的一种态度。

音乐学家 R. 默里·谢弗(Raymond Murry Schafer)让他的学生去从音乐属性的角度来注意环境中的声音现象。他的中心论点是发扬"净化耳朵"(ear-cleaning)的做法,一种对于周遭不同声音的自觉辨析。这为对于城市声音新的接受打开了重要方向,并且也挑战了什么被理所应当地被认为是音乐的既有观念。[1]

有一种观点认为城市正在变成一个吵闹的地方。尽管这并不能说是由工业化带来的直接后果,但交通和邻里的噪音已经对当代城市生活造成重要影响。例如,在 2003 年,特许环境卫生研究所(the Chartered Institute of Environmental Health)记录了 224502 个关于家庭噪音的投诉,相当于每一百万人里有 5573 个投诉。受建筑和建造环境委员会委托的 MORI 研究发现百分之六十三的人遭遇邻里噪音,其中近三分之一的人正在感到困扰。那些为高收入群体服务的直升飞机的巡航所产生的噪音已经让生活在下面的居民忍无可忍。这些转变正好与正在凸显的有关城市噪音的政治斗争相关,尽管西方城市反抗工业噪音和交通噪音的运动在至少一百年前就已经发生了。城市区域里面的周遭噪音和污染,例如汽车喇叭、狗吠、吵闹的邻居和聚会、空中交通、砰门声等等,不时会有。这些问题可能会对我们的交流或者相关行为造成直接的影响,也会在我们认为具有主宰权的空间里扰乱我们,使我们感到无力。例如,邻居家的音乐声并不需要很大,就使我们在自己居家空间的自主性受到损害。

---

[1] Raymond Murry Schafer. *Ear Cleaning*. London: Universal Edition, 1972. *The Soundscape: Our Sonic Environment and the Tuning of the World*. Rochester, VT: Destiny Books, 1994.

在这不断增加的城市骚动中，游说团体，如皇家全国聋人协会（the Royal National Institute for the Deaf），发起关闭酒吧里"喇叭音乐"（piped music）的运动，让有听觉障碍的人得以交流。减少噪音协会（the Noise Abatement Society）继续反对不必要的噪音。规划部门时不时尝试通过"噪音地图"技术去区划这些问题，这项技术呈现出噪音的位置和影响力，因此能够帮助更好地规划交通的核心点和线。简要来说，城市里的空间组成了一种秩序，一种暂时被定义为噪音、声音以及短暂安静的生态状态，一个在个人层面以及在广义政治层面的对抗。

音乐当然也和恐怖、权力、领土纠缠不开。通过由当时先进科技支持的扩音效果，音乐被德国人在斯大林格勒战役里用来磨灭苏联士兵的士气。而近期，以色列的士兵通过致聋攻势去攻击在伯利恒耶稣诞生的教堂处避难的巴勒斯坦难民。这些"音波炮弹"（sonic cannon）的基本原则也被实际应用在击溃智利绑架者的斗志，以及促使诺列加将军在巴拿马向美国投降。如今驻扎在伊拉克的士兵头盔里面有内置的音乐系统，在他们战斗时播放音乐来提高他们的肾上腺素水平。这种系统性的对于声音的部署，不可避免地让人思考技术与权力的关系。

赖斯（Rice, 2003）认为这些多元化的噪音和声音扩展了福柯所说的"全景视觉监视"，成为"全景声狱"（panaudicon）。在此，声音的权力关系并不仅仅与总是被听见的那种奥威尔式（受严格统治而失去人性的社会）的"总是打开的"（always-on）耳朵相关，也和总是能聆听到权威的在场的自觉性有关。从更细微的角度来说，被我们声音产物监控的含义，也使我们通过减小我们制造的声音及控制其源头来安排我们自己，以免被追踪，陷入尴尬，被人定位或认出。贾克·阿达利（Jacques Attali）指出，"在任何一个地方，权力降低了他者所制造的噪音，而在自己的领地里增加对声音的控制。聆听成为了实施监视和社会管制的一项基本的手段……今天，每一处噪音都唤醒了一幅颠覆的画面。它是被压抑的，被控制的。因此，在公寓楼里在每天的一定时段后对于噪音的禁止，导致对于年轻人的监控"。[1]

总而言之，城市经济、休闲习惯和技术的各种变化影响了城市每一部分的听觉分布和特点，影响我们如何暴露在噪音下，以及在工作、家庭以及消费和休闲娱乐空间中声音的特定类型和质量。例如，西方城市中重工业的衰落减少了一些职业在噪音之下的暴露，但是在同一时间，越来越多的娱乐场所却在提供与工业噪音值相媲美的噪音暴露程度。这些不同方面的动态轨迹往往是矛盾的。例如，虽然密闭的场所如电影院现在把声音放大到如此地步，超出了安全阈值，而在其他空间，比如英国广播公司的财务办公室，据报道，则已经过于寂静，乃至于要人工播放办公室噪音来改善办公环境。种种情况都说明了问题的复杂性。

试图控制"声音地盘"已经成为地方政府的愿望。例如纽约最近通过的法律试图通过打击夜间发出噪音的狗和冰激凌车让城市安静下来。技术越来越多地配合这些行动，以减少这些不在合适位置的声音的影响。住宅的选择以及房子的价值，部分是由与噪音源如公路、铁路和机场高速的靠近程度决定的。由个人财富带来的自主权在一定程度上对应了对于自己住所噪音状况的控制权。城市社会生态与随之而来的声音居住者们的声音生态息息相关。例如，根据法规，街头艺人在伦敦地铁站卖艺会被定义为犯罪，而在伦敦的考文特花园（Covent Garden），他们的出现却是营造都会气氛的重要组成部分——区分点在于是否有人愿意充

---

[1] Jacques Attali, *Noise: The Political Economy of Music*. Minneapolis, MN: University of Minnesota Press, 1977, 122.

当听众。

在寻找相对安静的和可预见的听觉庇护所的时候，我们经常会发现，噪音侵犯了个人、家庭与群体空间。那些与我们的生活方式和日常轨迹息息相关的声音，不需要音量很大，就能够造成困扰。在夜间使用洗衣机，或者把白天的日常施工改在晚上，都有可能会产生激烈的人际或社会摩擦。安静被加注了很高的价值；在安静的地方，我们说我们找到了可以听到自己思考的空间。

声音生态、城市里的工作和消费

对于商业和公共领地进行控制的一个手段是播放"功能音乐"（functional music）。越来越多的公共空间可以听到这样连续播放的背景音乐，或者叫"muzak"。这种背景音乐不仅用来填补交谈间隙的冷场，而且也通过其对于生活节奏、口味的细微应和来刺激其所锚定的听众群体在商家的购买行为。功能音乐作为声音领地的标记，有效地营造了品牌空间，润滑了消费行为，并且作为操纵环境的变量之一来影响工作节奏。

功能音乐的历史是与泰勒产业化经营模式交织在一起的，先进的技术使跨距离传播录制音乐成为可能。经过一段时间，这样的音乐成为占人均听到比例最大的音乐。功能音乐从而被有策略地应用于创建和谐，以及有利于社会的项目。对公民、工人和消费者的声音景观的控制会影响到对于他们生产、消费行为的管控上。在这个意义上说，这样的音乐可以被视为驯服技术（disciplinary technology）。对于阿多诺来说，这样的音乐被看作是具有催眠效果的。[1] 它去除了对于音乐来集中注意力和思考的必要，因此作为单调工作中的一个抽离，降低了对于工作的厌倦

---

[1] T. W. Adorno, "A social critique of radio music", *Kenyon Review*, 7:2, 1945, 208–217.

和疲劳,但却在社会结构上成为大众的声波鸦片。工人"实际在与他们的机器跳舞"。经理们也热衷于强调音乐是送给劳动力的一个"礼物"。在这种意义上,音乐在这些领域的作用早在二十世纪初已渗透到城市的工作场所和休闲空间当中。在当代城镇和城市,功能音乐已扩展到巴士、候机室、电梯、和许多其他空间。

我们有时也会尝试创建我们自己的功能音乐。对于大多数人来说,广播并不被作为信息源或娱乐。相反,我们采用它作为一个声源来伴奏其他事情……我们把无线电用作麻醉剂调剂生活琐事——如剃须,开车去上班,坐在一间办公室,再次驾车回家,洗漱,熨烫。

这种潜入和嵌入了城市生活间隙和公共空间的音乐,会对社会生活、社会秩序和社会操控会带来怎样的影响?阿达利严厉批判功能音乐的角色,认为"在公共场所连续播放的背景音乐,滑入日益增长的活动空间和我们的日常生活,使其含义和关系空洞化。功能音乐在世界上所有的饭店、电梯、工厂和办公室、飞机、汽车随处可见,它标志着气质的缺失和象征权力的在场。音乐的重复验证了重复消费。"(Attali, 1977, 111)特定的酒吧及其他休闲空间已经形成了自己的音乐语汇来扮演吸引特定客户群进入声音领地的角色,同时把非我族类排除在外。在这些看似开放、透明、中立的空间中,音乐越来越协助人们达成预设的区隔意图并放大对特定社会团体的邀请。这个新的听觉符号学可以用来拓展对于公共场所和状况的分析。

功能的音乐在不断变化的工作实践和休闲习惯中,自身也在不断地变化。利用音乐去鼓励辛勤工作的想法,被移植用于鼓励硬性购物和娱乐中。下表总结了因为社会本质从生产到消费转变的过程中功能音乐的变化。并不是两个时代中的统一体之间的明确断裂,我们可以看到工业时代功能音乐一个二者之间重叠的明显的延续性，并且在当今更多元化灵活化的情景和模式下得以延续。

类型	福特主义	后福特主义
来源	音频广播 流行音乐标准 被编排好的	音频 + 音频——视频 原创艺术家的音乐 商店自我编排的
背景	生产导向性 私人主导性	消费导向性 准——公共性
一致性	不——转移注意力的	轻微的 获取注意力的
音量	背景	前景
接收	工人的福利 拒绝改变生活方式的	顾客的选择 指示生活方式的 指定顾客、亚文化或消费群体

比克福德（Bickford）讨论了城市物理空间中的建筑是如何驱逐民主参与的。在主题性消费场所，商业利益可能会覆盖之前公共空间的其他用途。在这个意义上，功能音乐成为这样的一种建筑性存在。它是城市生活中的一种新的文化生态装置，是在公共空间里面实施阻隔功能的一个新工具，就如同防流浪汉去坐的板凳、零容忍治安、住宅区隔化，有门禁的社区、宵禁策略等等。总而言之，划分领地的策略变得越来越"聪明"了。声音策略大获全胜。[1]

我们可以这样想象音响生态：一个具有渗透性、调制性，转瞬即逝又持续的声音景观存在，普遍存在于城市的各种社会性与空间性的组成

---

[1] S. Bickford, "Constructing Inequality: City Spaces and the Architecture of Citizenship", *Political Theory,* 28, 2000, 355–376.

部分之中，根据特定的时间节奏和社会秩序在程度和规模上此起彼伏。声音就是这样参与构建了城市空间的社会生活。所有这些暗示了城市声音生态的延伸对于城市生活的影响。这些耳朵所在的"位置"也受到社会经济地位的制约，牵涉到社会学方面的变量。

声音的影响：城市噪音的后果

在更深入的理解中，我们可以汲取到的不仅仅是哪块城市空间有怎样的相关音量，而更要去关注这种区位的声音和音乐是如何通过消费品位和消费结构来"过滤"这个空间的使用者的。不久前伦敦市长在公众咨询后在全市发布了声音城市战略文件，公众咨询发现46％接受调查的伦敦人投票认为噪音是个问题。关于噪音的策略在这份文件中显现出来，认为我们的"声音景观"需要像市景和风景一样得到维护。[1]这项策略包括创造安静的道路，降低交通噪音、改善嘈杂的铁路，并禁止伦敦机场夜间飞行等目标。在嘈杂的城市嗡嗡声中"休养生息"的必要被提出。然而，所有这一切提出了一个更广泛的问题：怎么才能让这些改变在复杂的城市系统中成功实施？

在前面的讨论中产生了一个关键问题：我们怎样才有可能去衡量城市音景和生态的有形影响？这里面都包括什么？不包括什么？鉴于噪音的重要社会意义以及结构，我们需要通过应对这些具体问题来了解。在关于利物浦市中心区域公寓的新住户的研究中，阿伦（Allen）和布兰迪（Blandy）发现了新住户与已有的酒吧、俱乐部的使用者之间的严重冲突。新公寓里面居民觉得这些酒吧和俱乐部在侵扰其所希望的生活。[2]这

---

[1] Greater London Authority, *Sounder City: the Mayor's Ambient Noise Strategy*. GLA, London, 2004.

[2] C. Allen and S. Blandy, *The Future of City Centre Living: Implications for Urban Policy*. Centre for Regional Economic and Social Research, Sheffield Hallam University, 2004.

个研究表明在一个特定区域和空间里协调和重塑音响生态是非常困难的。在另一种情况下则清楚地看到特定群体的私人经验与城市声音景观之间的不和谐。一个明显的例子，耳鸣患者往往对于音响生态特别敏锐，音响生态对他们来说就意味着要躲开让他们觉得吵闹的地方（嘈杂的巷道，音乐声太大的商店等）。

一般的城市居住者虽然很少能做到对这方面进行清晰表述，但还是切身意识到音响生态的存在。弱势群体与城市空间的协商过程，往往是被疏离感、压迫感、无力感所支配的，这是因为社会在设计城市环境包容性时往往无视这些使用者的需求。耳鸣患者的例子呼应了这个问题。他们的立场、感受是很少被注意到，特别是耳鸣这个病症并没有呈现为身体上的直接"可见"特征。所有这一切都使得对于风险、责任和城市管理的评估陷入模糊。在很多情况下，因素非常复杂，很难在个人品位、社会容忍度，以及真正的个体性不适现象之间做出区分。

以上讨论突出了城市听觉体验是怎样强烈地影响我们的心理和生理，以及社会关系、社会参与的。这可以排除或激起我们对于特定空间的焦虑情绪。这些探索也揭示了处于变化中的城市音响生态，它既是流动的，同时其对城市居民的影响也是切身的，实实在在的。

结论

音响领地是可以被划定的，并带来各种各样的社会功能和影响。音乐，声音和噪声可以被看作是在城市在空间和时间上针对特定群体的声音景观模式，并对其社会交往、身体动态和人际互动产生深远的影响。虽然听觉地理学在更广泛的社会科学中还不太显眼，但是我们需要知道，我们对于声音、音乐在"生态"意义上与我们的生活的关联的理解是远远不够的。

　　音乐用来安抚，激发和激励人心的作用，一直是音乐社会学的主题。而在这一领域进一步的发展则需要越来越多地考虑不同的音乐，噪声源，及其不同的社会群体的分布的因素，特别是鉴于社会不平等是与这种分布不均有关的。功能性音乐源起于福特主义追求生产率最大化的原则和对工人的控制的，它也在新的时期演变成为艺术形式与商业主义的混搭模式，模糊了消费/生产、公共/私人空间、艺术/休闲的界限。由于音响生态确实是不同社会群体的时间空间性、文化地理差异的组成部分，这将是有待理论探讨和实证勘探的一个丰富的区域。

　　本文试图对城市分析中易滑动的并且"看不见"的这一领域做一点材料方面的建构。尽管如此，在分析城市的声音和它与社会和地理的交织的时候，仍然会有许多的关注点，是我们还没有意识到的。也许，我就像谢弗的一个学生那样，这里只是强调了我们需要开始清理我们自己的耳朵了。从这一步开始，我们将更能够发现日常城市空间中微妙的秩序和动态。

做人类学的声音研究

[美国] 斯蒂芬·菲尔德（Steven Feld）、
[美国] 唐纳德·布莱内斯（Donald Brenneis）著
王敦、黄彩英 译

> 斯蒂芬·菲尔德，美国著名民族音乐学家和人类学家，美国新墨西哥州大学荣休教授。唐纳德·布莱内斯，加州大学加州大学圣克鲁兹分校人类学教授。此文原文见于：Steven Feld and Donald Brenneis (2004), "Doing anthropology in sound", *American Ethnologist*, 31 (4), 461–474. 译文有整理与删节。
>
> 译者王敦，中国人民大学文学院副教授。译者黄彩英，中山大学中文系研究生毕业。

声音研究已经被运用到许多学科。诸多人文社科领域的专家包括社会理论学家，历史学家，文学研究者，民俗学家和科学技术领域的学者，以及做视觉、行为学、文化学研究的学者，已经提供了一系列基于声音研究本质的多样记述，和在认识论基础上所提出的关于研究者如何严肃认真地进行声音研究的具体模式。这次谈话则大致探讨了人类学方面的声音研究，主要聚焦于使用声音作为民族志（ethnography）研究的主要媒介时所涉及的问题。

布莱内斯：我们就按照你从最初到后来逐渐开展声音研究与实践的时间顺序，开始谈谈你在人类学工作中对声音记录的运用吧？

菲尔德：我刚刚从事人类学研究的时候，就有了用记录声音来从事人类学研究的灵感。那是在六十年代后期，我还是个本科生，与科林·特恩布尔（Colin Turnbull）一起做研究。他给了我三张黑胶密纹唱片，是他五十年代和六十年代早期在中非录制的。我在思考他的录音和他的文章之关系的过程中，发现声音和声音的记录是多么重要，尤其是当研究那些处在极其纷繁复杂的听觉环境中的人群的时候。我也是从那时开始，疯狂地爱上了热带雨林，迷上了它的美学和生态学。我也爱上了雨林部落人们对声音的敏感，因为我发现敏锐的听觉在热带雨林的日常生活中是为其重要的。这也正是我想以声音为媒介进行民族志工作的灵感来源。科林知道我当时正在做电影配乐的工作并且也在研究电子音乐。正巧的是，穆格电子音响合成器（Moog synthesizer）的发明人之一俄布·德意志（Herb Deutsch），当时也在霍夫斯特拉（Hofstra）大学的音乐系授课。俄布就成为另一个鼓励我进行声音工作的人，他教我技术合成"具体音乐"（musique concrète）、磁带编辑和电声合成。所以，那时我在实验室用最初生产的穆格电子音响合成器来学习声音技术，并且跟随科林学习如何去聆听和记录姆布蒂人（Mbuti）的土著音乐。我想，我就是在那时候开始幻想如何寻找到一种在声音中来工作的生活，一种将乐师、作曲家、工程师、人类学家身份进行叠加的生活。在那样的生活中，我可以与声音的物质性和社会性保持一种既有创造力又不失理性分析的关系。

布莱内斯：所以说，你花了数年时间与科林·特恩布尔一起做记录工作，那么然后呢？

菲尔德：我大学的最后两年是和他在一起工作。然后科林·特恩布尔建议我要么去芝加哥同维克托·特纳（Victor Turner）学习做研究，要么去印第安那去跟阿兰·梅里亚姆（Alan Merriam）学习做研究。我两边都去拜访了，最终选择了印第安纳，因为那里有传统音乐档案，拥有梅里亚姆、埃米尔·斯奈德（Emil Snyder）和罗伊·赛博（Roy Seiber）等牛人的强大的非洲音乐、艺术、人文研究项目。再加上戴维·贝克（David Baker）的爵士乐项目，还有雅尼斯·泽纳基斯（Iannis Xenakis）也在那里的音乐学院教授电子音乐。

布莱内斯：我们讨论的一个目的是想探讨一下关于人类学记录的新方式，或者说，一些可作为补充性风格的记录形式。我是很久前读了特恩布尔的著作。我现在还能清晰地回想起。黑胶唱片所提供的补充性工作是否很有效呢？

菲尔德：科林·特恩布尔是一个非常能引人共鸣的作家。我也和其他的大学生一样曾经被《森林居民》（Turnbull, *The Forest People*, 1961）深深地打动。这本书里当然有很多非常声音化的描述。但是我很快就又去读了他更多的社会学类型论文和他的博士论文《任性的仆人们》（Turnbull, *Wayward Servants*, 1965）。在他的著作中，至关重要的是声音和地点的联系。而这也给我听他的录音带来新的启发。

如果你对这些都从何而来感到好奇，我会告诉你真正让我印象深刻的，是音乐总是科林·特恩布尔日常生活中的一部分。他在美国自然历史博物馆的办公室中有一台羽管键琴，他非常喜欢在午餐时演奏古典音乐。他也会离开他的羽管键琴而花几个小时沉浸在非洲音乐之中。有一年，科林送了我披头士的一张叫《顺其自然》（*Let It Be*）的专辑作为新年礼物，还对我说："这是最近几年来我听过的最好听的歌曲。"很明显，正是得益于这种日常活跃的社会性聆听，他深深意识到声音的在场与意义。我认为这也解释了为什么在他的写作与录音中，对声音的情感与定位是如此清晰明确。

布莱内斯：在我的印象中，科林·特恩布尔的《森林居民》和他的那些录音都成效卓著。它们是否对你造成这样的印象：录音、黑胶唱片会像书一样成为呈现民族志的一种严肃而流行的媒介？

菲尔德：是的。对我而言，录音往往是民族志实践的重要备选方式之一。而科林的录音的流行也证实了这一点。或许你知道，科林爱好写作并且拥有非常突出的行文流畅的写作能力。这一点在理查德·格林柯（Richard Grinker）所写的科林·特恩布尔传记中（2000）得以体现。科林可以在一个月内就写出像《森林居民》这样的手稿，并且几乎不需任何编辑修改。灵感从他头脑中倾泻而出。在七十年代中期我在巴布亚新几内亚的全部时间里，我每个月都会收到科林寄来的信，满是令人难以置信的散文风格，每封都很长，以单倍行距打印，长度在四到七页之间。他留下了大量的个人文档。科林对年轻人的慷慨、真挚的友情以及真诚的鼓励，都是非常难得的。他的录音确实激起了我的想法：民族志研究应包括人们日常所闻。这就是我所说的"声响意义学"（acoustemology），即一个人以声波的方式对世界的认知和存在。他的录音追求的正是在此地，生而为人的意义和感受。如何换成更具当代学术风格的话语来讲，则意味着在他的录音实践里面，布迪厄式的"习性"（habitus）概念还应该包含有听觉的历史。

布莱内斯：那么，在印第安纳大学的研究生院，梅里亚姆是不是提供了完全不同的音乐人类学家的典型？

菲尔德：非常不同。阿兰·梅里亚姆是那种非常活跃又严格，高度专门化又训练有素的教师和学者。他与科林完全不同。他展现的是一种非常不同的学术典型，是深度痴迷型的目录学家和录音作品目录编辑者。他是现代式掌控和物质操控的典范。大量的文献综述统治着他的课堂。他不是六十年代类型的那种激进形象。在他的世界里我能想象的最不可能发生的事情就是他坐在钢琴前像科林·特恩布尔那样领奏"Let It Be"而他的学生和朋友们围着他跟着唱。

我非常仔细地阅读了他的《音乐人类学》（*The Anthropology of Music*, 1964）。我现在仍旧认为，在建构知识谱系的工作中，这是一本极其重要的书。我在 1972 年写给他的第一篇论文就是回应这本书的，我把它命名为《人类学的声音》（*The Anthropology of Sound*）。它以两个反问句开篇：从声音做人类学如何？如果民族志都是录音磁带那又会怎么样？我基于我当时从对具体音乐的兴趣到从事爵士乐的经历再到跟随科林在热带雨林中的录音活动，尝试去批判这些领域各自的话语局限性，无论是关于声音的，还是关于文化的，还是被强加于"音乐"这个概念上的。我当时也写了很多现在读来像六十年代倡议书风格的文字，教人如何做录音带编辑，或者如何能让黑胶唱片持续录音二十分钟。这正是生命中的声音体验所在，包括而又不局限于"音乐"之中。自那以后我想我已经对这个想法进行了不同版本的各种实验。

布莱内斯：在印第安纳还有没有其他事情，于你对声音的态度的形成有所影响吗？

菲尔德：在我写那篇论文的那个学期，我上了卡尔·沃格林（Carl Voegelin）的语言人类学导论这门课程。我和这位老师很合得来。他是一个超级怪人。我第一次踏进他的办公室时，他就问过我："你做的梦是黑白的还是彩色的？"我回答的是"大部分是黑白的"。然后他说：

"我也是,我们的共同点很多!"我们有过很多类似这样的对话,如果你明白我的意思。

无论如何,卡尔鼓励我写一篇有关语言与音乐之间的关系的论文。正是卡尔·沃格林引导我去思考声音人类学为何不得不与诗学、与语言与音乐之间的知识关系问题而关联起来。他让我沉浸于语言符号、次语言符号、韵律、文学的阅读当中,并且思考语言与音乐两套话语在声音与意义这一更大环境下的交界与渐变。他让我转向博厄斯(Boas)、萨丕尔(Sapir)、雅各布森(Jakobson),阅读他们关于音响系统、语音象征、形象性以及关于音乐的想法的论文。

布莱内斯:在七十年代早期的语言学时期里,这是不是处于一个相当异端的位置?

菲尔德:当然!乔姆斯基的语言学理论在我们正统的语言学课程中就是圣经。

布莱内斯:梅里亚姆的书把我镇住的是,在那些至关重要的方面,这真的是关于音乐的人类学。如果没有这样的音乐人类学的讨论的话,这里面的话题可能会被简单地认为无非是关于音乐和非音乐,听得到和听不到的等边缘问题的讨论。

菲尔德:我也发现了它的解放性价值。但老实说,我并不认为梅里亚姆本人对这个解放性价值感兴趣或是意识到声音性再现的许多问题。他对实验音乐一点也不感兴趣。他希望这一切都只关乎史实,关乎实证科学。他制作的黑胶唱片都很无聊,并且给人的是单调乏味的就事论事之感,而非在声音议题上的开拓、冒险和对话。他十分质疑科林的工作。

布莱内斯:……一种富有成效的百科全书主义。那你是如何从中非转向巴布亚新几内亚热带雨林的?源于与梅里亚姆的谈话吗?

菲尔德：不是的。我完全是打算去中非的，这也正是梅里亚姆的想法。1974 年他送我去巴黎一个学期，考虑选择中部非洲一个讲法语的地方作为我可能的田野工作地点。然而早在 1972 年，在新墨西哥，我就遇见了斑比·希芬林（Bambi Schieffelin）和爱德华·希芬林（Edward L. Schieffelin）。我看到了他们拍的关于巴布亚新几内亚（Papua New Guinea）的博萨维（Bosavi）地区卡卢里（Kaluli）人的电影并听了一些现场录音。当夏天结束的时候，他们给了我一些磁带，并请我将它们整理并归档于印第安纳大学的传统音乐研究所资料馆。所以我已经花了一学期来听那些材料。这些几乎完全是对于博萨维人的文化仪式的录音。在 1973 年夏天，我们又都去了安阿伯市（Ann Arbor）的美国语言学学会的语言学研究所参加学术会议，于是又继续探讨了合作的愿景。在 1975 年到 1977 年，当他们回到（巴布亚）新几内亚的时候，我加入了他们。在我到达的第一天，我们听到了村庄中的"哭唱"（sung weeping），说明有人去世了。他俩说："拿出你的录音机。"我这时候还听不懂那里的语言，我还不了解那里的任何事情！但我在彼时彼地就已经受到了触动。我手持磁带录音机和麦克风，坐在泪流满面的人群里。我微微闭上眼睛，什么也不想，只是静静地听。我突然意识到，我很可能得花上一年的时间去找出我所听到的第一波声音里面的名堂。原来有那么多东西就发生在声音与社会模式之中，发生在情感和声波直接的形式与组织结构之中。这里面还有葬礼仪式的问题，社交性共同体沟通的问题，以及美拉尼西亚文化在语词与对象上的编码问题。在博萨维的最初几个小时里的所有这些都冲击着我的头脑。所以，为什么还要去非洲呢？

布莱内斯：所以你就待了下来，打开了录音机——除了对那些哭泣仪式感兴趣，还有什么？

菲尔德：传教士们的文化介入已经实际上捣毁了大部分的仪式生活，所以我没有专注于此，而是与巴克（爱德华·希芬林）做了一些对灵媒降神会的考察工作。另外我还录制了我在森林生活里每天能听到的声音，从讲故事到言语仪式，尤其是人们工作时发出的声音，当然还有鸟类的鸣叫，甚至包括周遭环境中的一切声音，像博萨维人们的歌唱等等，包括唱啥、唱给谁，如何唱，和谁在唱。

　　布莱内斯：当我第一次听你录制的那些唱片时真的是沉醉其中。录制都是在那里现场完成的，效果也是身临其境。

　　菲尔德：是的，这一点很关键。我从来不让人们在录音机前坐下，进行编排之后的录制，不会做让女人们从胸前放下孩子等等类似的事情。很多歌曲都是妇女们在看着孩子或者做饭或者和她们的家人一起做事的时候唱的。还有很多录音是我跟随男人和女人在花园里一起工作或是在小径上散步时，自然而然录制的。我希望我的录音传达的是森林里的有亲密感的日常生活。

　　布莱内斯：所以，这些就是与《声与情》（Feld, *Sound and Sentiment*, 1990）配套的那两个最早的唱片的素材来源？我感觉这对人类学的教学方法也有启发，开启了关于声音文档问题的开拓性思考。因为先前我已经在讲授《声与情》。我在获得那些录音之后才意识到，如果能让学生们听到录音，那么效果将大有不同。语言文字固然能很好地表述声音，但是录音更直接并且可重复播放。当学生听到那些抽泣声、歌曲、鸟鸣与森林的声音，会让他们得到丰富的印象，尤其是当播放第一首歌的时候，那首人们在森林里工作的歌。

　　菲尔德：是的，这是我最初录制的博萨维卡卢里人唱片中的第一曲《欢迎来到森林》（*Welcome to the Forest*）。此曲让你依次听到不同的空间层次里的说话声、鸟鸣声与周遭环境的嘈杂声、斧头的交错杂击声、树木倒下的声音、吆喝声、口哨声、歌唱不同曲调的歌声。这是跌宕起伏的十二分钟的音响,以当地特有的方式让声音交替、勾连和重叠。此张唱片的第一首歌正是以这样的方式来回答:从声音做人类学如何?如果民族志就是录音,那又会怎么样?

布莱内斯: 这不仅是关于他们与森林的关系,而且是关于彼此之间的关系。

菲尔德: 是的。当你听见森林里鸟鸣是怎样交错的,各种声音在森林里是怎样混杂回荡的,在那一瞬间,你忽然领悟了一些感性层面上的东西。这些感性的东西,在书面形态的民族志上被认为是相当抽象以及难以表达的。

布莱内斯: 那些都是非常高质量的录音。当时你是用的类似纳格拉(Nagra)这样高端专业的录音设备来录制的吗?

菲尔德: 是的。我在1973年12月买了一台美国最早见到的立体声纳格拉之一,并且使用爱科技工作室(AKG Studio)的麦克风。我的工作方式中也包括低技术的成分。我会在考察的现场使用磁带来进行录音并回放,以便于可以对其中的语言性文本进行记录和讨论。我觉得,与被录音的当事人的相处,不能仅仅是在录制出来的声音中。更重要的是和当事人一起收听和谈论录制出来的他们的声音。这样做,才是民族志学家的收听之道。

布莱内斯: 当你把录音资料组合在一起时,你显然要做出编辑上的选择,选择哪些材料该要,哪些不该要。从产品技术师的身份角度来看,你在多大程度上进行了编辑?

菲尔德: 首先包括挑选、排序,以及基于文本和图像的情境化构思。

至于对声音资料本身的编辑,我唯一一次打破了录音连续性,就是对那段"欢迎来到森林"的编辑。这十二分钟的录音,来源于对几个小时的不间断录音所做的剪辑。我进行了十次编辑,最后压缩为十二分钟。

布莱内斯: 是这段录音被广播电台所青睐,挑去播出的吗?

菲尔德: 是的。它曾经在国家公共广播电台(National Public Radio)播出。这源于该电台的一个节目制作人与我的联系。他向我提出一个节目方案。那段时间我阅读了雷蒙德·默里·谢弗(Raymond Murry Schafer)关于声音景观(soundscape)的大量作品。然后我意识到,除了少数学者和作曲家,不会有人去听我所录制的唱片,但他们会收听广播。我认为尝试将声音景观式的无线电广播作为民族志的载体会很有趣。

布莱内斯: 你的声音工作,显示出与巴克(爱德华·希芬林)的仪式表演研究有明显的联系,尤其是记录鸟类与通灵话语、仪式歌曲之间的关系。但是另一方面,你记录日常现实的这类视角,是否与你所谈到的斑比(斑比·希芬林)的语言社会化研究、日常家庭生活研究相联系?

菲尔德: 当我第一次听到妇女的哭泣仪式时,我就意识到我无论如何,必须以某种方式进入博萨维女性的世界。在我到达后的几个月里,斑比带我到一个居住地,她正在那里记录几个孩子与他们母亲的互动。那位母亲一开始唱歌,我就震惊到下巴几乎掉下来。那晚我在日记中写道:"博萨维的爵士女王比莉·哈乐黛(Billie Holiday)。"多么美妙的声音!自此以后我一直这样觉得。在我所录制的许多唱片中,她是非常重要的角色。作为一名男性民族志学者,我很庆幸我有机会接触到她和她的世界。从一开始,我与斑比谈论的声音问题就是关于性别与家庭生活、社会化与日常的。这些问题,与我与巴克谈论的关于在森林里的仪式主义、博萨维人的宇宙观念以及语音象征,都是一样重要的。

布莱内斯： 让我们再来谈谈 R·默里·谢弗。他的声音景观、声学设计、声学生态，这一切在七十年代的世界声音景观项目（World Soundscape Project）里面的活动，与您在七十、八十年代通过博萨维人田野考察所开拓的声音人类学，有着有趣的平行关系。

菲尔德： 默里·谢弗的《为世界调音》（*The Tuning of the World*）一书在 1977 年出版，正当是我从巴布亚新几内亚回来的时候。我也聆听过他的世界声音景观项目的声音作品，并将之应用于我的教学。这些对我来说很重要，对我的雨林工作的知识背景很有价值。默里影响了很多音乐人和电台的同仁，我逐渐对他将声音景观研究呈现为乐曲的想法产生了兴趣。我成了这一群同仁在民族志领域的同路人。

布莱内斯： 所有这些，如何在学科关系中进行定位？

菲尔德： 嗯，在二十世纪的七八十年代，我不知道有没有民族音乐学家或者人类学家曾经通过某种方式与谢弗及其作品直接对话。但是到二十世纪八十年代晚期，我确实感觉到人类学研究，已经与那些具备更广阔的音乐生态观念、声音、人声理念的民族志学者，形成有力的亲缘关系。

当我在 1985 年搬到得克萨斯州的时候，我的职位处在人类学和音乐学的分裂之中。我想要推进声音和感官问题的议程。我开始教授两门常规课程，"声音作为符号系统"（Sound as a Symbolic System）和"感官的人类学"（Anthropology of the Senses）。一群非常优秀的学生上了这些课程。

布莱内斯： 这时候正好是《雨林之声》（Voices of the Rainforest）项目开始得到感恩而死乐队（Grateful Dead）的鼓手米奇·哈特（Mickey Hart）的加盟吗？

菲尔德：是的。实际上我在1983年就遇见米奇了。

布莱内斯：你能谈一点关于参与编辑《雨林之声》所涉及的东西吗？

菲尔德：米奇的想法是把二十四小时压缩在一个小时中，浓缩森林里人们一天的生活。所以在编辑方面，我做了三种类型的杂糅：无线电广播里的声音纪录、世界音乐，和声音景观组合曲。你能听到连续一个小时的混合声音作品，或把它听成是混合着雨林周遭环境声音的博萨维音乐文献，或是把它当做一场声波之旅，一个关于环境、声音和地方性的故事。这录音能呈现很多层的深层空间，因为我们使用了多轨录音机来进行分层录制，确保你可以听到森林中声音的高度和深度。这建立在我早期的唱片录制和电台节目实践的基础之上，但又远远超越了。

布莱内斯：所以你是通过声音编辑的方式，编辑出来时间层和空间层，来创造空间和位置。

菲尔德：是的。在这里面，运用了复杂的音频技术。但我不想让录音的审美问题围着技术转。我希望当地博萨维人能参与到声音编辑的过程中来。所以，当我录音的时候，我会在树丛里分开放置三个卡式录音机。录音之后，我会坐在人群中听卡式录音机播放，并且邀请听众们自行播放，聆听他们听录音所发出的评论和建议。这是民族志实践与审美实践的协商。这是试图与博萨维人民一起工作以了解他们如何去听，森林里的听觉之道是怎么样的，以及他们会怎么去用所遭遇的现代技术来平衡和还原肉耳所听到的鸟鸣、水声、蝉叫、人声等等混杂的声音。《雨林之声》的关键是让录音棚的世界与热带雨林的世界汇集在一起。录音会把你带到那里，融入那个地方。通过倾听，你会感受到与声音和地方性的动人关系。这是我尽力而为的——通过声音去做声音的人类学。对文化的表征，既是愉悦的，又是智力上的挑战，让你的耳朵能接近博萨维的世界，就像我所能到达的一样。声音景观界对《雨林之声》的回应是相当积极的。它成为声音艺术（sound art）的课程内容，并成为人类学非主流话语的一部分。

另外，伟大的爵士高音萨克斯手史蒂夫·兰西（Steve Lacy）曾经告诉我，他最钟情于听到的声音，是当一个地方的人都进入梦乡之后去听那里的声音，他说这让他想到人们正在做怎样的梦。所以我想到要录制出声波的栖居性（habitus），要呈现出能让你深入到梦境世界的东西。这可以是声音在森林之中的物质性。然后，这成为《雨林声音漫步》（*Rainforest Soundwalks*）专辑，由三段十五分钟长的录音部分组成，是关于你在早晨、下午和晚上在村边能听到的声音。作为一种额外福利，它以一段黎明前的录音为开始，大约也是十五分钟，录下的是单只鸟鸣，一只伯劳鸟的独唱。

布莱内斯：你的《博萨维合集》（*Bosavi Box Set*）也是在这同一时间制作的吗？

菲尔德：是的，在 2001 年我在做《雨林声音漫步》的同时，为史密森美国国家博物馆民俗生活馆藏（Smithsonian Folkways）创作了《博萨维合集》。这包括三张 CD 和一本书，集合了我二十五年的录音，还有在博萨维传统风格影响之下两三代当地作曲家和表演家的作品。第一张 CD 是关于九十年代的一个吉他乐队。当我第一次去博萨维的时候，他们还是那里的婴儿或者儿童，到千禧年时他们已经在二十五到三十岁之间了。他们是使用吉他和尤克里里琴（ukulele，即四弦小吉他）的第一代，为他们父辈和祖辈时期的诗韵融入了新的配乐。第二张 CD 是日常生活中的声音和歌曲，记录的是男人和女人在森林中、在他们家中、在山野小径上，在花园中工作的声音。第三张 CD 是仪式性的音乐，包括民俗歌曲和哭泣声，是在我到达那里之前就已经在逐渐减弱的传统。我的角色是什么呢？这有点像是，通过我的左手我已经成为吉他和尤克里里琴的新音乐的诞生的助产士；通过我的右手我成为仪式音乐消亡的殡仪者。并且，在这之间，我已经用了二十五年的时间关注人们对森林世界的聆听和歌唱了。《博萨维合集》的焦点，从《雨林之声》的雨林的声学生态主题，转移到了历史再现问题。这是试图将那些一层又一层的博萨维声音，呈现为具体的在地的历史。

布莱内斯：在我们的对话中不断重复出现的动词分词之一是"分层"（layering）。在对雨林的分层和对声音的本质上，还有在你的声音编辑的角色等很多方面，你写得非常雄辩。这也是在后续你与其他学者的合作项目，那本有关希腊的研究中，反复出现的一个主题。

菲尔德：我有好多年定期和查理·基尔（Charlie Keil）讨论，然后这促成了《音乐凹槽》（*Music Grooves*）这一对话性质的合作。在这本书中我们探索了槽层作为分层的经验，和其在音乐中的调解功能。我们也尝试了如何通过排列文章的文字和对话的录音来呈现于此。这在丰富的对话性和分层的经验方面，与博萨维的项目很像。这意味着你不仅总是思索着把声音作为一种基本的或是独立的呈现，也意味着声音与想象和文本的关系，涉及你与其他人类学家和当地交谈者间的会话。人类学家做声音研究的方式能连接着如此丰富的声音历史，这是非常有趣的，就像法国历史学家科尔班（Corbin）的引人注目的书《村钟》（*Village Bells*）。钟声曾经是声学生态的人类历史中不可或缺的一部分，将时间与空间连接在一起，是巴赫金式的时空体与柏格森式的延绵所交接之处。

布莱内斯：于我而言的一个着迷的问题，是人们更多倾向于思考声音的转瞬即逝性（ephemerality）。但《雨林之声》、《博萨维合集》

并不是那样,而且又以一种不同的方式在基尔等人与你合作的希腊、巴尔干声音景观项目中出现。对我们的耳朵来说,这是声音穿透了很长时间的一种感觉,铸就了时空体。

菲尔德: 是的,我目前着迷于历史的可听性与欧洲钟声之间的关联。我现在在着手做的项目,《钟声的时间》(*The Time of Bells*),是在全球范围倾听社会史上的钟声,将是持续许多年的,规模达五张 CD 的一个系列。它开始于欧洲,第一张 CD 的声音景观来自意大利、法国、芬兰和希腊。我着迷于钟声和音乐的关系,比如,芬兰的一个有着和管风琴一样的共振衰减(resonant decay)时长的教堂大钟。或者是钟声和空间之间的关系,比如,当你在意大利和一个牧羊人走在一起,并听到一公里以外的教堂葬礼的钟声盖过了他那五十只羊的声音。这些都是声音的历史分层性质,就像排钟的钟声响彻整个乡村,使得一个地方变得可听,或者说使得整个社区能够成为被听到的存在。还有各具特征的各种类型的现代声音如小汽车、摩托车、电视和广播的声音,与古老的钟声的交互。这一系列的东西就是我录制在《钟声的时间》系列里的。第二卷我将在 2004 年底发布,它关注的是钟声如何同时标志着权威和分裂。对行使权威性功能那一部分的探索,会通过威尼斯、奥斯陆等地的周日钟声的声音景观去探究。而对声音的反权威、反秩序功能的探索,则通过在四旬斋前和狂欢节中意大利南部和希腊岛屿的你能想象到的最狂野和粗重的震耳欲聋的牲畜挂铃去探索。在这个 CD 里你真的会如同听到福柯与拉伯雷和巴赫金在交谈!

布莱内斯: 这些都经过相当多的剪辑吗?在技术的中介作用方面,更像是《雨林之声》和《雨林声音漫步》的做法吗?

菲尔德: 有些作品只是双轨、立体声的录音,我通过编辑来浓缩时间线,并凸显内在的声音并置关系。还有些是四、六或八轨混合,所以你能听到声音的密度和层次在不同时空中的叠加。这样的纪录片式的编辑美学是超现实主义的。

布莱内斯:这直接关联到了话语表征和民族志写作的一个核心问题:叙事性(narrativity)。

菲尔德:的确如此。曾有一度,人们高度关注民族志写作。有些人会说这是一种拜物教。业内还没有出现与此平行的关于声音叙事性的论述或意识。关于电影表征领域的有关论述也许已经有了,但还没有专门针对声音问题的。我将自己所做的这些录音当作直接激活这样的对话的一个方式。

布莱内斯:我们已经涉及了相当多的话题。我们能不能通过总结今天谈到的一些关键词,把他们放到更宏观的人类学的学术展示模式、体制化学术,以及学术出版愿景当中来说说,来结束我们的谈话?这些关键词包括分层(layering)、对话性编辑和音效聆听(dialogic editing and auditing)、地点(place)、表征(representation)、历史和叙事(history and narrative)。

菲尔德:好吧,这不是能够提供光明结局的话题收尾!我对目前的人类学学术报告形式不太满意。就拿美国人类学学会(AAA,"American Anthropological Association")来说吧。在这种场合,很难在报告中比较令人满意地播放声音内容,因为会议所租用酒店所能提供的声音设备都不尽人意。这些设备仅仅能够为演讲者扩音而已。

再说人类学或者民族音乐学的刊物。即便在一些研究中,声音成为论述或论证的有机组成部分,但是它们中极少有会包含声音本身,或者给出能够听到声音的网址链接。至于书籍方面,几乎没有人类学著作会附带CD。大多数附带在民族音乐学书上的CD的音频质量是惨不忍听。我不知道人们怎么会对此无动于衷。我都不敢相信曾有编辑认真地听过这些被作者所提交的CD。我曾经写过对一本这样的书的评审。我在我的评审报告的篇幅中，写下的关于CD的和关于文本的一样多。组稿编辑给我发来一封电子邮件，承认说，他没有去听CD，事实上也不想听，觉得这只是作者追加给出版方的一个义务，而不是真正的学术内容的一部分。

在我看来，这里有严重的敬业精神的问题。出版了业余水准的或者是不合格的声音质量，明目张胆地对听众标榜说这就是"原汁原味"，这样做，只会破坏作为人类学研究的声音的严肃性。我宁愿那些书不带有CD，也不愿去听像芝加哥或者牛津这样令人尊敬的出版民族音乐学和人类学书籍的出版社所出版的垃圾质量的声音制品。

在录音设备出现之前，人类学的声音研究是不曾有的。录音设备被人们利用为能够发挥人的创造力的技术以及能够展现分析性思维的媒介，要求使用者能够以此展现编辑、表意的手艺，如同写作技艺一样。我们把写作看得如此严肃认真，认为人类学家就像作家。但是，就像电影和视频，声音也至今仍然不可置信地被边缘化。我想，要在民族志实践中熟练应用这些声音技术，还需要相当长的一段时间。在那之前，人类学的声音研究仍然主要还是用文字来做。

机械化音乐时代的业余爱好者

[美国] 马克·卡茨（Mark Katz）著

王敦、章凡 译

> 马克·卡茨，美国北卡罗来纳大学音乐学教授。此文原文见于 Mark Katz (2012) "The Amateur in the Age of Mechanical Music", Trevor Pinch and Karin Bijsterveld Eds., *The Oxford Handbook of Sound Studies*, The Oxford University Press, 2012. 有删节和编译。
> 译者王敦，中国人民大学文学院副教授。译者章凡，中国人民大学研究生毕业。

引言

在1906年，美国的作曲家和乐队领队约翰·飞利浦·苏萨（John Philip Sousa）曾做出著名的预言：机器化音乐的兴起，特别是自动钢琴和留声机，将意味着业余音乐家的终结。"在此二十世纪，有了这些自行发声和演奏的乐器……来将音乐的表达降低至数学一般的系统，包括扩音器、滑轮、齿轮、唱片、磁道以及所有包含此类元素的东西……将只是时间问题"。（John Philip Sousa, 'The Menace of Mechanical Music.' *Appleton's* 8, 1906: 278–84.）苏萨是在表达科技对音乐带来负面影响的人中，最具影响力的人物，但他不是第一个也不会是最后一个。早在1878年，当托马斯·爱迪生的留声机才问世不过一年的时候，一位纽约记者就曾写道："在某种程度上来说，爱迪生的工作所带来的留

机器化音乐时代的业余爱好者

声机的完善和科技给予的承诺,使得专业演奏家的用武之地消失了。"[1] 不同于苏萨,这位记者哀叹的是专业音乐家的终结。在随后的年月里,机械化音乐的反对者常常预言了业余或专业音乐家其中一方或双方的终结,预测总是倾向于悲观。比如音乐史家 李尔尼特·萨巴涅夫(Lenoid Sabaneev)在 1928 年预言道:"管弦乐队将要消亡,就像鱼龙一样。"[2]

在所预测出来的趋势中,业余性的音乐活动则被认为是尤为脆弱的——人们觉得,如果在家可以毫不费力地欣赏高质量演奏的时代来临了,则几乎不会再有人愿意付出更多的努力来为自己制作音乐。但事实上,业余音乐家并没有走向消亡。相反,从苏萨的时代直到今天,业余性质的音乐活动变得相当繁荣。这是对自动钢琴,留声机及其更多的机械化音乐技术的一种回应。

本文探讨业余音乐在机械化技术时代的命运。这个问题需从二十世纪初期苏萨对业余音乐命运的担忧说起。本文将以四个案例来分析业余性和音乐技术之间的复杂关系。第一个案例发生在二十世纪早期的美国,考察人们对于自动钢琴和留声机的出人意料的使用。接下来的两个案例关注的是兴起于二十世纪七十年代,并对于几十年后的嘻哈(hip-hop)音乐和卡拉 OK 仍保持巨大影响的音乐现象。最后一个案例立足于二十一世纪初,分析了以视频游戏和手机应用为形式的数字音乐技术是如何挑战传统意义上的音乐技巧和业余性问题的。我采取以用户为中心的视角,否认任何形式的决定论。这些案例分析揭示了在用户和技术之间持续的合作共建进程。我自己的观点是,从十九世纪晚期以来,

---

[1] 引用自 Patrick Feaster, *"The Following Record": Making Sense of Phonographic Performance, 1877–1908*. PhD diss., Indiana University, 2007.

[2] Leonid Sabaneev, "The Process of Mechanisation in the Musical Art", *Nineteenth Century* 104, July 1928: 108–17.

用户在声音技术的发展方面所带来的影响要远大于一般公认的程度。在此立场上，我对"SCOT"（"技术的社会建构"，即"the social construction of technology"的缩写）表示认同。"SCOT"将关注点放在社会语境以及文化研究和媒介研究领域里的技术层面，来发现用户是如何用技术来表演并建构自己的身份。

来自机械化音乐的威胁？

二十世纪早期的业余音乐有很多形式。业余爱好者经常在公众场合演出。无论是都市的管乐队和合唱团，还是社区乐团和剧团，他们表演的音乐可以在学校、体育赛事、公园、街道以及礼拜堂里听到。在私人性空间里也是如此。业余爱好者们为邻居提供家庭室内演奏，聚集在客厅钢琴周围，唱起流行歌曲或者演奏室内音乐。

二十世纪初期业余音乐爱好者的活跃程度很难确定。但是，通过监测音乐教师的数量来间接估测其增减是可能的，至少在美国是可能的，因为对音乐教师的统计，构成了人口普查的一个统计分类。音乐教师本身是专业性质的音乐从业者，但是他们的学生大部分都是由业余爱好者所组成的，一般是孩子但也会有成年人来求得在音乐技巧上的发展。因此，音乐教师数量的增加或是减少与业余音乐家数量的变化有着一致性。这样一来，我们就可以对苏萨的断言做出评价了。苏萨的意思是，由于自动钢琴和留声机的出现，"业余爱好者会在何时彻底消失将会是一个简单的问题，并且因为有业余爱好者的消失，一大群声乐和器乐的老师将失去用武之地。"[1] 实际情况则与苏萨的断言相反。紧接着苏萨这篇论文发表后的几年里，美国音乐教师的数量所呈现的是增长的趋势。如果

1　John Philip Sousa, 'The Menace of Mechanical Music". *Appleton's* 8, 1906: 278–84.

机器化音乐时代的业余爱好者

我们拿 1890 年至 1910 年的阶段来看，音乐教师和专业音乐家数量都存在着显著的增加，而这个阶段包括了商业唱片和最流行的留声机款式即维克多牌（Victrola）手摇留声机的出现。正如相关数据所示，紧接着在 1900 至 1910 年间出现了显著的增长，这正是苏萨进行写作的时间。在二十年里，美国人均拥有的音乐家和音乐教师的数值，增长了百分之五十。在后来的几十年里的相关数据趋势仍然如此。一份 1967 年的报告显示在 1930 至 1960 年间，美国业余音乐家的总数增长了 141 个百分点（从一千三百万到三千一百三十万人），远超这一期间人口总数 46 个百分点的增长率（从 122,775,046 到 179,323,175）。[1]

那么，我们应该怎么对待苏萨的执念呢？我们应当考虑的是他的动机，而非就事论事。苏萨作为成功的作曲家和指挥，确实有足够的理由去关注业余爱好者。这些理由中的一个便是他依赖于此来获得可观的收入。每当苏萨写出一个新的作品，他不仅以乐队总谱的形式出版销售，同时也出版销售适合各种乐器的独奏乐谱，从班卓琴到钢琴到齐特琴，使得业余音乐家在家中就可以演奏。因此，业余音乐家是苏萨的衣食父母。但是，当苏萨看到机械化音乐带来的威胁之后，他没有提议来直接保护音乐爱好者，而是倡议当对机械化音乐工业进行必要的征税。那么，每当一个唱片或是自动琴键轴（player piano roll）被制作出来的时候，其相应的版权所有者将会得到合理的补偿费。苏萨在 1906 年写作这篇文章的时机并不是偶然的。美国国会在那时正在为新的版权法立法问题展开讨论，并且他的文章是为赢得公众对版权改革的支持所进行的宣传的一部分，特别是对版权概念的延伸到囊括音乐的机械化再生产。苏萨的

---

1 *Report on Amateur Instrumental Music in the United States 1966*. Chicago: American Music Conference, 1967.

努力,不仅仅包括了他的撰文,也包括他在国会面前的证词,获得了回报,并且成为1909年美国的重大事件。新的版权法案包括了对音乐版权所有者获得相应报酬的保障。

考虑到苏萨在二十世纪初期美国文化中的显著地位以及他的文章所引发的广泛讨论,公平地说,他在声音再生产技术的价值和影响方面为论辩确立了基调。他所定下的调子很简单:自动钢琴和留声机对音乐而言利弊参半。然而,对当时的文献进行研究后可以清晰地发现,苏萨并不是主流。很多评论者,其中不乏有名的音乐家和教育家,将现代技术与音乐二元对立起来,各执一端,成为很难突破的思维定式。本文的目的不是为机械化音乐做辩手,而是通过接下来的案例分析来考察和理解业余音乐家是如何回应技术因素的,以及衡量出业余实践活动是如何转化了技术以及被技术所转化。

案例分析一:二十世纪初期音乐的机械化生产

也许被最早的声音技术所颠覆的核心观念,是音乐总被理解为一种典型性的人类活动。尽管机械乐器(音乐盒,音乐自动装置等等)在几百年前就已存在,但这些并没有被视作对传统音乐文化或经营的巨大威胁。然而,自从有了自动钢琴和留声机之后,人们便预想到,在未来我们每天听到的很多音乐都不是由人而是由机器弹奏是一件可能发生的事。而且,尤其是留声机,在音乐技术史中带来了空前的变化:因为机器首次具备了对已有的声音特别是人声进行精准复制的能力。首次听到机器发出人的声音,这对于很多人来说是一种不安的,甚至是震惊的体验,打破了人对人性和机器两大范畴的差别性认知。业余音乐家对这种人机混同、这种行为者与人工制品之间界限的模糊,做出了怎样的回应?虽

机器化音乐时代的业余爱好者

然有一些音乐爱好者选择尽量避开新兴的自动钢琴或是留声机,但是有很多音乐爱好者热衷于将这些技术为我所用。这些热衷者对新技术的使用又分为三种:将技术视为准乐器(quasi-musical instruments),利用技术为业余演奏制作录音,以及在现场演奏音乐的同时,播放录音。

自动钢琴的所有者并不一定就是音乐的被动消费者,而是经常作为合作演出者。这样的机械化装置总是允许或是要求使用者在音乐的自动演奏过程中,去控制、干预机械的操作。使用者在演奏时通过踩踏板或是滑动操纵杆来控制节奏、音量以及音色。正如蒂莫西·泰勒(Timothy Taylor)指出的那样,这促生了"入门指南、自动钢琴教师,以及其他形式教学的产业。"[1] 其中包括 1907 年的古斯塔夫·科比(Gustav Kobbe)的《钢琴家:自动钢琴演奏指南》(*The Pianolist: A Guide for Pianola Players*),1920 年的欧内斯特·纽曼(Ernest Newman)的《自动钢琴和它的音乐》(*The Player-Piano and its Music*),和 1922 年西德尼·格鲁(Sidney Grew)的《自动钢琴的艺术:师生教科书》(*The Art of the Player-Piano: A Text-book for Student and Teacher*)。正如这些专著阐明的,自动钢琴与传统钢琴(在这些指南里有时被称为"掌上钢琴",hand piano)的一个明显的不同,是它有自成一格的演奏实践。安杰勒斯自动钢琴(Angelus Player Piano)厂家夸口说自己的乐器配有"著名的分节杆(Melodant)以及其他的装置。"[2] 自动钢琴的合作演奏形式也预示了日后的卡拉OK。很多自动钢琴的琴键轴被设定为歌曲伴奏,歌词和演唱的曲谱则被打印在具备自动伴奏功能的琴键轴的边上。当使

---

[1] Timothy D. Taylor, "The Commodification of Music at the Dawn of the Era of 'Mechanical Music'". *Ethnomusicology* 51, Spring/Summer 2007: 281–305.

[2] Harvey N. Roehl, *Player Piano Treasury: The Scrapbook History of the Mechanical Piano in America,* 2nd ed. Vestal, N.Y.: Vestal, 1973.

用者在自动伴奏的伴随之下一展歌喉,就展现了演唱与伴奏的合一。

除了自动钢琴,一些留声机产品也设置了让人与机器互动的装置。伊奥里亚公司(Aeolian)的"Vocalian"款留声机,装备有被称为"Graduola"的推拉装置,即通过操纵一个挡板来调整音量和音效。伊奥利亚公司在1915年的宣传册里鼓吹这是"划时代成就"(epoch-making achievement),"急剧增加了艺术表现的可能性——它将留声机变成了个人音乐表达的操作性工具,一件乐器。"[1] 布伦斯维克公司(Brunswick)则于1916年在《星期六晚邮报》(Saturday Evening Post)刊登广告宣称:"布伦斯维克留声机完美的调节器,给那些想要'演奏'留声机的人们带来了持久的快乐。"[2]

上面所举的人机互动的不少证据,有很多是从广告词中表现出的,有一面之词的嫌疑。对这些文案保持一定的怀疑是合乎情理的。然而,这些广告也确实值得分析。我们可以看到为什么机械化音乐产品工业要不遗余力地向消费者保证他们的产品并不是无生命的自动工具,而是真正的乐器,需要靠与人互动来唤醒生命。产业界因此不得不保持特定的产品策略:装置必须足够易于操作来鼓励使用者,同时也必须具有足够的互动性来提供一种有成就感的体验。正如学者布莱恩·道兰(Brian Dolan)指出,自动钢琴"邀请中产阶级的消费者毫不费力地参与进音乐表演中,而不是被动地聆听。"[3] 换言之,正如特雷弗·平奇(Trevor Pinch)和卡林·拜斯特菲尔德(Karin Bijsterveld)指出,"个人成就

---

[1] Aeolian Company. *The Aeolian Vocation: The Phonograph of Richer Tone That You Can Play*. New York: Author, 1915.

[2] *Saturday Evening Post*, October 16, 1916, 50–51.

[3] Brian Dolan. *Inventing Entertainment: The Player Piano and the Origins of an American Musical Industry*. Lanham, Md.: Rowman and Littlefield, 2009.

与民主化的自得感的混合，有效地促进了自动钢琴市场的生成。"¹

除了上述的人机互动情况，一些留声机所有者还自创了新"玩法"。他们并不将唱片看作是音乐生产的完成品，而是用来再生产新奇声音效果的原材料。例如在1906年，芝加哥妇女俱乐部的成员们制作了她们的宠物狗叫声的录音，接着在一个达达主义式（Dadaesque）的演奏会上用六个留声机同时播放，来制造一种犬吠交响乐的效果。大约在同时，其他的家庭声音的制作者用早期的蜡筒式留声机（早于唱片式留声机）创造了留声机的蒙太奇（phonographic montages）。他们同时播放不同的蜡筒上面的音乐，或者顺序播放不同蜡筒上的音乐，将音效再转录在新的蜡筒上，成为新曲。还有人在蜡筒本身上面下功夫。将两个不同的蜡筒结合为一个，造成新奇的声音切换效果。这些家庭性声音尝试，比后来才出现的磁带拼接（splicing）、层叠加录（overdubbing）以及声音素材混编（mash-up）等，要超前了几十年。²

但这些互动性的方法，并不是用户融入较早的声音技术中最常见的方式。更常见的是前面说过的第二种活动形式，即运用留声机去录制业余演奏。自动钢琴是能够自动演奏出乐曲的，然而制作这样一首自动演奏曲，需要制作专门的琴键轴，这需要特殊的专业技能和设备。于是，对于留声机所有者而言，在家里制作录音是最方便的自动音乐生成方式。最早的留声机，尤其是用蜡筒录放而不是唱片的，不仅能够播放，而且也能录音。留声机产业也许曾经试图弥补这个空白，鼓励消费者去制作他们自己的录音。以托马斯·爱迪生的公司为例，1907年他们赞助了

---

1 Trevor Pinch and Karin Bijsterveld. " 'Should One Applaud?': Breaches and Boundaries in the Reception of New Technology in Music." *Technology and Culture* 44, July 2003: 536–59.

2 上述案例来源于 Patrick Feaster. *"The Following Record": Making Sense of Phonographic Performance, 1877–1908*. PhD diss., Indiana University, 2007.

一个家庭录音的大赛。爱好者们提交了不计其数的业余录音蜡筒。来自华盛顿的一位参赛者制作了一封送给朋友的有声"信",里面首先录制了一些基本的寒暄,然后是一首关于两个爱尔兰砖匠的诙谐歌曲,之后录制者清清嗓子得意地演奏了一段口琴独奏,再以祝福好友圣诞节快乐和新年快乐的祝福结尾。再比如纽约一家人制作的家庭录音,录制了由1909年三首流行歌曲所组成的串烧,里面还伴随着随意而欢快的聊天声。

随着标准化的唱片录制工业的兴起,家庭录音行为逐渐减少。(直到二十世纪五十年代磁带式录音机的兴起,家庭录音才开始再度流行。)尽管如此,现场演奏的音乐和录制出来的音乐依旧保持着共生关系。一些留声机所有者会一边听录音一边唱歌或演奏。一个业余的小提琴家向托马斯·爱迪生公司1921年的问卷回应道,"我经常学习如何通过聆听艾伯特·斯伯丁(Albert Spalding,小提琴大师)先生在唱片里的演奏,去阐释一个片段——然后我自己和他一起演奏"。1925年,一个英国业余大提琴家在《留声机》(*Gramophone*)杂志写道,他发现和录音一起演奏,比在他曾经所属的那种"贫血症业余管弦乐社团"(anaemic amateur orchestral society)里面演奏要好些。[1] 在德国,"Hausmusik",即在家庭里业余演奏出来的音乐,也从二十世纪初期就出现的唱片中获益。"对于录音播放将取代家庭音乐的所有抱怨",历史学家克利·罗斯(Corey Ross)写道,"家庭音乐反而似乎越来越多了,而不是变少,在一战之后变得流行起来。确实,录音无疑是帮助了家庭音乐的复兴。"[2] 德国业余音乐爱好者利用唱片的一个有效方法,是播放"spiel mit"即"跟着它演奏"(play with discs)的唱片,其卖点是由专业的音乐家录制,

---

[1] A. L. Luetchford, "Playing with the Gramophone", *Gramophone* 3, July 1925: 74.

[2] Corey Ross. *Media and the Making of Modern Germany: Mass Communications, Society, and Politics from the Empire to the Third Reich*. New York: Oxford University Press, 2008.

机器化音乐时代的业余爱好者

但他们在演奏二重奏或者是四重奏的时候,缺失了其中一部分或一个声部,需要业余演奏家在家一边听唱片一边来演奏补齐。(故意缺失的那部分演奏所需的活页乐谱,也与唱片一起提供给买家。)相似这样的唱片服务模式,之后在美国及其他地方也变得流行起来,被诸如 Music Minus One 之类的公司所生产,并且在二十一世纪持续销售。

很多音乐教师都站出来支持把留声机来作为一种教学工具。在1916年美国音乐杂志《练习曲》(*Etude*)上,J. 罗伦斯·厄博(Lawrence Erb)写道:"机械演奏形式的影响力之和,已经增加了人们对于音乐的兴趣并且激发了自己制作音乐的欲望。"[1] 教师们发展了多种方法,比如逐一将学生们的演奏录制下来,让学生们收听并评论、比较技艺优劣。在声乐和各种乐器的学习中,都有配套的唱片问世,供学生聆听和进阶模仿。

很显然,业余爱好者在机械化音乐出现之后并没有消失。对于很多音乐爱好者而言,自动钢琴和留声机并没有扼杀人们演奏的冲动。恰恰相反,业余爱好者在这些技术的伴随下进入多样化的人机合作演奏中。不管他们将音乐机器视作准乐器,或者用留声机去记录自己,还是在家里与机器一同演奏,这些新的人机关系促成了音乐文化的重塑。混合形式的音乐演奏涌现出来。体验和理解音乐的新方式每天都在涌现。

案例分析二:卡拉OK

卡拉OK(karaoke)发源于二十世纪七十年代的日本。在其出现之前更早的时候,即兴的业余歌唱就被当时的社会接纳并且甚至在一些社

---

[1] Lawrence Erb. "Effect of Mechanical Instruments upon Musical Education". *Etude* 34, 1916.

交场合被大家所期待。卡拉OK就是从这种传统发展而来。最早的卡拉OK机器使用磁带作为载体，但是它依旧与点唱机类似，必须通过塞硬币来播放音乐。然而，卡拉OK机器与点唱机有一个不同之处，那就是卡拉OK机器本身并不构成表演，它是伴奏带，被用来辅助现场即兴表演的。所以，无论卡拉OK技术使用磁带、唱片、CD、激光碟、MP3，还是其他什么载体，其核心特征在于其播放所呈现的是音乐的不完备状态。日语"karaoke"一词，本身就可以粗略翻译成"空白的交响"（empty orchestra），也点明了它的未完成性。几乎不会有人把卡拉OK带当作完整的音乐形态来直接欣赏。简而言之，卡拉OK的播放，离不开人对音乐的参与。这个例证驳斥了那种认为录音技术必然使得人们与音乐之间的关系变得被动、背离的论点。相反，与卡拉OK技术互动的人们是最不被动的人。可以这么说，任何一群围绕在卡拉OK播放机旁边的一群人都不再是单纯的听众，而是在排队等着表演的表演者。而且，虽然现在有了专业的卡拉OK歌手与教师，卡拉OK演唱者人群依旧是极度业余的音乐爱好者。

卡拉OK首先在其发源地日本走红，之后席卷亚洲和世界。1995年在日本，小川浩（Hiroshi Ogawa）说："55.4%的十五岁以上日本人经历过卡拉OK演唱，使用过卡拉OK的人平均一年使用10.5次。"[1]

一个问题就值得思考了：这样一群群的"鸣鸟"（legions of songbirds）对于音乐实践究竟会带来怎样的影响呢？在这里，我给出两个主要被影响到的领域：一个是音乐产业，一个是歌曲创作。鉴于如此大量的金钱被投入卡拉OK产业，这些谦逊的业余歌手们实际上在音乐

---

[1] Toru Mitsui and Shuhei Hosokawa, eds. *Karaoke around the World*. London: Routledge, 1998.

市场掌握着无比的力量。小川浩如此写道:"在二十世纪八十年代初,仅仅有少数几支单曲卖出了百万份的年销量。不过九十年代之后,出现了千万销量的单曲 CD,而如此大增长的原因,就在于卡拉 OK。"换句话说,巨大的需求——成百上千的卡拉 OK 歌手被若干首歌曲吸引,导致了巨大的供给,使得这些歌曲被热销。这种巨大的需求同样也驱使了某些类型的歌曲的出现和繁荣,例如女子二重唱,迪斯科歌曲,或者"enka"(一种日本流行乐)等。

业余卡拉 OK 歌手们并不仅仅影响了歌曲的需求和供给,他们还影响着他们所演唱的歌曲的声音本身,以及音乐艺人的歌曲创作实践的过程。小川浩指出,由于卡拉 OK,"热门歌曲最重要的特质从'好听'变成了'好唱'"。这就是说,歌曲创作者并不仅仅要顾及对歌曲产品进行职业化录音和表演的职业歌手,也要顾及那些在当地酒吧、咖啡店和卡拉 OK 厅里出没的海量业余歌者。在香港流行的粤语歌(Cantopop)的曲调就因为这一点变得更加简单了,因为简单的旋律更受欢迎。为了适应业余歌手大众的歌唱能力,粤语歌的作曲家们开始写一些音域更窄,音程跳动更小,以及旋律的展开部更简短的作品。在流行音乐领域的这些改变是实质性性的,在很大程度上是受到卡拉 OK 的影响。

1984 年,民族音乐家查尔斯·凯尔(Charles Keil)在日本发现了被他称为"由(技术)所调解的即兴音乐演奏"(mediated-and-live musical performances)形式,这种形式的表现之一就是卡拉OK。凯尔敏锐地发现了一些可以理解即兴(尤其是业余即兴)音乐创作和声音再现技术之间关系的方法。许多他所观察过的表演和仪式,将传统的歌唱和乐器演奏与录音重放技术混合了起来。作为一个熟知人类与音乐技术互动过程的人,凯尔非常惊讶于他的发现,即歌唱或表演的人与操作录音设备或磁带的人之间没有"可见的摩擦"(no visible friction),水乳交融。凯尔也总结道,他所观察到的这种互动并没有压制人们的音乐灵魂,相反,它刺激了人类的这种本能:"技术调和之即兴音乐演出的这些实现形式最让我震惊的地方,首先,就是人性化,或者换言之,一种对机械过程的个性化"。尤其是在卡拉OK这个领域,他认为卡拉OK是人们"在他人面前的个性,技巧以及个人能力展现的一种肯定"。[1]

凯尔意识到他在异国他乡日本的这些所见所思,并没有他一开始所想的那样离自己的生活那么遥远。他自省道:"为什么我没有用民族音乐的角度去解读发生在我自己身上的事实呢?青少年时期练习贝斯和鼓的我,和录音带一起练习的时间,比起与他人一起练习的时间要多得多。"(Keil. 1984, 95.)答案的一部分在于,至少在卡拉OK风靡美国之前,并没有哪一种单独的潮流能够与卡拉OK媲美。答案或许也在于,即兴表演与录音无法共存这种想法,实际上是从苏萨时代就根深蒂固的思维定式,但并非符合实情。它们可以共存,并且它们确实共存着。在美国,人们早就开始在录音技术的陪伴下,与技术媒介无摩擦地去歌唱,表演,创作音乐作品,就像后来的日本人一样。

案例分析三:嘻哈音乐

在第一台卡拉OK机器进入日本市场不久的二十世纪七十年代初,纽约的布朗克斯区(Bronx)的DJ们也作出了一种独特的新尝试,引领了日后具备广泛影响力的即兴音乐新潮流。

在派对里,DJ们注意到舞者们总是被一种特别的,被他们称为

---

[1] Charles Keil, "Music Mediated and Live in Japan", *Ethnomusicology* 28, January 1984: 91–96.

"breaks"的音乐所注入活力。这种被称为"breaks"的是一种由打击乐手所演奏的短促华彩段落。这种四小节或者九小节的 break 对于 DJ 们来说本来就是司空见惯的，经常出现在疯克（funk）、灵魂乐（soul）和摇滚乐（rock）唱片中。它的真正的发扬光大，则来源于 DJ 们在现场播放唱片时的实践性处理。DJ 们干预了正常 breaks 的播放，不再让唱片里的 breaks 仅仅持续数秒，而是将其进行随心所欲的延长。起初他们仅仅是在唱片播放完一段 breaks，正要继续旋转的时候，就把唱片机的撞针拿起来然后放在 breaks 开始的地方，打断了正常的播放，重复回来播放这个 breaks。这种手法是由一个叫"Grand Wizzard Theodore"的 DJ 所发明，被称为"针坠法"（needle drop）。之后，"Grandmaster Flash"以及其他一些 DJ 尝试了更加复杂的一种方法，这种方法利用两张不同的唱片在两个不同的转盘上播放，并且使用一种叫混音器（mixer）的设备将声音在两张唱片之间快速切换。一种新的跳舞方式就在 breaks 的重复节奏之中发展而来，并且在几十年里得到发展。那些随着 breaks 跳舞的舞者们自称"b-boys"和"b-girls"。后来人们管这种舞叫"break dancing"（中文译为"霹雳舞"）。而且，DJ 们的手艺，可不仅仅是搞出了轰动的 breaks。他们还更加激进地运用了"擦碟"（scratching）的方式改变唱片播放的效果。擦碟法也是由七十年代中期的 Grand Wizzard Theodore 所发明，这种方法需要在唱针（stylus）下方前后推拉唱片，创造出与原来的声音不同的冲击性的刺耳声音。

到了二十世纪七十年代，留声机已经存在了近一个世纪。其使用方式早已固定。在嘻哈音乐出现之前，唱片都是从头到尾地自动旋转播放的，播放时要轻拿轻放，避免磨损。对于当年（以及现在）的很多人来说，用手触碰唱片是大忌。正确的做法是仅仅拿住唱片的边缘，指尖轻碰黑胶外壳。DJ们却认为，为了更好地控制声音，触碰唱片是必要的。像 Grandmaster Flash 所指出的那样，练习 breaks 的最好办法就是"把你油腻腻的手指放在唱片上。"[1] 他们拒绝了"正确"使用留声机的方法，而将对唱片的触碰发展成混音和擦碟的手艺。他们不把唱片当做被动的音乐消耗品而是当做主动创造音乐的设备来使用。换言之，他们把转盘上的唱片当做了一种乐器。

如果没有 DJ 们摸索出播放唱片的另类手艺，那么广义上的嘻哈音乐就不可能兴盛。人们把 1973 年当作嘻哈的元年。但其实在这一年，它还不是一个独立的音乐类别，只是一种改写其他音乐形式的演奏技巧。这种技巧就是把热门歌曲的伴奏性质的"breaks"段落分离出并且进行花式强调和重复。表演这些技巧的人是 DJ。之后，又在这些重复的 breaks 之上，发展出即兴演唱的人声部分，成为"饶舌"（rap）。

饶舌，与 DJ 一样，是一种由技术所调解的即兴音乐演奏实践。饶舌表演者起初被称为"MC"，而且直到今天依旧可以这么称呼。MC 是"仪式之主"（master of ceremonies）的缩写。这个词所召唤出来的形象不像是个音乐家，而是主持人。在最初的嘻哈派对上，手持麦克风的 MC 会欢迎到场的听众，介绍综艺节目的内容，或者发表一些言论。这也是为什么他们被称为 MC 的原因。然而，即使在最初的阶段，MC 所做的事情也远多于此。MC 会诱导和点燃氛围。著名的 Kid Creole 就会喊着类似于"是，是的，而且你不能停，跟着节拍，你不要停"这样的口号。而 Cowboy 大概是第一个让舞者们"把手举起来，然后无所顾忌地挥舞"的 MC。这些语句就像是热门的口号一样，成为嘻哈词汇的

---

[1] Grandmaster Flash and David Ritz. *The Adventures of Grandmaster Flash: My Life, My Beats. New York*: Broadway, 2008.

机器化音乐时代的业余爱好者

一部分。之后,"仪式之主"开始做更多的事情。对着人群咏唱简短的旋律。然后渐渐的,这个旋律会慢慢地变化,从押韵的诗节到几乎史诗级的长诗。演唱者的数量也在增加:通常五个饶舌歌手会同时站在听众面前。最终,MC 的角色已经不是辅助 DJ,而是和 DJ 平起平坐,甚至吸引着听众更多的注意力。

DJ 和 MC 的先驱者们从业余艺术家做起,在纽约布朗克斯区的大街小巷努力发展他们的绝活儿。混音,擦碟或是在麦克风前大呼小叫的行为是违背一直以来所建立的音乐传统的。更重要的是,这些业余音乐家通常并没有追求过传统类别的乐器或是歌唱演奏。嘻哈音乐的诞生与崛起,提供了新音乐阶层诞生的一个分析案例。这个新的音乐阶层与一直以来被认为是压制业余音乐的技术相联系。

案例分析四:数字业余音乐——音乐类电子游戏和手机音乐应用

自从二十世纪九十年代以来,由业余人士设计或参与的数字音乐活动开始爆炸式发展。音乐在电玩店,家庭电脑甚至移动电话上被大量地演奏和创作。业余音乐的这个新时代可以由对两个重要现象即音乐类电子游戏和音乐类手机应用程序的分析来解释。我进行这两者的分析就是为了阐释两点:这些音乐活动挑战着传统的对音乐的主体性问题与创作问题的认识,并且这些已经变成了现代音乐文化的驱动力。

1. 音乐类电子游戏

在二十世纪的第一个十年,在美国以及欧洲的一款畅销商品是一种改装过的乐器,这种乐器可以让任何人,无论是否懂音乐,进行较高层次的音乐制作。这种乐器就是自动钢琴。玩家们在利用踏板或是滑竿改变节奏或是音色的时候,其实就是在间接地进行音乐演奏。在二十一世纪的第一个十年,最畅销的商品之一也是一个特制的乐器,这个乐器同样可以让非音乐家参与音乐表演。这个乐器不是一种钢琴而是像一把吉他。事实上,它是一个以吉他为外形的游戏控制器,用于非常热门的游戏"吉他英雄"(Guitar Hero, 2005)以及其衍生品。与自动钢琴相比,这种塑料的吉他形状的控制器,并不能允许玩家改变节奏和音色,这些都是固定的。玩家可以在一定程度上控制旋律。玩家根据屏幕上图像的移动,在控制器的指板上按下按钮,可以触发热门歌曲的各个音高。如果玩家在正确的那些时间点按下正确的那些按钮,那么完整、正确的旋律就会播放出来。自动钢琴和吉他控制器都向玩家提供了对于一些限度内的音乐性参数的控制力。很显然,自动钢琴和吉他控制器都比他们的原型乐器要容易演奏得多,不过它们也要求使用者做出一定的演奏动作。如此的演奏动作仍然算是需要练习而熟能生巧的技艺。新技术并没有将人的技巧问题抹去。

类似于"吉他英雄"这种的游戏引起了关于其合法性的讨论。一边是支持者,认为这类游戏推动了现代音乐的发展。支持者中自然有阿莱克斯·里格布罗斯(Alex Rigopulos),他是开发了"吉他英雄"及其相关产品的 Harmonix 公司的合伙人。里格布罗斯吹捧这些游戏的"去技巧化"(de-skilling)以及民主化的特点,并且提出这些技术打破了多年以来阻碍着人们表达其音乐本性的壁垒。我们在这些话中再一次看到了和自动钢琴的鼓吹者们相类似的观点。同样,就如同苏萨与其他人严词抨击早期的声音技术一样,批评者们则贬低音乐游戏的价值。职业吉他手约翰·梅尔(John Mayer)说:"吉他英雄这样的游戏就是为了让大众体验到吉他演奏但又不需要任何努力去投入而发明的。"

然而,就像民族音乐学家奇莉·米勒(Kiri Miller)所强调的那样,鼓吹以及反对这些游戏的人们都没有阐述清楚自身的观点。她借用了默里·谢弗（Murray Schafer）的术语"声音分裂"（schizophonia），用"声音分裂化"（schizophonic）来形容游戏控制器所模拟的吉他、贝斯和鼓的演奏行为是"在伴奏音的存在之下的现场音乐演奏手势"。米勒强调了现场演奏和录音之间的分离。然而，她也提到，这两者也没有我们想的那样截然分开，因为音乐游戏就占据着这两者之间的部分。其一，操纵游戏控制器类似于演奏真实的乐器（虽然对于老玩家来说会比新玩家体会更深）。玩家们感受到了自己的动作与自己听到的声音之间的一些因果联系。其二，玩家可以在歌曲"之中"体验音乐，然后感受到自己是歌曲的一部分并且跟随着它。第三点就是，玩家们可能会开发出在合奏中不同的部分之间切换和集中其注意力，这种技能是成功的音乐家所必备的。当然，在玩游戏与乐器演奏之间还是有明显不同的。在游戏中只是触发了之前录下来的声音，这些声音的节拍和顺序并不能被改变。就如同米勒所解释的，"玩'吉他英雄'和'摇滚乐队'并不像是在演奏真正的乐器，但是它们也与仅仅听音乐完全不同。"她总结道"声音分裂式演奏是一种多人合作达成的演奏：玩家和听众与游戏设计者和录音音乐家在一起把音乐的声音和演奏者的身体给联动到一起。"[1] 不论这被称作"声音分裂式演奏"还是"由技术所调解的即兴音乐演奏""合作演奏""混合演奏"，还是别的什么，这种音乐游戏已经形成了潮流与规范。这种人机合作式的业余演奏并不新鲜，可以追溯到早先的自动钢琴和留声机。有一点是共通的，那就是大多数业余音乐的生成，都有着某种新技术的参与调和。

---

[1] Kiri Miller. "Schizophonic Performance: Guitar Hero, Rock Band, and Virtual Virtuosity." *Journal of the Society for American Music* 3, November 2009: 395–429.

2. 手机音乐应用

2007年一月，苹果公司发布了具有多媒体和互联网功能的智能手机iPhone。这款划时代手机产品突出的一个特点就是自带网上应用商店。应用商店是一个提供各种你可以想象得到的免费与付费第三方软件应用的服务平台。在那里，有不少的应用都与音乐有关。有一些应用与网络电台链接，有一些为手机上的歌曲在线匹配歌词（它们同时也是音乐播放器），还有的应用则自带电子调音器（electronic tuner），或是提供类似"吉他英雄"及其衍生作品的音乐游戏。另外值得特别关注的，是那些可以让用户创作音乐的应用。举例来说，*Sound Shaker* 可以让孩子们通过点击触摸屏和挥动手机来创造和混合声音（iPhone 拥有一个可以检测运动和空间方向的加速度计）。其他的应用有口袋吉他（*Pocket Guitar*），提供了吉他、长号等音色的声音合成功能的 *Filtatron*，以及 *I Am T-Pain* 等。打开 *I Am T-Pain* 应用然后对着 iPhone 唱歌，就会创作出经数字处理过的模仿饶舌歌手 T-Pain 的说唱音效。这些应用都是用户用来消遣娱乐的，而不是用以表演或创作以维持生计，换句话说，这些应用只为业余爱好者服务。

iPhone 并不是第一个也不是唯一的提供音乐应用的移动电话，不过它确实影响深远，为研究数字时代的技术对业余音乐介入，提供了非常有价值的案例素材。作为一个例，我们来研究叫做 Ocarina（陶笛）的一个应用，它貌似将 iPhone 变成了管乐器。2008 年 11 月，Smule 公司发布了 *Ocarina*，在上架之后的半年就被下载到了超过百万台 iPhone 设备上（用户需支付 99 美分）。*Ocarina* 的成功，得益于其新奇的创意和方便的使用。这款应用提供广阔的音阶范围和音色效果。用户往 iPhone 的麦克风吹气，手指在屏幕上按住四个不同的模拟气孔，就可以在音域

机器化音乐时代的业余爱好者

广阔的音阶范围内吹奏曲调。你也可以在各调之间切换，并通过将手机向下倾斜来演奏颤音。Smule 公司声称 *Ocarina* 是 iPhone 上第一款真正的乐器应用。不论是否真是如此，你无法否认当你用 *Ocarina* 演奏的时候，不是在像之前的"吉他英雄"那样利用预先录制好的音高、旋律和节奏。由于更多的音乐参数都由用户所掌控，*Ocarina* 比"吉他英雄"更接近传统的乐器。

我们可以将 iPhone 称作复合乐器，因为它可以装载很多的音乐应用，*Ocarina* 只不过是众多音乐应用中的一个。并且，iPhone 还接入互联网。这意味着，iPhone 的音乐演奏者们可以通过互联网在全球范围内互相联系。*Ocarina* 就是具有这样的音乐社交功能。点触其地球图标，一个空中悬浮的地球就出现在手机屏幕上。球体上的每一个闪亮的光点就代表着 *Ocarina* 的一个在线用户所在位置。每过几秒钟，世界上某处的 *Ocarina* 用户所上传的音乐就会以光带的形式升上天空。

我对 *Ocarina* 用户的全球性业余使用情况进行了一分钟取样。在 2009 年底某一个随机的一分钟内，我听到了"一闪一闪亮晶晶"（来自英国），星球大战主题曲（来自法国），"狮子今夜入眠（*The Lion Sleeps Tonight*）"（葡萄牙），"欢乐颂（*Ode to Joy*）"（东京和温哥华），"哦，苏珊娜"（马来西亚）。这些演奏的质量并不高，但是这恰恰说明了这个应用的业余性。用户相互之间可以关注、收藏，还可以在论坛交流。Youtube 视频网站上就有成百上千的 *Ocarina* 演奏者曲集视频。

除了可以连入互联网这一特点之外，iPhone 上的乐器应用还有一个显著特点就是便携性，这意味着人们在他们的口袋里装着一个乐器，在任何地方生成音乐。在这一点上，有着导致音乐的民主化的巨大的潜在可能性，是导致业余音乐创作激增的途径。

然而，过早地宣言 iPhone 的音乐影响力则未免不够明智。即使苹果公司在 2010 年底之前卖出了惊人的超过 7300 万台 iPhone，但使用它作为乐器的用户还是相对来说比较少的。而且，这台设备过于昂贵。人们可以用同样的价钱买到长笛，吉他，小提琴，或是几打的陶笛。很显然 iPhone 并不是专门被设计成用来进行长期的凝神排练或是演奏的乐器，用金属与塑料制成的 iPhone 机身很明显不是最上手的乐器形式。

结语

这些案例研究并未提供覆盖音乐业余爱好者问题的方方面面。业余爱好者的音乐制作在十九世纪晚期即已兴起。这些关于自动钢琴和留声机，卡拉 OK，嘻哈音乐，音乐视频游戏以及手机音乐应用的案例研究，论证了一系列关于机械音乐时代音乐业余主义发展的重要观点。

首先，业余音乐制作并没有消失。这是非常重要的。这反驳那种根深蒂固的认为音乐业余主义和音乐技术彼此相斥的观点。更重要的，是去理解尽管业余音乐制作仍在蓬勃发展，但它并不是一成不变的。最清晰的一个变化，是从依赖于乐谱转向依赖于录音和合成声音，或者更广泛地说，是书面音乐文化向口语式音乐文化的转变。一个相关的观点是业余主义从只能现场演奏变为由技术所调解的即兴音乐演奏。然后我们必须理解，音乐业余主义的繁荣实际上与诸多种类的机械音乐的兴起有着紧密的联系。但是当业余爱好者已经接受了这些技术带来的体验，有一件事情仍然没有变化：音乐制作的社会及集体维度。虽然由技术所调解的即兴音乐演奏完全可以在相互隔离的情况之下单独进行，但无论是隔离还是聚合，其体验仍然是社会性的。DJ 和 MC 们在跳舞和开派对的人的需求中发展了自己的技能。朋友、家庭、邻居和同事聚集在一起唱卡拉 OK 或者玩吉他英雄。*Ocarina* 的玩家则各自单独地玩儿，但手机应用程序又让他们社交为一个集体。公平地说，业余音乐爱好者的音乐制作乐趣，既在于与他人的交流，也在于通过操纵声音来表达自己。

另一个重要的结论是，一百年来，由技术性所调解的业余演奏变成了强有力的生产性和商业性力量。嘻哈音乐是具有世界影响力的音乐和文化现象，其发生的源头则可以追溯到留声机的转盘上。卡拉 OK 对各种流行音乐风格的定型产生了巨大的影响，音乐视频游戏总共卖出了几十亿美元并且影响了流行音乐的销量。新歌曲和混搭也专门为手机应用而制作出来。

然而，关注业余音乐的力量和流行程度并不是为了去庆祝。在 1888 年，当留声机问世十余年时，作曲家苏利文（Arthur Sullivan）见证了爱迪生的演示之后，预言道："我很震惊，并且对今晚所经历的结果感到有些恐惧——对您所发展起来的巨大力量感动惊讶，并且对大量丑陋恶劣的音乐将会永远保存在录音中的想法感到恐慌。"[1] 我们可以举出业余音乐被留声机、磁带、CD、MP3 所保存下来的无数例子，并且知道苏利文的预言是正确的。而且，伴随着所谓的 Web 2.0——英特网的第二次更新换代，激发了用户的增长，就像 YouTube 和 MySpace 所做的那样，业余音乐活动也增长得很快。安德鲁·基恩（Andrew Keen）在他 2007 年的《业余爱好者的狂热》（*The Cult of the Amateur*）一书中写道："新的互联网是关于自制音乐的，不是关于鲍勃·迪伦或是布兰登堡协奏曲。观众和作者合二为一，并且我们把文化转变为嘈杂。"[2] 我们可能同意或

---

[1] Arthur Sullivan. *Toast at Little Menlo*. Recorded October 5, 1888, London. http://www.gutenberg.org/ebooks/10310.

[2] Andrew Keen. *The Cult of the Amateur: How Today's Internet Is Killing Our Culture*. New York: Random House, 2007.

者不同意他最后的论述,但是这已不是问题的关键。无论一个人认为用手去蹭旋转的唱片或是在酒气熏天的卡拉OK厅唱出歌曲《我的路》(*My Way*)是属于愉快的喧闹还是仅仅是喧闹,我们都必须承认,无论是不是黄金时代,二十一世纪所转向的,一定是业余爱好者的时代。

过往皆可听：声音复制的文化起源

[美国] 乔纳森·斯特恩（Jonathan Sterne）著
王敦、刘欣玥 译

> 乔纳森·斯特恩，加拿大麦吉尔大学艺术史和传播学教授。此文原文见于 Jonathan Sterne (2003) *The Audible Past: Cultural Origins of Sound Reproduction* Durham, NC, Duke University Press 的导论部分 "Hello!"。
> 译者王敦，中国人民大学文学院副教授。译者刘欣玥，北京大学中文系博士毕业。译文有删节。

这个故事的现行版本通常是这样讲的：1876 年，亚历山大·格兰汉姆·贝尔（Alexander Graham Bell）和托马斯·沃森（Thomas Watson）进行了他们的第一次电话通话。"沃森先生——到这儿来——让我看看您！"贝尔朝沃森发出的呼喊，震撼了整个世界。1878 年，托马斯·爱迪生（Thomas Edison）第一次听到了他的声音（"玛丽有只小羊羔"）从助手制作的留声机听筒里传回来。忽然之间，人类获得了让声音保持不朽之道。1899 年，古尔列莫·马可尼（Guglielmo Marconi）的无线电报征服了英吉利海峡。1906 年，毫无防备的海军人员第一次听见了用无线电传输的声音。这里的每个事件都被视作是人类历史上的一个转折点。在声音复制技术被发明以前，在我们的认知里，声音的存在转瞬即逝。而随着电话，留声机和收音机在世界上的流行，声音也慢慢失去了它的短暂特性。人们的耳朵既可以带着它们回到过去，也可以穿透遥远的距离。

这些是生动的故事，因为它们告诉我们，在十九世纪晚期，声音的本质、意义和实践都发生了一些变化。但这些故事又是不完整的。（在贝尔和爱迪生的案例中，在两位发明家在各自"著名的第一次"以前，已经有具备部分功能的成果被发明了出来。）如果声音复制技术改变了我们聆听的方式，那么这些技术又是从哪儿来的呢？许多与声音复制技术有关的实践、理念与构想早在这些机器发明前就已经存在。制作留声机（包括电话）的基础技术也已经在之前的某些时刻出现。[1] 那么，为什么声音复制技术偏偏是在这个时刻，而不是在其他时候诞生呢？那些在它们之前出现，赋予它们以可能性、欲求、有效性和意义的东西究竟是什么？它们藏在哪里？声音复制技术是如何，又为何获得了特定的科技文化形态和具体功能？要回答这些问题，我们需要跳出单一的技术求解思维，而进入孕育了这个技术的社会文化语境中去。

《过往皆可听》讲述了一段关于声音复制如何成为可能的历史，涵盖了电话、留声机、广播和其他种种相关的技术。本书剖析了催生声音复制技术的社会文化语境，同时讨论了这些技术如何反过来观照并融合更大的文化思潮。在漫长的十九世纪中，声音的本质，人类的耳朵，听觉官能以及聆听实践都发生了巨变，声音复制技术正是这一巨变的产物。资本主义，理性主义，科学，殖民主义以及众多其他因素——用马歇尔·伯曼的话说，是现代性"大漩涡"（maelstrom）——都影响了声音（sound）、

---

[1] 参　见：Oliver Read and Walter L. Welch, *From Tin Foil to Stereo: Evolution of the Phonograph,* New York: Herbert W. Sams, 1976, 4; Michael Chanan, *Repeated Takes: A Short History of Recording and Its Effects on Music,* New York: Verso, 1995, 2.

过往皆可听：声音复制的文化起源

听觉（listening）和聆听（hearing）的构想与实践。[1]

有基于视觉性意象而构词的"启蒙"（enlightenment）的存在，就同样有"声音启蒙"（Ensoniment）的存在。一系列理念、制度与实践的节点，以新的方式提出了一个可听的世界，与此同时，逐渐张扬了关于听觉和倾听的全新构想。大约在1750年到1925年之间，声音演变成了思想实践的对象和领域，不再是像以往那样将嗓音、音乐等问题孤立为零星的问题。听觉被重新建构为一个生理过程，一种以物理、生物和机械力学为基础的生理感受力。借助关于聆听的(listening)技术研发，人们得以驾驭、改进、形塑了他们在听觉感知（auditory perception）上的力量，其目的是为理性服务。在现代社会，声音和听力经历了重新概念化、对象化、仿制、变形、复制、商品化、大批量生产，以及工业化的过程。毫无疑问，声音和听觉的转型，走过的时间远远超出一个世纪。并不是人们一觉醒来，发现一切突然都变了那么简单。声音、倾听和听觉的变化，是在一段漫长的时间，经过了日积月累的实践，一步步逐渐发生的。

"属于耳朵的黄金时代从未死去，"艾伦·柏狄克（Alan Burdick）这样写道，"它仍在继续，只是遭到了视觉霸权的围堵。"[2] 在拙著《过往皆可听》讲述的故事里，声音、听觉与倾听在现代性的文化生活中居于核心地位，是知识、文化和社会组织的现代模式的基础。人们常常以为在步入现代的进程中，西方文化经历了从听觉性文化（culture of hearing）向视觉性文化（culture of seeing）的转变，但

---

[1] Marshall Berman, *All That Is Solid Melts into Air: The Experience of Modernity,* New York: Penguin, 1992.

[2] 参见 Alan Burdick, "Now Hear This: Listening Back on a Century of Sound," *Harper's Magazine* 303, no. 1804, July 2001: 75.

是本书与以往这种默认的叙事不同。毋庸置疑，启蒙运动中的哲学话语，以及许多人使用的日常语言，的确充满了以光、视线来隐喻真理和启悟的修辞。（出于方便读者阅读的考虑，我在很大程度上沿用了以光和视线来比喻知识的语言惯例。如果用一整套声音的隐喻取而代之，很可能会变成一种形式主义的操作，也会为读者理解我的观点带来困扰。）但是，即使视觉在某种程度上扮演了启蒙运动以来，欧洲哲学话语中占据优先地位的感官，我们依然不该以为仅凭着单一的视觉，或其与听觉所应该具备的不同之处，就能够将现代性的问题解释清楚。

总有人大言不惭地声称视觉是现代性的社会记录表（vision is the social chart of modernity）。尽管我并不会把听觉称为现代性的社会记录表，但听觉无疑记载了现代实践中一个非常重要的领域。指路的地图往往不止于一张，声音则提供了一条进入历史的专门通道。正如这本书即将展示的，在一些案例中，现代的聆听之道（ways of hearing）预示了现代的观看之道（ways of seeing）。自启蒙运动以来，听觉感官（sense of hearing）成为人类思考的对象之一。人们将其对象化，对其进行测量、分离、模仿。由医生和电报员发展出的听觉技术，为诸如现代医学和早期现代官僚机制提供了一些基本特质。声音被商业化，变成可以被买卖的东西。这些事实，冲击了那些认为现代科学理性是视觉文化和视觉思维产物的陈词滥调。这促使我们重新思考，人们所认为的视觉和图像性优先到底是什么意思。严肃地正视声音和听觉在现代生活里的角色，就是在质疑视觉论者对现代性的定义（visualist definition of modernity）。

在今天，大家都理解视觉和视觉文化在人文科学里的重要性。许多对视觉文化的不同面向（或者更准确地说，艺术，设计，景观，媒体与时尚界等不同文化领域的视觉面向）感兴趣的当代作者们，认为他们的工作是在为一系列关于视觉和图像的理论、文化和历史的核心问题求解。对视觉媒介感兴趣的作者们致力于视觉文化的概念化书写已经有一段时间了，但尚未出现对于声音文化或声音研究，对听觉及其他感官性问题做出足够多的相应推进。当声音被视为科学或工程领域中一个整合性的知识性问题时，它作为社会文化学科中的一个综合性问题却缺少应有的发展。

同样，对视觉性的关注，散布于文化理论的诸多分支中。"凝视"的问题常与不少的女性主义，批判种族理论，精神分析和后解构主义学派相纠缠。图像与观看行为的文化地位问题，则吸引了符号学、电影研究、文学和艺术史阐释学某些学派，和建筑学及传播学中的思想高手们。尽管声音问题可能仅仅引起了这些学科中一些学者的个人兴趣，人们还是太常将其视作一个狭窄、特殊的知识点。尽管有不少对于声音的研究学者活跃在传播学，电影研究，音乐等人文科学领域，但对于文化理论的主要学派而言，声音也常常并非位居中心的理论问题。

因此，我也可以创作一本不一样的书，一本对学界对视觉对象和视觉研究的偏爱做出解释和批判的书。至少，也应该充分认识到，对这个错误，文化理论家和声音研究者都难辞其咎。文化理论家太轻易地拜倒在视觉的统治地位之下，继而又混淆了"视觉的特权"（the privilege of vision）和"视觉的总体性"（the totality of vision）的区别。与此同时，声音研究（除了少数例外）总是回避了本体性的关于声音文化的意义的问题，只乐于和其他学科或跨学科的知识领域一起共事。这些研究工作不对根本层面的问题发问，而是对声音的文化史问题暗含了一种零敲碎打的认识论取向。这种零敲碎打主义所承诺的是，有一天我们会获得足够多的历史信息来对社会进行概括和归纳。这个主张的问题在于，我们可能永远等不到那伟大的一天降临。如果声音和听觉的确是重要的理论问题，那么没有比现在更好的时刻，让我们开始将声音作为一个广泛的知识性问题进行对待。

许多作者都曾表示听觉是一种在现代性中遭到了忽视的感官，是一种值得分析的"新颖"的感官。和图像与视觉的丰富成果相比，如果要哀叹声音研究相对匮乏的学术工作，去充当拓荒者，宣布这本书将要填补这种空缺，大概在此刻都是可以在争议中得到接受的。但现实却多少有些不同。事实上，我们已经拥有大量关于声音史和声音哲学的文献。但是，它们在概念上依然是支离破碎的。对于感兴趣的读者而言，他们可以接触到来自传播学、音乐学、艺术和文化研究界关于声音的丰富的书籍文章。但是，如果对声音史、声音文化或声音研究的成分缺少某种整体性的、共享的感知力，要想从令人眼花缭乱的关于演讲、音乐、技术和其他声音实践的故事中拼凑出一部声音的历史，简直无异于在拼凑一块破碎的玻璃。我们知道这些碎片会以某种方式排列，我们知道它们可以彼此拼接，但我们不确定究竟以怎样的方式将它们彼此整合。我们已经获得了关于音乐会听众、电话、演讲、有声电影、声音景观以及听觉理论的历史。但只有仅少数的声音史的写作者能够说出，他们的工作是如何与其他研究成果或更大的知识领域建立关联的。因为围绕声音所展开的学术研究，还从未持续地针对更具基础性与综合性的理论、文化和历史问题展开工作，这使得声音研究无法引入更广阔的哲学问题，来勾连它所身处的不同的知识领域。于是，挑战就在于如何将声音想象为一个超越近便的经验性语境的问题。声音的历史已经与更大的人类科学的问题建立了关联；而我们的责任，正是要将这些关联凸显得有血有肉。

过往皆可听：声音复制的文化起源

　　为了将声音的文化史讲述出来，《过往皆可听》引入了阐释性与批判性的社会思想传统。青年马克思强调感官史的重要性时曾说："五官感觉的形成是以往全部世界历史的产物。"马克思的论述表明，在不同的社会环境里，人们借助感官来与世界产生关联之能力的组合和生成方式也会有所不同。这些感官是被培养或被生产出来的。人类自身变成了经由社会历史进程被形塑、被引导的对象。[1] 在诸感官变得真实、可感、具体或成为审视对象之前，它们已经在特定的历史情境中受到了影响；这些历史情境同样催生了拥有这些感官的主体。只有当我们将社会、文化、技术和身体视作人类历史的产物的时候，我们才能充分将感官历史化。因此，对多种、或具体某一种感官真正的历史主义的（historicist）理解，需要具备社会文化思想中建构主义（constructivist）与语境主义（contextualist）的思路。反过来看，建构主义与语境主义也需要结合了感官的历史才能够充满活力。所以，马克思关于感官的讨论出现在《1844年经济学哲学手稿》关于共产主义的章节中，也就不奇怪了。这说明，即使是在构想（另一个）社会时，青年马克思也同样考虑到了感官感受的历史动态。当我们在想象社会、文化和历史可能发生的变迁时——在过去、现在和未来——将感官史纳入我们的想象也同样是我们的任务。人们普遍相信"在十九世纪头几十年里，观察者个体变成了被调查的对象，变成了知识的节点"，并且相信在这同一个时期，"观察者的主体的地位被转变了。"[2] 因此，同样地，发生在声音、听觉和聆听中的转变，同样也是过去三个世纪里，社会景观和文化生活中发生的翻

1　Karl Marx, *Economic and Philosophic Manuscripts of 1844*, trans. Martin Milligan, New York: International, 1968, 140 – 41. 中文译本参见：马克思，《1844年经济学哲学手稿》，刘丕坤译，人民出版社1979年版。

2　Jonathan Crary, *Techniques of the Observer: On Vision and Modernity in the Nineteenth Century* , Cambridge, Mass. MIT Press, 1990, 16.

天覆地的变化的一部分。

　　研究声音复制技术在十九世纪和二十世纪的出现，为我们带来了进入声音的宏观历史的一个绝佳入口。这也是在人文科学界中，得到学者承认并深入思考过听觉历史的仅有的几个节点之一。正如西奥多·阿多诺，瓦尔特·本雅明和其他学者说过的那样，理解十九世纪晚期与二十世纪早期传播形态的变迁，最核心的就是机械复制的问题。声音技术放大了声音，也拓展了我们跨越时空的听觉感受力，深刻改造了我们的感知习惯，也模糊了私人、公共、商业与政治生活的边界。

　　倘若断章取义或带有偏见，则上述对于声音复制的历史意义的论述都有可能被视为夸大其词。D. L. 勒马休（D. L. LeMahieu）将录音技术称为"二十种强加于一个越来越习惯于机械奇迹的人群的新科技"之一。"事实上最令人叹为观止的，也许是科新创新竟然以如此迅疾的方式被日常生活和普通经验所吸收。"[1] 这样的判断同样适用于电话、收音机等其他科技。尽管如此，勒马休的另外一些更加冷静的文字则依然为奇迹式的科技感受历史留下了空间——不在于声音复制技术革命性的力量，而在于它的平凡性（banality）。如果现代性在某种程度上命名了瞬息万变的社会文化经验，那么一部分现代人也颇为可能对它的"震撼性徽记"（shocking emblems）淡然处之。

　　正因为声音复制技术具有决定性的历史角色被普遍认为是不证自明的，在着手重写声音史的时候，将声音技术的历史重要性纳入考虑才显得有意义。将焦点集中在声音复制技术，对于声音的历史学家而言具有额外的优势：技术在早年间留下了浩如烟海的书面记录，为他们的历史

---

[1] D. L. LeMahieu, *A Culture for Democracy: Mass Communication and the Cultivated Mind in Britain between the Wars,* Oxford: Clarendon, 1988, 81.

过往皆可听：声音复制的文化起源

研究提供了格外丰富的资源。在早些年关于电话、留声机、收音机的作品里，我们找到了大量反思声音、听觉与倾听的本质与意义的文献资料。道格拉斯·卡恩（Douglas Kahn）写道："声音作为历史的客体，无法提供一个好故事或前后一致的人物设定，也无法为任何关于进步或一代比一代成熟之类的观念代用品打包票。历史是破碎的，飞逝的，而且是被高度中介化（mediated）的——无论从什么角度看，作为客体的历史是和声音一样贫乏的。"[1] 在二十世纪以前，几乎没有什么从前的声音为了日后的历史分析而得到物理性的保存。因此，研究者才转而去看看关于声音实践的专门领域，就变得顺理成章了。声音复制技术留下的文献记录，则为我们研究声音史提供了一个有效的起点。

就像针对感觉器官的考察一样，在思考历史变化的原因和可能的时候，对于声音技术的考察同样转向了"先天/后天"之争这一核心。即使是声音复制技术中最基础性的机械操作，也同样是在历史中被塑造的。就如同我将在下文指出的，使得电话和留声机可以运作的振膜（vibrating diaphragm），其本身就是人类对于听觉的理解发生变化后的产品。声音复制技术是特定实践的产物，需要通过"向下深挖"（all the way down）来进行考古式（archaeologically）的讲述和考虑。声音技术的历史为我们提供了一条路径，进入由物质、经济、技术、概念、实践与环境变化构成的犬牙交错的领域。我们正置身于资本主义市场发展的瓢泼大雨中，新的数字机械化就像拍打在我们身上的雨水一样——在这种情景下，忘记不同的技术之间的持久关联和更大的文化背景，是很容易也很诱人的。在社会理论与文化史中，技术时不时地受到神化的待遇，被

---

[1] Douglas Kahn, "Histories of Sound Once Removed", in *Wireless Imagination: Sound, Radio, and the Avant–Garde*, ed. Douglas Kahn and Gregory Whitehead, Cambridge, Mass.: MIT Press, 1992, 2.

视为神圣角色（divine actors）而捧上高位。在"冲击论"的叙述（"impact" narratives）里，技术是来源不明的神秘物，它们从天而降，"冲击"了人群。这样的叙述将技术视作推动历史变化的源动力：在诸如"电话改变了我们做生意的方式"或"留声机改变了我们听音乐的方式"这样的声音背后，隐藏着将技术神化的信仰。"冲击论"源自于一种业已破产的因果关系框架，已经因为技术决定论倾向而受到了公允而广泛的批评。

与此同时，技术的有趣之处恰恰是在于它在人类生活中扮演着重要的角色。技术是可重复的机制，由社会、文化与物质过程借助机械所结晶而成。技术常常展示出此前由人类承担的劳动。正是这一结晶化的过程，赋予技术以历史的趣味性。技术的机械性能，融合物理与文化的方式，可以帮助我们了解很多关于他们的设计者、制造者的事情。人们设计技术、利用技术去加强或提高某些活动，并对其他活动予以阻止。技术与习惯相关，有时候技术会将习惯固定化，有时候则使习惯成为可能。它们体现在具体的物理形态特征上。比如，除非我用双手或器物阻止，否则闭门器终会将门关上。除非我重装电路并加上一个麦克风，否则家用收音机就只能接收而不能发出声音。无论在哪一个意义层面研究技术，都需要我们对于技术和人类的实践（practice）、环境（habitat）、习惯（habit）之间的关联有充分的敏感。对于那些文化、社会与物理活动融为一体的领域——或有其他作者称之为"网络"（networks）或"聚合物"（assemblages）——我们应该给予充分的重视，因为技术正是从这里诞生的，并且与之密不可分。

这本书里呈现的故事，源自于对技术的机械与物理层面的分析，也源自于和它们相关的技术、措施与制度。在每一个观点的连接处，我都会展示声音复制技术与产生它们的历史张力、时代趋势与文化潮流的互动过程,继而一直分析到它们最基本的机械功能。人们对于声音复制技术所曾经最膜拜之处——比如,将声音与音源相分离,或者录音技术使人们得以听见逝者的声音——从来都不是对技术影响的天真的经验主义式描述。它们是人们自己的愿望,并通过与技术的嫁接而得到实用性创新和落实。

对早期的使用者而言,声音技术就是现代的。现代性无疑是一个模糊的分析范畴,充满了内部矛盾和思想冲突。其在明晰性上的困难,很有可能来自它是作为一个启发性(heuristic)术语而发挥效用的。而我对这个词语的使用,正是在刻意追求这种启发性。但当我提出声音复制技术表明了一种听觉现代性(acoustic modernity)时,我并不是要说这与我所讲述的声音历史的主体性是一回事。《过往皆可听》追溯了声音史是以怎样的方式,参与并从现代生活的"大漩涡"(maelstrom)中发展出来的:资本主义,殖民主义,工业的兴起;科学的发展,变化的宇宙论,大规模的人口变化(尤其是移民和城市化),新型的集体与公司权力,社会运动,阶级斗争与新兴中产阶级的崛起,大众传媒,民族国家,科层制;进步的信心,普遍抽象的人道主义主体,世界市场;以及对于永恒不变的变化本身的反思。在现代生活中,声音成为一个问题:作为需要得到反思、重建、控制的对象,声音可以被分解,被产业化,也可以被买卖。

但是,《过往皆可听》并不是要提供一种关于声音和听觉的现代化叙述。现代化这个概念太容易暗示出一种脆弱的普遍论,在这里,被现代性所参照的具体历史进程被塞进了一种有序的,所有的文化都需要通过的历史阶段性。我不倡导将现代性的发展论视作"现代化"。而这样的观点,则是关于声音复制的某些话语的核心要素,我们将会在下文中不断碰到。曾有不计其数的发明家、学者、商人、留声机人类学家和普遍使用者,认为他们正生活在世界进步文明的尖端,享用着一种现代的生活方式。他们曾经确信,他们的时代正凌驾于现代化势不可挡的浪潮顶峰。因此他们觉得,除了可以为勾勒这一工程的整体语境提供有力的启发之外,现代性及其变位本身就已经是我们需要在历史中进行仔细拆分、辨析的重要范畴。

接下来的内容,将会为本书所探索的历史提供一些概念性的背景。我会在下一节中围绕作为历史研究对象的声音,做出一些延伸性思考:声音和听觉明明是自然、物理性的存在,为其写一部历史则究竟意味着什么?再后面是对书中观点更为详细的阅读指南。

反思声音的本质:树林、倒下的树木与现象学

声音的现象与声音的历史,从其内核来看,正处在文化与自然的中间点上。

想要"仅仅描述出"自然状态下的听觉官能(the faculty of hearing)是不可能的,这是因为我们用以描述声音和听觉的语言,在千百年来就已经被附加了太多的文化负载。想想英语中两种与耳朵有关的形容词的表意历史:"听觉的"(aural)这个词,从1847年开始获得了"属于,或与听觉器官相关的"的含义;在1860年以前,这个词在任何印刷物中都没有指称"通过耳朵接收或感知"的事物。在此之前,"耳的"(auricular)这个词曾被用作形容"属于,或与耳朵相关"的事物,或通过耳朵感知的事物。[1]这不仅仅是语义学上的差别:"耳的"一词承载的内涵包括口头传统、传闻,以及与耳朵的对肉眼而可见的外部特征

---

1 *Oxford English Dictionary*, s.v. "aural", "auricular".

即外耳。"听觉的"一词，则并不包含任何口头传统的内涵，这个词专指中耳，内耳，以及将振动转化为被大脑接收的声音的神经。关于听觉的理念及其在医学意义上明显的嬗变，我都将在下文中讨论的历史变革中涉及。

我们将声音视作外在于人们的自然现象，但它的定义却是以人类为中心（anthropocentric）的。早在150年以前，生理学家约翰内斯·穆勒（Johannes Müller）就写道："如果没有听觉器官及其至关重要的禀赋，世界上就不会有声音存在了，有的只是振动。"[1] 正如穆勒所指出的，我们的其他感官同样可以感知振动。听觉只是一种非常独特的对于振动的感知。声音被定义为经过耳朵的运作而被接收的振动。人类可听范围的振动频率数据是每秒20至20000转，尽管在事实上，绝大多数生活在工业社会里的人是听不到接近数据值两端的频率的。因此，我们可以在下定义时做出这样的选择：我们既可以说声音是可能被听到的声音的振动，也可以说声音是被确切听到了的振动，但无论是哪一种情况，听觉都是决定性的因素。我认为，在任何的对于声音的有效定义中，人类都居于核心位置。当涉及其他动物的听觉时，则常常和人类听觉产生矛盾（诸如"只有狗能听见的声音"）。声音作为更广泛的振动物理现象的一部分，是人类感官的产物，不能脱离人类而存在。

也许这听起来像是在说，在树林里倒下的树如果没有人听到的话，就是没有发出声音。我知道林子里的松鼠会提供另一种说法。毫无疑问，一旦我们为声音设置了操作性定义，其中有些方面就可以被物理学家和生理学家认为是普遍的，不变的。在我们对声音的定义里，无论有没有

---

[1] Johannes Müller, *Elements of Physiology*, trans. William Baly, arranged from the 2d London ed. by John Bell, Philadelphia: Lea and Blanchard, 1843,714.

人听到,树都会发出声音。但即使在这里,我们所给出的依然是以人类中心主义为支撑的定义。当一棵大树倒下,其所造成的振动已经超出了可听的范围。"是声音的振动"和"不是声音的振动"之间的界线,并不取决于振动自身的品质特性,也不取决于传播振动的空气。更确切地说,两者间的界线是建立在我们所理解的听觉官能的基础上的——不管我们是在谈论一个人,还是一只松鼠。因此,随着人和松鼠的变化,声音的定义也会发生变化。不同的物种有自己的声音历史。

声音史为理解人性和人类身体的变化提供了线索。声音复制技术的样态与运作,某种程度上反映了人们对于听觉的本质、功能及其关系的理解。声音的历史同样隐含着身体的历史。1801年,一位名字叫让-马克·加斯帕尔·伊塔尔(Jean-Marc Gaspard Itard)的博士就已经指出,根据他与一个在丛林中"野生"的小男孩的交往可知,听力是后天习得的。伊塔尔给这个男孩取名为维克多(Victor)。因为是一个野孩子,维克多不会讲话——而他的沉默也指向了关于他的听觉能力的疑问。伊塔尔通过猛烈地拍门,摇晃钥匙串,发出种种声音来测试维克多的听力。但哪怕伊塔尔在他的耳边开枪,他也依旧无动于衷。但维克多并不是聋子:这位年轻的博士猜测小男孩的听觉是完好无损的。维克多只是对那些将法国人"文明化"了的声音毫无兴趣。[1]

声音史为身体的动态历史提供了不少绝佳的证据,因为它从自然/文化的分野中穿行而过,证明人类身体素质的发展变化是文化史的一部分。举例而言,工业化和城市化削弱了人类物理性的听觉能力。在与机械的轰鸣声相遇时,成年人丧失了听觉的高频率辨识部分。在现代社会

---

[1] Jean-Marc Gaspard Itard, *The Wild Boy of Aveyron*, trans. George Humphrey and Muriel Humphrey, New York: Meredith, 1962, 26–27; Douglas Keith Candland, *Feral Children and Clever Animals: Reflections on Human Nature,* New York: Oxford University Press, 1993.

过往皆可听：声音复制的文化起源

里噪声喧嚣，这里一台手提钻，那里一声汽笛，导致处于频率上沿的那部分听觉能力渐渐消退。关于什么是噪音什么不是噪音的争论，本质上是一场关于什么声音在现代景观中是被容许的争论。现代社会同样是人造环境不断改造人体的场所。

如果对于声音的"纯粹"客观描述是不存在的，那么对于声音体验的"纯粹"客观描述也同样是不存在的。这本书绕开了对于人类倾听问题的内部经验的还原描述，转而关注声音体验的社会文化基础。声音的"外部性"是本书的首要研究对象。如果声音自身的多变性特征大于其持续性特征，那么对声音史来说无疑要致力于外部语境变化的研究。

许多声音理论家与声音历史学家，都会将静态的、超历史的，即"自然"的声音和听觉视作声音史的基础。毫无疑问，声音具有自然的面向，但这一面向却遭到了极大的曲解。因此在接下来的几页里，我将总结其他几位作者对于声音中的自然属性的探讨，进而解释《过往皆可听》为何，以及如何避免了将声音史的基础建立在超历史的声音及听觉观念之上。

为了达到一种普遍化的效果，关于听觉与视觉差异的论断，常常通过一种列表的方式来呈现。它们一开始先谈论个体层面的人（包括生理与心理），然后转向对于感官的文化理论的构建。听觉与视觉之间的差异，往往被认为是生物、心理及物理事实，暗示着这些事实构成了对声音进行文化分析的必要起点。这个列表就像连篇累牍的连祷文（litany）一样令我感到震惊。也正是因为其神学意义的弦外之音，让我刻意地使用了这个词。下面我会将它们像连祷文一样摘抄下来：

——听觉是球状环绕的，视觉则是线性定向的；

——听觉使听者沉浸，视觉则提供视点；

——声音是向着我们而来的，但视觉则是向着它的对象而去的；

——听觉关注内部，视觉关注外部；

——听觉包含着与外界的物理接触，视觉则要求与之保持距离；

——听觉将我们置于事件之中，视觉则提供关于视觉的观点；

——听觉趋向主观性，视觉趋向客观性；

——听觉带我们进入生活世界，视觉则将我们引向衰亡；

——听觉与情感相关，视觉与理智相关；

——听觉主要是一种时间感官，视觉则主要是一种空间感官；

——听觉是一种令我们沉浸在这个世界中的感官，视觉则是这一种将我们与世界分离的感官。

这份视听连祷文（audiovisual litany）将听觉（语音也被包括在内）理想化为一种纯粹的内在性（interiority）。对视觉则毁誉参半：视觉作为一种堕落的感官，让我们与世界脱离，但同时又使我们沐浴在理性之光中。同样的思维也可见于对音乐的浪漫主义构想之中。对视听差异的概括，有赖于一个前提问题：当我们在谈论它们的本质时，我们到底指的是什么。一部分作者回到了物理上；其他人则回到了超验现象学甚至是认知心理学。在不同的情况下，人们引用这份连祷文来区分每种感官所谓的专属能力，来作为历史分析的起点。这份视听连祷文并没有提供一个进入感官史的入口，恰恰相反，它将历史假定为发生在两种感官之间的存在。随着主导文化的感官从一种转向另外一种，历史也随之切换。视听连祷文将感官史变为了一场非此即彼的零和游戏（zero-sum game），一种占据统治地位的感官必然会压抑另一种感官。除了这种似是而非的零和推理（zero-sum reasoning），视听连祷文还承载着大量意识形态负担。

这样一份视听连祷文最早是出现在沃尔特·翁（Walter Ong）的

过往皆可听：声音复制的文化起源

著作里，可以找到与听觉 – 精神／视觉 – 文字的框架关联最为密切的当代回响，他的晚期作品尤其是《口语文化与书面文化》（*Orality and Literacy*）一书对于声音的现象学与心理学有权威性的描述，至今仍被广泛引用。正因为翁的晚期作品被如此广泛的引用（人们常常忽略他的声音理念与神学著作之间的关系），也正因为他对于视听连祷文做出了正面阐述，并在其文化史的论述中占有中心地位，翁的作品在此才需要加以仔细考察。

为了描述不同感官之间的关系，翁使用了"感觉中枢"（sensorium）一词，这个心理学术语曾经用来专指大脑中一个被认为控制着所有知觉活动的特殊区域。但早在十九世纪晚期，心理学家就发现人脑中并不存在这样一个控制中心，这个术语也就渐渐失宠。因此，我们应该认识到翁是在隐喻层面使用这个术语的。对他来说，感觉中枢是"作为组织复合体的一整套感觉装置"，是一套固定的感觉能力的组合平衡。

虽然《口语文化与书面文化》有时读起来像一份科学调查结果的总结，翁的早期作品却清晰地表明，他起初对感官的研究兴趣明显来源于他的神学兴趣："基督教关于启示之道中的感觉中枢问题之所以如此引人入胜，正在于这种启示之道与上帝之言相一致的首要性，因而也通过某种神秘的途径与声音本身建立了关联，这种首要性早在前基督传统的《旧约》中就已出现。"（Ong, *Presence of the Word*, 6.）对翁来说，"神圣启示自身……事实上内在于独特的感觉中枢之中，内在于一个特定文化中典型的感觉活动的混合物之中。"翁的感官平衡之历史，明确而迫切地与如何在现代社会倾听上帝之道的问题相关联。经验中的声音维度，则与神性最为接近。视觉则强调距离与抽离。翁所描绘的人类从以声音为基础的口语文化转向以观看为基础的书写文化的历史，实际上

153

是一部讲述现代生活中"使得上帝沉默"的历史。翁对于"口语人"（oral man）和现代社会"视觉膨胀"（hypertrophy of the visual）之间的差别的论断，完美地契合了天主教中精神/文字的差别。这是一种复杂的，持偶像破坏立场的反现代天主教义。尽管如此，翁仍然声称视听连祷文超越了神学意义上的差异。

毫无疑问，这份视听连祷文中的一部分招致了猛烈的批评。我们可以将雅克·德里达的作品视作对翁的价值系统的反转——翁本人也同样认为。德里达用他广为人知的关于在场的形而上学的论述，批判并拆解了西方思想中言说、声音、语音和存在之间的关联。虽然德里达最著名的对于在场（presence）的论说，依然停留在埃德蒙德·胡塞尔（Edmund Husserl）的先验现象学，费迪南·德·索绪尔（Ferdinand de Saussure）的符号学，以及马丁·海德格尔（Martin Heidegger）的本体论中，他的批评却依然适用于翁的学说。翁所赞同的，被德里达斥为"本体神学的"（ontotheological）形而上学在场。德里达认为这是一种潜在于西方哲学中的基督教精神。[1] 对德里达来说，对言说进行价值上的标举，作为主体性的中心和进入神性的切入点，正在其于"对西方历史必不可少，因而对整全的形而上学也必不可少，即使在它宣称自己持无神论立场的时候。"（Derrida, *Of Grammatology*, 323 n. 3.）德里达采用这种姿态表达对视听连祷文中视觉的一方的肯定——他所强调的是视觉，书写，差异与缺席。解构主义颠倒、入住并重新激活了声音/视觉的二元对立，将书写的地位置于言说之上，拒绝了以言说为基础的形而上学，也拒绝了以在场为基础的决定论。

---

1 Jacques Derrida, *Speech and Phenomena and Other Essays on Husserl's Theory of Signs*, trans. David B. Allison, Evanston, Ill.: Northwestern University Press, 1973, 77.

过往皆可听：声音复制的文化起源

在这里，我想要稍微调整一下我的观点。我们无须假设声音将我们融入世界，视觉则让我们与世界脱离。我们可以重新思考理性的来源及认知的现代方式等问题。如果历史同时存在于感官之内和感官之间，那么我们就无须以一种超历史的声音观来展开对于声音史的书写。

这份视听连祷文所带出的现象学也是高度选择性的——它站在不可靠的经验的（同样也是超验的）地基上。正如里克·奥特曼（Rick Altman）所说的，声称感官具有超历史和超文化特性的观点，往往立足于特殊的历史文化证据——也就是说，这些证据都是有限的。在这份视听连祷文里，"对于声音（或视觉）角色明确的本体论立场，被放置在比对声音功能的实际分析更重要的位置上。"[1]

对于内在听觉经验的"纯粹"客观描述是不存在的。尝试描述声音或倾听行为，这本身就是在追求一种错误的超越性——就好像是人类生活的听觉部分存在于历史之前或历史之外一样。即使是现象学也会发生变化。在这一点上，我们追随着两百年前那位伊塔尔博士的脚步。就像勤学好问的伊塔尔对那个只能听但不能说话的野孩子充满困惑一样，声音的历史学家一直会认为我们的历史主体者们的听力在医学上是完好的。但我们只能通过他们的努力、表达与反应来了解这个有声的世界。除了外在性（exteriorities），历史什么也不是。我们从文物、文献、记忆和其他线索中来生成我们的过去。我们可以聆听被录下来的过去的声音，却无法确切知道，在过去的某时某地，这个声音听起来究竟是什么样的。在技术复制的时代，我们有时可以体验到可听的过去，但我们能做的也仅仅是假设一个有声的过去曾经存在而已。

---

[1] Rick Altman, "Four and a Half Film Fallacies", in Altman, ed., *Sound Theory/Sound Practice*, 37, 39.

什么是声音复制？

声音复制技术为我们进入声音史提供了一个富有吸引力的入口，但这并不意味着声音复制技术是一个边界清晰的历史对象。人们也许会说，古时候通过动物角来扩音或帮助有点耳聋的人，这在某种程度上可以视作声音复制技术。当然，用乐器也可以宣称实现同样的效果，就像十七世纪至十九世纪，演说机械人偶，钢琴演奏机械人偶或其他的声音综合技术一样。这样一来，电话、留声机、收音机和其他通常被归为"声音复制"的技术究竟有什么不同呢？许多学者以能否将声音与"音源"的分离为标准，对现代声音复制技术做出了半经验性的定义。

因为能够将声源与复制品分开是对于声音复制技术的最常见的定义，我们有必要对其进行更仔细的辨析。具体音乐（musique concrète）的先驱作曲家皮埃尔·舍费尔（Pierre Schaeffer）认为，声音复制技术生产出"幻听"（acousmatic）的声音——即听得见却看不见声源的声音。巴里·特鲁奥克斯（Barry Truax）和雷蒙德·默里·谢弗（R. Murray Schafer）创造了"声音分裂"（schizophonia）这个词，专门形容声音复制技术造成的"原始声音及其电声复制品之间的分裂"。[1] 希腊语前缀"schizo-"的含义是"分裂的"，对于两位作者而言，同样具有"心理失常"的内涵。特鲁奥克斯和谢弗同样指出，录音使得声音从它的原始语境中脱离。

就我个人对声音的实践和意识形态所予以的历史化（historicization）而言，一个人可以假设出特定的语境，在这里，声音复制的"幻听"式界定能够具有有效的解释性。事实上，今天"幻听声"（acousmatic

---

[1] Truax, *Acoustic Communication*, 120. See also R. Murray Schafer, *The Soundscape: Our Sonic Environment and the Tuning of the World*, Rochester, N.Y.: Des–tiny, 1994, 90–91.

过往皆可听：声音复制的文化起源

sound）这个概念在很多人看来似乎具有直观的合理性。但这并不会使它成为事实。用幻听或"声音分裂"来界定声音复制，这里面包含着对声音、交流和经验的基本本质持有一套值得怀疑的预设。最重要的是，它们将人类经验与人类身体视作在历史之外的范畴：

1. 他们将面对面的交流和身体在场当做衡量一切交际活动的标尺。他们对声音复制的定义是消极性的，将其视作对完好的人际交往或面对面相处的否定或改造。在这些作者看来，声音复制和人际互动的区别非常重要，因为前者缺少了后者的某些品质。

2. 由于这些作者将面对面互动放在首位，因此认为声音复制技术会带来让感官与身体经验的完整经验被隔离的效果。这种将感官一致性摆在首位的预设，需要将人类身体设定为脱离历史的产物。比如，那种宣称声音复制导致人声从身体中"异化"（alienated）的说法，暗含着人声和身体在先前曾经存在着整体性（holistic）的，未分裂的，浑然一体的关联。正如我已经指出的，对于主体性的现象学认知（phenomenological understandings），不必如此看重自我呈现（self-presence），也不应该拒绝历史主义。

3. 他们假定在声音复制技术发明以前，身体是完整的，无损的，在现象学的意义上是一致的。引申开来，这就是在说所有的现代生活都是误入歧途，因为那个唯一的完好无损的、自洽的身体不应被技术干预或导致碎片化。但是，身体在现象学上具有完整性与神圣性的理念，是在十八、十九世纪开始占上风的，而那正是身体开始分崩离析，被重构和质疑的历史时刻。相反，中世纪的思想实践往往将身体形容为灵魂的肮脏容器，需要在来世得到超越和克服。

4. 他们假定声音复制技术能作为中性的渠道来运作，更接近于社会

157

关系中工具性（instrumental）的部分，而不是实质性（substantive）的部分，并认为声音复制技术就其本体而言（ontologically）是与"源头"（source）分开的，这个"源头"被认为是先于并外在于技术而存在，不相依存。对"源头"与"复制品"的差异的关注，将我们的注意力从过程转向了产品；技术消失了，只留下了一个副产品般的声源，和一个与之相分离的声音。

那种将面对面交流或直接的人际交往放在首位的观点，已经在很多的理论界层面受到了批评。在此我不赘述这些争论的内容。（参考 Derrida, *Speech and Phenomena*, 70–87。）视面对面交流为先还有一个问题，就是在尚未展开叙述之前，就已经预先规定了声音复制的历史。如果人际交往被认为是最原初，最"真实"的交流模式，那么声音复制就注定要遭到诋毁：因为声音不真实、具有迷惑性，甚至由于它将声音从"正当"的（proper）人际语境中"去语境化"的举动而具有危险性。但是，要书写声音复制性的理论与历史，我们无需一开始就对听觉与视觉的关系、技术复制和感觉定位、原件与复制品、交际中的在场与缺席等问题持有最终的，根本的，或超历史的答案。通过在研究声音复制的过程中重新思考这些关系，可以帮助我们找到更有力的答案。声音史的书写从一开始就应该把声音，听觉和倾听（sound, hearing, and listening）定位为历史问题，而不是构建历史所用的常量。

因此，让我们借鉴奥卡姆剃刀原理（奥卡姆剃刀原则，由十四世纪神学家、圣方济各会修士奥卡姆的威廉所提出。这个原理称为"如无必要，勿增实体"——译者注），无须安置先验的听觉主体（transcendental subject of hearing），从声音复制更简单的定义出发：声音复制的现代技术采用一种叫做转换器（transducers）的设备，可以将声音转化为其

过往皆可听：声音复制的文化起源

他东西，或将其他东西转化回声音。一切的声音复制技术都要通过转化器发挥功效。电话将人声变成电流，通过电话线传播，再在接收端将电流重新变成声音。收音机的工作原理与之相似，只不过电线换成了无线电波而已。滚筒留声机的膜片和唱针，将通过在锡箔纸、蜡，或其他表层上刻写的过程来将声音转换。在回放的时候，唱针和膜片会将刻写下来的内容重新转化为声音。一切的数码声音复制技术都利用了转换的思路；只是加入了另一个层级的转化，将电流转换成一系列的0和1（然后再转换回来）。

我所给出的这一定义，无疑是简化且不完整的，但这是一种非常有启发性的简化。我们得以为声音复制的历史找到一个有用的切入点，尤其是当这段历史将以分析的方式展开，而不是以编年的方式展开时。转换器运作的物理原理即使非常简单，却依然是文化的产物。这正是拙著《过往皆可听》为声音史所选择的起点。

拙著第一章集中展示了耳声波记振仪（ear phonautograph），一种可以将声波"写下来"的机器。这一章通过探索这种设备及其发明者、设备的操作理念，尝试提出一种新的声音和听觉建构谱系。耳声波记振仪截取利用了人耳的中耳（middle ear）部分作为转换器，鼓膜（也被称为隔膜或耳膜）在人耳中的运作是声波计振仪参照的原始模型，影响了后来所有的声音复制技术。因此，我将转换器背后的机械原理统称为"鼓膜式的"（tympanic）。历史上对于鼓膜功能的提取和复制，引导着我们重新回到将声音和听觉构建为知识与实验对象的18世纪晚期与19世纪。鼓膜式的功能，诞生于现代声学、耳科学、生理学和聋哑人教学法所组成的历史的十字路口。

中耳传导振动的方式看起来可能像是简单的机械功能，给人一种与历史无关的印象。但是对鼓膜功能的发现与运用，是在不断变化的声音、听觉与人性的福柯式谱系学建构中展开的。声音复制问题从这里开始，在历史上一路扎了下去。在声学、生理学和耳科学中，声音成了波形，与其声源已经没有多大讨论的关系了；听觉变成了可以从人体和其他感官中抽离出来单独存在的机械功能（mechanical function）。虽然对于这些发展的自身而言，也许并不惊心动魄或仅仅是技术性发现而已，但对于声音的历史而言，却标志了更大规模的转折。

  在十九世纪之前，声音哲学常常使用某些特定的、理想化的情形来对声音展开思考，比如言谈，比如音乐。语法和逻辑学著作曾将人声（vox）确立为有意义的声音，以此来与无意义声音进行区分。其他的哲学家则将音乐视作理想化的声音理论示范，导向关于音高与和谐的讨论，再一路上升到整个宇宙的和谐，对圣奥古斯丁而言则意味着上帝。相反，频率这个概念——早先就被笛卡尔，梅森（Mersenne），伯努利（Bernoulli）讨论过——提供了一种将声音视作运动或振动的思路。随着频率的概念在十九世纪引起物理、声学、耳科学和生理学的注意，这些学科领域也突破了陈旧的声音哲学框架。在过去，演讲或音乐曾是理解声音的普遍范畴，但现在它们变成了理解普遍的声音现象的特殊案例。因此，鼓膜功能的被发现，也与声音哲学中"普遍"与"特殊"的反转同步。声音自身成为普遍范畴，成为知识研究和实践对象。

  第一章提供了对于声音和听觉建构的思考，第二章和第三章则展现了这一时期不同的倾听实践的历史。在这两章中，我按照时间梳理了听觉技术的发展。听觉技术是一系列与科学理性和工具性衔接的倾听实践，科学理性和工具性促使人们将听到的东西予以编码，并使之合理化。我使用"表述性接合"（articulation）这个词，指的是本无必

过往皆可听：声音复制的文化起源

然联系的不同现象（比如听觉和理性）在意义和/或实践上（meaning and/or practice）被相互关联的过程。[1] 第二章介绍了听觉技术（audile technique）这个概念，并探讨了在十九世纪最初的几十年里，医生们是如何从聆听病人的自述，转向对病人身体更细致的倾听，以此辨别健康与疾病。随着听诊器成为医疗职业的象征，听诊器也标志了更加具备职业风范的，技术纯熟的听诊技术。第三章探讨了十九世纪四十年代至八十年代的美国电报员，以及十九世纪八十年代到二十世纪二十年代的早期声音复制技术使用者，是如何发展其他形式的听觉技术的。电报员开始聆听机器发出的声音信号，取代了阅读打印出来的符码。在嘈杂的房间里，他们要专注于自己那台机器的声音，以越来越娴熟的方式记下电报信息。在声音电报的领域，聆听技能是判断电报员专业与否的最佳标志。内科医生对于听诊器的使用，电报员的职业风范的信息记录，都预示了听觉技巧后来在电话，留声机和无线电广播更广泛的传播。即使是今天，当音乐库的听众将密纹唱片的划纹噪声或磁带的嘶嘶声视作"外在"于音乐的东西时，他们在倾听之中所不自觉使用的，其实也仍然是一百五十多年前内科医生和电报员所发展出的倾听技术。

一种新的面向听觉空间的定位实践，与听觉技巧一起得到了发展：倾听变得更有方向性，更加以建立私人空间和私藏性为导向。反过来看，将听觉空间构建为私人空间，也使得声音有可能成为商品。如此的听觉性技巧并不是在口头话语、口头传统的集体公共空间中产生的，而是在高度分裂的，隔绝的，个体化的听觉空间中产生的。那些将听觉从其他感官中分离出来，进而强化了这种特性的倾听技术显得尤其有用。听诊

---

[1] 该词来自斯图亚特·霍尔，以表述文化关联感问题，参考 "On Postmodernism and Articulation", *Journal of Communication Inquiry* 10, no. 2, 1986: 45–60.

器和头戴式耳机营造了听者在一个"声音世界"中被孤立出来的情况,在这里他们可以专注于他们所仔细聆听的声音的种种特性。尽管倾听性技术的发展可能各有不同的背景,但第二章和第三章,还是为声音复制发展中的核心技术勾勒了大致的历史谱系。

第四章从听觉主体转向了工业问题:从十九世纪七十年代到二十世纪二十年代,声音媒介技术是如何在这一持续的流变中被组织起来的过程。新的声音媒体是新出现的大众传媒与大众文化领域的一部分,与美国中产阶级的生活方式从维多利亚时代的理想向消费主义转变相同步。除此之外,声音媒体的形态并不是从一开始就被给定的。在无线电技术和广播技术之间并没有必然关联;在电话技术和点对点通信之间也不存在本质关联。在早些年间,电话是一种播音媒介(a broadcast medium),而无线电则是一种点对点通信。社会形态未必遵从技术逻辑:这些关联是需要人们去建构的。技术必须经对体制和实践有清晰的表述性衔接,方才能够成为媒介。因此,声音媒介浮现于世纪转型的资本主义与殖民主义纷乱语境之中。

第五章通过检查录音对其"源头"保真的观念,对声音复制技术的"幻听说"(即将声音与其"源头"分离)进行了历史化。对于声音复制的幻听式理解(将复制的声音理解为从本体性存在的相异性声源中分裂出来的声音复制品)建立在三个前提条件上:第一,听觉性技术的出现,将一部分复制的声音(比如语音或音乐)划归为值得注意(worthy of attention)的,或"内部"(interior)的,而将另一部分(比如静电干扰或唱针划纹噪声)划归为"外部"(exterior)的,因此被当作是不存在而对待;第二,声音复制技术被编织到一个整体性的社会技术网络之中;第三,这些技术和网络作为对声音的呈现性方式,被当作是完全自然的,工具性的，或透明的渠道。

认为声音复制技术将声音与声源分离的这种观点，实则是商业与文化精心炮制的产物。声音复制技术的早期听众，并不总相信被复制出来的声音能够在另一端反映出"原始"的声音。与此相对，声音复制技术的制造商和销售商则都认为他们必须让听众相信，新的声音媒介和面对面的讲演一样，二者属于同一个等级的沟通方式。如此营造出来的等值性的修辞（this rhetoric of equivalence）最终被受众所接受。第五章检验了在声音可以被物理测量之前的声音保真性的观念，并指出，早期持怀疑论的听众基本上是对的：声音复制技术与复制声音的"源头"不可分割。而从另一个角度说，声音复制技术的社会组织为"原始"和"复制"的声音都提供了存在的可能性。表演者必须发展全新的表演技艺，以便制作出适合复制的"原件"。将声音复制技术视作媒介，与特定的技巧相衔接，这些都促使我们挑战"幻听说"所谓的客观性。事实证明，那些说法都是被特定历史所催生的产物。

第六章讲述了可听性的自身历史，讨论了录音在何种情况下会被理解为洞穿过往的历史文献。虽然早期的录音的质量水准和永久性录音相距甚远，但其所营造的让人们听到"逝者的声音"的功能，推动了技术和制度创新。现在，新式的录音设备与媒介，已经随着人们制作能够长久性保存的录音的目标而得到了发展。在这一点上，录音技术的进步，紧随着十九世纪其他工业技术创新，比如罐头制作和防腐技术。我在第六章指出，在将录音变得更"永恒"的历史过程中——起初这不过是维多利亚时代对于机械的幻想——历史自身的进程也发生了变化。就像关于死亡的信念，尸体的保存，超越性，以及被时间性所塑形或阐释的声音复制一样，声音复制本身也变成了一种与死亡、历史、文化有关，并对之进行理解和体验的特殊途径。

在十九、二十世纪之交,历史文化的发展观念也与美国社会的政治潮流紧密相连。在十九世纪的最后十年,美国政府和其他机构开始雇佣人类学家来使用录音"捕捉和储存"本土居民音乐和语言。这项人类学计划承载着美国文化理念中追求"进步"的普遍倾向,但在事实上,这只是个将美洲土著居民的生活方式一路侵吞的过程。现代性的观念及其进步学说,常常被用来指称"现代"文明(一般都是美国或西欧的城市,大都会,大部分属于白人中产阶级文化)相对于其他文化的历史优越性,其做法正在于强调那些其他文化的异质性(然而它们事实上是属于同时代的),就好像它们集体存在在前现代一样。这也就不难解释,为什么美国和西欧对其他文化的军事统治和经济统治(以及更大的种族主义和殖民主义计划)会在十九世纪晚期成为现代与非现代(不够现代)之间的差异的产物。空间关系变成了时间关系。

那种用"垂死的"民族文化的声音来建立并丰富留声档案的意图,以及对永久性录音的渴望,都与此有关。美国政府曾经极力摧毁土著文化,但仅在一个世代以后,又试图以"去历史化"的方式对其进行保存,留声机"捕捉死者声音"的功能被高度颂扬,因此与这一行动建立了转喻性的关联。对录音的永久性的追求,并不仅仅是一个机械性的事实;更是一个文化政治工程。对复制性的发明,在很大程度上就是在对声音与听觉进行重建。录音永久性问题的技术史,正是一个将愿望落实为实践再成为技术形式的显著案例。

在结束这篇导论之前,我来对我所采用的方法做一番说明。综观我为拙著所限定的任务,我实在不敢将自己的工作自命为是完整的或具有终结性的。《过往皆可听》讲述了一段猜测性(speculative)的历史。

过往皆可听：声音复制的文化起源

我并不试图一劳永逸地组装一小套历史事实，尽管清晰的事实无疑对本书中的历史至关重要。更准确地说，这本书将历史作为了某种哲学实验室，来摸索怎样提出关于声音、技术、文化的新问题。如果所有对于人类行动的讲述都多多少少带有一些人性的观念，那么我们就可以好好反思一下在描述人性时，我们所作出的选择了。《过往皆可听》所猜测性地讲述的历史时刻，是当音响和听觉的诸多本质问题成为实践与反思的时刻。这并不是对于人性的完整陈述，我的主要目标也不是要还原曾经的经验，尽管人们对于各自经验的讲述，势必会提供洞察声音史的可能。

这本书就像任何的知识性产品一样，也会携带着作者的偏见。我本人对于既往留声机史学中的爱迪生崇拜怀有不满，这使得我突出强调了贝尔和贝林纳（Berliner）[1]的重要。我对电影和无线电应用方面的史学研究的借鉴，让我将本书的重点放在了电话和留声机上。在凸显声音史的叙述时，我有意绕开了文化和政治史中诸多的元叙事。其他的学者完全可以围绕演讲、音乐，乃至工业噪音和其他形式的环境噪音的变迁，去梳理出关于声音的诸多历史。比如科尔班（Corbin）的《大地的钟声》（Village Bells）讲述了关于教堂钟声这一有组织的环境音的一段非常有趣的历史。作者追溯了围绕钟声的用途和意义所展开的历史纷争，并表明这些纷争都和现代性、主体性和现代法国国家诞生的社会焦虑密切相关。但无论如何，我所撰写的关于声音复制的历史，则提供了打开声音史特别有力的入口，因为这是一部呈现了人们如何尝试去操控、转变、形塑声音的历史。

当然，关于听觉经验的问题，依然悬而未决。这本书勾勒了西方现

1　在德国接受教育，1870年来到了美国。在贝尔电话公司任主任检验员。1904年，贝林纳发明了扁平唱片，几乎立即取代了爱迪生的圆筒式唱片——译者注

代声音文化的一些共同基础——尤其是关于声音复制的实践。很难说它们是不是完全具有普遍性，但它们身上的所具备的普遍性已经足够值得我们好好思考。对于声音，倾听和听觉而言，在本书讨论的范围之外当然还存在其他主导的（dominant）、新兴的（emergent）或被压制的（subjugated）听觉构想。声音史应该能够接通更多元的话题和更广阔的文化政治史，但这些都远不是这一本书所能涵盖的。和任何时候一样，尚有许多历史未被书写。我们必须要把它们写出来，只有到那时候，才会知道它们是否会彻底颠覆我在此处的结论。

但这不是说要屈服于地方主义（localism）、积累主义（cumulativism）和新实证主义（neopositivism）。要知道，它们已经对当今的文化历史学造成了很大的破坏。事件或现象的存在仅仅是为了承载一些智识意义，它们无须通过普遍共相（universality）的测试。无论是多么片面的声音史，都必须不断在即时与普遍，具体与抽象之间来回移动。借用海登·怀特的话说，正如存在"历史的负担"一样，声音史同样也有其负担。为了尽心地记述人性，声音史必须保持"对更加普遍的思想和行动之世界的敏感之心，它从那里出发，也将回到那里去"。[1]

---

[1] Hayden White, "The Burden of History", in *Tropics of Discourse: Essays in Cultural Criticism,* Baltimore: Johns Hopkins University Press, 1978, 50.

美国商城的听觉景观：
程式性编排的背景化音乐对商业空间的建构

[美国]乔纳森·斯特恩（Jonathan Sterne）著

王敦、袁雪飞 译

> 乔纳森·斯特恩，加拿大麦吉尔大学艺术史和传播学教授。此文原文见于 Jonathan Sterne (1997) "Sounds Like the Mall of America: Programmed Music and the Architectonics of Commercial Space". *Ethnomusicology* 41 (1), 22–50. 有删节和编译。
>
> 译者王敦，中国人民大学文学院副教授。译者袁雪飞，中国人民大学研究生毕业。

  购物商场已经成为消费社会的重要地标。发达资本主义社会的预言家们，无论是"后马克思主义时代"的学院派学者还是开发商，都将购物商场视为这个文化新纪元的象征和缩影。购物商场的景观已经成为一种社会景观。但是在文化批评中存在视觉优先的偏见，总是倾向于作出这样的假设，即重要的东西都是会在视觉上呈现出来让人看的。但是如果我们不去看，而是用耳朵去听那些购物商场，我们会听到什么呢？

  在明尼苏达州布卢明顿（Bloomington, Minnesota）的购物中心"美国商城"（Mall of America）里，在过山车的呼啸下面，在店员喋喋不休的推销声中，在熙熙攘攘的人群中，到处都有音乐。商场的每个角落都在音响设备的声音覆盖之下。音乐播放装置是商场的基础设施，并且是评估商场环境的主要因素之一。音乐的播放和商场所提供的空气流通、电力和信息等系统并行不悖。商场的设备管理处,既负责维护整个商场电力供应、温度调节甚至场地管理,也负责保证音响声道的正常运行。许多商店和走廊都有金色的圆形扬声器,这就是程式性编排的背景化音乐工业的标准配置。美国商城有三个主要的声道系统:一套扬声器布置在走廊上,播放安静的背景音乐;一套隐蔽在史努比公园(建在商场中庭的一个游乐园)的植物下面,播放蟋蟀的叫声;还有就是每个店家自身的音响设备,用来播放音乐带或接受卫星讯号。美国商城需要这样连续、微妙、精心安排的音乐流,并将其视为自身商业结构的一部分,就好像是这样的听觉传播系统帮助维持了整个商场的运行。

在美国商城这样的地方,音乐俨然成为一种"建筑形式",它不是简单地填充一个空洞的空间,而是成了这个空间统一性的一个部分。声音成了一种存在,作为这种存在,它成了这个建筑中基础设施的非常重要的一部分。在整个美国,音乐是商城和其他半公共性的商场空间的一个核心的建筑性成分。但是所有研究消费文化空间的文献中却极少提到如今盛行在这些消费空间中的播放预录音乐的传播系统。本文可以视为对此的一个补充,但更是属于更广阔思考的一部分:如果我们从听觉角度思考工业社会的空间问题,会得到些什么?声音是如何被社会和文化实践所组织的?它又是如何改变这种实践的?尽管这些问题对音乐人类学家(ethnomusicologists)来说是老生常谈了,但是探究工业化的和录制形式的音乐和声音却是一个崭新的领域。本文会从两个层面对之进行探讨:(1)音乐及听众对它的反应本身就是被买卖和流通的商品;(2)商业化的音乐变成了一种"建筑"形式,一种在商业环境下组织空间的方式。

美国商城的听觉景观：程式性编排的背景化音乐对商业空间的建构

程式性编排的背景化音乐有一个比较广为人知的名字，叫"Muzak"，它是世界上最广为流传的音乐形式。美国人理所当然地认为，几乎他们进入的所有商场都会在他们逗留期间不终止地播放音乐。这种滥用导致了这样一种结果：1982年的调查估测每三个美国人中就有一个在一天的某个时间点听到程式性编排的背景化音乐，而且这个比例一直稳步增长。美国人人均每天听程式性编排的背景化音乐的时长超过了听所有其他音乐的时长。[1] 程式性编排的背景化音乐现今已包围了到处听到的轻松音乐和原版唱片。换句话说，我们不能仅凭听音乐就判断这是不是Muzak——因为所有的唱片都是潜在的Muzak。（为了保持一致，我在这里用Muzak指的都是其作为一种商业服务，即作为程式性编排的背景化音乐。）

程式性编排的背景化音乐的经济和社会组织结构，居于整个唱片行业的顶端。换句话说，程式性编排的背景化音乐预设了音乐已经成为一种物品——一种商品。这种物化倾向体现在这个行业的经济形式上，也体现在这个经济形态所赖以存在的预设上。例如，程式性编排的背景化音乐要求表演者与听众之间完全分离，这样就将大部分人的音乐体验限制在仅仅听的体验上。现在的婴儿潮一代是在音乐中长大的。从收音机到高保真音响，再到CD播放器，音乐一直伴随在左右。他们期待他们所到之处都有音乐。他们更喜欢在有背景音乐的地方购物、吃饭、工作。音乐使人动起来。现在，音乐体验已经完全被理解为听觉体验，而且音乐作为一种声音的存在本身已经被赋予了文化含义。这是程式性编排的背景化音乐得以生产和运用的两个文化预设。

---

[1] Simon C. Jones and Thomas G. Schumacher. 1992. "Muzak:On Functional Music and Power", *Critical Studies in Mass Communication* 9:156–69.

我想声明的是：尽管资本主义和大众音乐的消费市场结构拉大了表演者和听众间的距离，表演者越来越少，听众越来越多，但这并不是音乐创作和传播本身的内在特质。我们也应注意，将音乐完全视为一种声音（而不再是融舞蹈、演奏为一体的综合性演出）也是一个特殊的文化产物，而不是在历史上普遍有效的。然而，这种将音乐作为声音背景的思路在当今是如此活跃，并产生了实际的影响，正如程式性编排的背景化音乐已经证明的那样。

如果在特定的情况下，音乐完全作为声音产生影响，那么我们就必须开始思考在这些特定情况下的倾听这一行为。倾听代表了涉及听觉感知的一系列各不相同的活动。从音乐厅的审美观照，到日常生活中随手打开收音机或录音机，这些都可以被理解为倾听。这里，我用"听者"（listener）一词指代那些感知声音的人，无论他是主动的还是被动的。这样一个含混性对于思考程式性编排的背景化音乐是非常重要的，因为这样的音乐当然不是为了美学沉思，但人们也不总是完全在被动的意义上听它，相反，它会穿过听众的意识前景。所以，需要将"听者"理解为介乎主动和被动之间的一个含混概念。"倾听"的行为在面对程式性编排的背景化音乐所表现出来这种难以界定的含混性，部分是由于资本主义大众传媒环境下音乐的社会结构所致。彼得·曼努尔（Peter Manuel）和其他人曾建议，应从整体的优势来考量唱片音乐的生产、发行和消费。[1]程式性编排的背景化音乐为这一音乐经济的流通增加了一层：再生产，再发行，和二次消费。程式性编排的背景化音乐的生产者是程式性编排的背景化音乐服务业本身，它将已有的音乐复制进声带。

---

[1] Peter Manuel. 1993. *Cassette Culture:Popular Music and Technology in North India*. Chicago: University of Chicago Press.

美国商城的听觉景观：程式性编排的背景化音乐对商业空间的建构

程式性编排的背景化音乐的消费者则是商店和购买这种音乐服务的其他行业。这些客户通常是订阅程式性编排的背景化音乐服务，每月支付一定费用。这样的服务会为订阅者提供接收装置，以及接近十二个卫星频道，或者能够播放几百种时长四个小时的音乐节目的服务。订阅了音带的顾客通常每月或每隔几个月（依音乐种类而定）都会收到新的音带。这样，正如彼得·曼努尔所指出的那样，要对大众媒介性的背景音乐形式进行系统的音乐人类学式的分析，必须借助相关的传播学理论。我将绕道迂回，从程式性编排的背景化音乐的政治经济学来展开我的分析。

从本质上讲，购物商场对程式性编排的背景化音乐的应用是对消费本身的生产和消费。程式性编排的背景化音乐能够产生消费，因为商场为促进消费而建，而音乐则作为商场的一个建筑性成分发挥作用。商家运用程式性编排的背景化音乐，将其营造为购物环境的一部分，旨在让消费者逗留更久，消费更多。对音乐的运用都关乎商业环境的构建。配置好音乐后，订阅者（如一家商店或一个购物广场）就会根据听众对音乐的反应进行消费。他们购买音乐是为了消费听众/顾客对音乐的反应——例如，听众/顾客对音乐的反应带来了购物时间的延长、销售额的增长和顾客数量的增多。换句话说，尽管是商家自己的顾客进商场购物，并且被程式性编排的背景化音乐所围绕，但是，花钱对音乐（以及听众对音乐的反应）进行消费的消费者其实是这些商店和购物商场本身。要对这些关系进行分析，就需要有研究本身的定位设计。不同于那些仅仅关注听者（那些我们通常认为是消费者的人）反应的研究，我的研究主要着眼于对听者反应的生产、分配和消费（我将以上称为第二层的流通）。我主要关注听觉经验的框架，以及这些框架是以何种方式构建起来的，而不仅仅是对在美国商城的听者经验的罗列。相比于听者可能赋予程式性编排的背景化音乐的那些意义,我更加关注程式性编排的背景化音乐是如何在人们的应用当中而被赋予意义的。

为了论证本篇对听觉所做的"民族志研究"是适当的,我还必须解决两个问题。一、听者在倾听时,并不一定是有意识地在听。而且,因为商场的音乐来自一个更大的声音流通场所,所以如果把在商场听到的音乐与在同一场合听到的其他声音及其场景分离开来,就是错误的。换句话说,如果我要做一个比较正统的民族志式样的听觉研究,由于我的研究对象是商场的访客而非居民,所以商场就不应该是一个自成一统的田野考察地点。二、要想弄清楚商场的音乐对听者来说意味着什么,就必须弄清楚商场是如何将这些听觉经验利用起来的。

中产式城郊的音乐人类学?

基于以上考虑,我在这篇研究里面选择来考察美国商城中的程式性编排的背景化音乐。尽管这个商场可能比其他商场更加壮观,但另一方面它又相当日常化和典型化。正是这种双重特性为研究提供了一个独特的视角。这个商场甚至被航空公司和旅行社推销为一个旅游景点;一些建筑商也应和这种趋势,指出美国商城是郊外的市中心,这个郊外的市中心提供了城市才有的娱乐,但不用承担城市的职能。

在这个模拟的都市里,天花板和走廊上的扬声器向行人倾洒这永不休止的音乐。尽管商场的声学特点是其独特性的一个方面,理解它也不应抛开商场总体的主题特征和结构特征。听觉空间是文化实践的一个内在的重要元素,而不是一个自主的领域。

美国商城是美国最大的购物商场,仅次于加拿大的西埃德蒙顿购物中心(West Edmonton Mall)。它已经成为这块区域一个主要的游览和

美国商城的听觉景观：程式性编排的背景化音乐对商业空间的建构

休闲胜地：自1992年8月开业以来，已吸引了10000辆观光大巴（平均每辆50人），几乎是这个行业平均水平的三倍。此外，成人每次购物的消费额近84美元，是行业水平的两倍。[1] 传统的郊区商场周围有小的单排商业区，有电影院、酒吧、快餐店等。但是美国商城不同于此，而是用一个巨大的顶棚将这些外围活动场所都囊括进来。这就像将高速公路转变成了室内走廊。这样，美国商城让消费和娱乐"欢聚一堂"，同时又让每项活动各在其位。这个商城里面还有一个巨大的游乐园，由乐购积木创想中心和室内小型高尔夫球场组成。

在美国商城，私人主体性、媒介和商品消费，及商场这类私有的准公共空间，这三者相互依赖，互相支撑。

为了给消费者营造一种"都市购物区"的内部感觉，美国商城的建筑设计师可没少花功夫。商场每个走廊都被叫做"街"，而且其墙漆、地毯、灯饰和名字都各不相同。游乐区与购物区分离开来——史努比乐园位于商城中心，而电影院、酒吧以及电子游戏场分别位于不同的楼层，与零售区隔开。商城将饮食、游乐这样的特殊功能区划分开来，但同时又在内部的整体设计上保持了衔接。

无论从理论上还是从实践上，商城的听觉景观都与其他的设计目标相吻合，部分原因是程式性编排的背景化音乐和商城其他商业一样，是根据同样的逻辑来进行划分的：降低音乐的个性特征，来最大限度迎合最广阔消费群体的口味。

程式性编排的背景化音乐既是这个商城的环境要素，也是其建筑要素。美国商城的听觉空间是建立在这样一种听觉张力上的：走廊上安静的音乐与商店里更易识别的喧闹的音乐构成张力。

1　Devin Nordberg. 1993. "The Mall of America: A Postmodern Factory of Service and Spectacle", unpublished paper, University of Minnesota.

背景音乐

在业内，商场走廊里的这种音乐被称为"环境音乐"或"背景音乐"。人们在提到"Muzak"的时候，通常会想到这种音乐：将人们熟悉的现代的或传统的旋律改编成交响乐，充分运用弦乐器，但不采用铜管乐器、歌词、人声和打击乐器。在过去十年间，程式性编排的背景化音乐的开发者已经开始更新他们的曲库，跟上绝大多数人的趣味主流。选择这些相对通用的"套餐"，主要是为了服务于背景音乐的最终设计目的：妇孺皆知之下的匿名性。整个背景音乐生产行业的动力就是追求这种匿名的或者说"不引人注目但是很熟悉的"音乐。

所有的音乐都有某种风格、审美上的主要特征，背景音乐的开发制作者们将其中那些有些"唐突"的人声和乐器声音都消除掉，因为这些元素会吸引听众的注意力，从而破坏掉背景音乐的背景性。背景音乐追求的是匿名性，因此可以被理解为是对市场上一般音乐商品的反转。流行或传统音乐变成背景音乐时，被以"一种平淡不惊的方式"演奏，以努力使音乐显得没有特色，平易近人。

背景音乐的应用播放，是依据"刺激级数"来运作的。在设计播放曲单时，每个选曲都会按照从1至6的等级来评级，并与其他选曲以上升或下降的顺序重新组合，以刺激听者的情感反应。刺激等级的高与低的差别是来自于节奏、速度和旋律。当然，鉴于前文提到的背景音乐的内容和风格的限制，这些变量都限定在一个很小的范围内。刺激级数曾在二战期间用于克服兵工厂里工人的困倦，主要是通过播放音乐来使听者始终保持稳定的精神刺激。刺激级数是被设计用来让人们在一天中的兴奋时刻稳定下来，在一天中的困倦时刻兴奋起来。这是适度的美学：既不要太兴奋，也不要太沉闷。尽管背景音乐已经不再仅仅限于在工厂

美国商城的听觉景观：程式性编排的背景化音乐对商业空间的建构

运用，它如今的工作原理仍是如此。在一个购物中心，刺激等级可以得到调和——在上午（或下午）的半晌时，让消费者打起精神；在吃完午饭或晚上时，让人慢下来。

因此，尽管背景音乐很难被人用心去听，它却发挥了很多作用。很多市场调查都显示，宜人的背景音乐会延长消费者的逗留时间。尽管史努比乐园的喧闹声影响了效果，但音乐的存在本身（当它被听到时）就具有一定的意义。比如，它使走廊、卫生间和入口具备了一种在同一空间之中的连贯性感觉。虽然这些空间或多或少因其建筑风格而区分开来，但是背景音乐则通过它本身毫无特色的风格，加强了它们之间的共性。背景音乐并非没有意义，它的意义在于它的存在本身，这点是不同于流行音乐的。即使是那些有所争议的歌曲，也会在背景音乐中被弱化、利用：例如麦当娜的"宛如处女"或者涅槃乐队（Nirvana）的"满怀歉意"被用钢琴或萨克斯替代了人声的旋律，伴奏则进行了爵士乐风格的平稳处理。

这些背景音乐效果进一步凸显了走廊作为一个过渡空间的功能。除去模糊的背景音乐，游乐园以及模糊的建筑主题以外，走廊没有它自身的空间标识特征。商场的设计并没有要将走廊作为消费者的目的地。（尽管如此，这些过渡性空间却成了年轻人聚集和社交的地方。）与之相对，商店的特征则很显眼并入耳，成为商场里个性鲜明的存在。

这个听觉空间内部的张力，既反映了也影响了商场里人群的流向之间的张力——商店内和商店外，走廊上和走廊外，停车场内和停车场外。音乐一直在塑造空间，它持续的存在对听者来说是一种坚持或者提醒。可以说，程式性编排的背景化音乐将商场空间进行了领地化的分割：它建造了自成一体的听觉空间，并成功实现了不同空间的转换。它不仅划分了空间，还协调了各部分之间的关系。在美国商城，无论你去任何地方，都必须在音乐中走过。音乐给每个子空间都划定了轮廓,使得听者能够用一种独特的方式感受这一空间。它也建构了上述经验的范围。

前景音乐

"前景音乐"可以说是程序性编排的背景化音乐的一种特定形式。

不同于在走廊上播放的安详的背景音乐,商店通常播放各种各样的"前景"音乐。在音乐行业里,前景音乐指的是那种原初的歌曲,即由原唱歌手录制的歌曲。这种音乐本身是为了作为一种"景"来服务听众,但不同于背景音乐的是,它会将听者的注意力吸引在它本身上,在这个意义上它是"前景"。

商店里播放的喧嚣的前景音乐与走廊上的背景音乐形成张力。如果商店的门是开着的,那么这种音乐就会立即将店内空间与店外走廊区分开来,音箱的远近位置就决定了声音门槛会出现在哪里。音乐造成了内外之分。这样,人们在走廊上时,商店可以凭借其音乐标识自己。独特的听觉特征是前景音乐的追求。如果说背景音乐努力追求"匿名性",那么前景音乐追求的就是具体鲜明的文化身份、情调展示。它根据一系列标准来配置自身风格:节奏、速度、歌名、歌手、时代、类型、配器以及流行排名。这是为了捕捉和迎合、塑造假想听者的心理规律。通常认为,人们在一个店里面不会待太长时间。因此,前景音乐不是要试图缓慢地调整听者的情绪,而是要让站在店里的听众被带入固定的情调上。

对于背景音乐而言,提供商往往只能提供一类曲目以供选择(通常叫做"背景音乐频道"或者类似的)。但是对于前景音乐而言,则有更大量的曲目。前景音乐的编排,在品位和区隔、差异和联系的层面上展开,迎合特定的人群(年龄和性别、经济地位等)。

美国商城的听觉景观：程式性编排的背景化音乐对商业空间的建构

总体而言，一个连锁店的所有分店通常都会选用同样的或相似的音乐曲目，以保持公司形象的一致性，就像他们会选用风格相似的设计和照明一样。公司形象的塑造，总是综合考虑了以下因素：公司要塑造其目标受众如何来看待公司，如何看待他们自身以及如何看待公司推出的产品。换句话说，前景音乐可以成为塑造购物体验的一个重要因素。它不仅能够向听者暗示商店的独特风格，暗示消费体验，还能营造一种语境来暗示消费者对商品的一系列反应，以及对这些反应的态度。这与音乐用来为其他活动造势是一样的道理。我将用美国商城中的四个例子来阐释。

（1）维多利亚的秘密（Victoria's Secret），这是一家专售女士内衣的商店，不仅在店里播放古典音乐，还出售他们的音乐光盘。这些光盘包含一系列古典时期和浪漫派时期的悦耳曲目，如莫扎特的钢琴协奏曲，舒伯特的降B大调第五交响曲，以及贝多芬的G大调浪漫曲。这家店的商品和装饰充分展示了其性别化特征，而这些音乐则为消费者另外提供了高贵的阶级暗示和相应的高雅氛围。这些音乐通过暗示那种优雅、欧洲范儿、艺术品位来迎合美国的布尔乔亚。店内的装饰风格也很豪华，灯光柔和。当这种音乐在你耳边萦绕时，货架上的商品就会吸引消费者抓住这样一个特殊的机会来尽情沉溺在购置内衣的欲望中。音乐也使得店内五花八门的商品似乎获得了某种共通性，尽管其中有些商品间的联系仅在于它们被摆放在同一家店。

欧式风情的音乐更加强化了这种表象。对很多美国人来说，"欧式"本身就是上层社会和精致文雅的代名词。因此，这些古典音乐能提供一种可辨识的愉悦感，就是说，辨认音乐与欣赏音乐是同样重要的，因为能够在"维多利亚的秘密"消费的人们,被暗示为一定是足够有品位来辨认出这些音乐的。换句话说,对音乐的了解也成了文化资本,它象征着特定的社会地位。

但是"维多利亚的秘密"走得更远,它还出售它在店里所播放的音乐的光盘。它有权这样做,因为这些音乐的出品者是音乐厂商,不像其他店家需要从几个主要的程式性背景化音乐制作公司购买过来。这是"维多利亚的秘密"的一个成功的投资。根据《福布斯》1995年6月的一篇文章,自1989年,它的音乐光盘的销售量已达到1000万张。[1] 这些光盘使得购买者可以在家欣赏这些音乐,以便下次回到这里购物时能辨认出来。换句话说,只要人们在第一次进入"维多利亚的秘密"时发现自己不熟悉其高雅的文化,他们就会去学习、培养自己的品位。这发挥了转喻的暗示作用:当音乐与其他装饰元素共同发挥作用时,一个人是需要一定的品位和艺术嗅觉才能欣赏这里的一切的。唱片上的文字说明通常会讲述音乐创作者的生活琐事,同时赞美创作者、听众和演奏者的艺术品位:

> 这个绝美的唱片收录了莫扎特最受欢迎的最为浪漫的一些曲目,由伦敦交响乐团演奏,专门为维多利亚的秘密量身打造,倾听之后,你将为之振奋。维多利亚的秘密作为伦敦交响乐团为数不多的几位钻石级会员之一,倍感荣幸。在莫扎特短暂的一生里,他为王世和宫廷服务,一生荣辱沉浮,34岁过世时几乎身无分文。唱片中收录的曲子,是莫扎特在其创作巅峰时的经典曲目。同时,还收录了莫扎特一些鲜为人知的复杂的、私人的创作,因此该唱片具有独特的价值。[2]

---

1 Dyer Machan. 1995. "Sharing Victoria's Secret", *Forbes*. June 5:132–33.

2 Victoria's Secret. 1993. Liner notes to "Two Centuries of Romance: Mozart." *Victoria's Secret Timeless Tributes of Love* #6. Audiocassette.

美国商城的听觉景观：程式性编排的背景化音乐对商业空间的建构

当然，最具反讽意味的是，这些其实是欧洲古典音乐中最普遍最常听到的音乐，因此唱片文字必须花费气力让消费者相信该音乐光盘是独特的。维多利亚的秘密将自身打造为一种消费体验，并努力渲染这种体验。它向潜在的消费者提供一种他们自己很上流高贵的自我形象，并使他们相信，似乎借助进店购物的体验和商品本身就可以将这一自我形象实现。

（2）Compagine Internationale Express 公司（以下简称 CIE 公司）是一家时尚商店。这家店只播放法国流行音乐，而且通常将音量调得很大。在收银台附近，这家店的装饰招贴上面声称自己是"法国时尚的大本营"。店面照明很强烈，强光让每件单品都被加亮。橱窗的摆件（在我写这篇文章的时候）都是故意的邋遢风格（褪色的衬衫和牛仔裤），这一看就是美式的。因此，所谓的"法式风尚"其实是这家店想传达给消费者的一种印象，而非店面或其商品本身所具有的属性。这里，前景音乐更像是对商品的又一层包装，这层包装似乎自带了对该品牌的详细的解释、暗示，告诉你在享有该品牌衣服后该获得什么样的感受。法式摇滚乐将商品包装起来，以试图成为商品的精神内核。对于"维多利亚的秘密"而言，程式性编排的前景化音乐与其店内的环境装潢共同发挥作用，以向消费者赋予商品某种意义。CIE 公司却不同，音乐本身的存在感更强。"维多利亚的秘密"的音乐是与其他要素共同发挥作用的，而 CIE 的音乐是完全独自发挥作用的。——这些音乐是真正法式的，或至少是法语的。这些音乐暗示了一种独特的购物体验。这种体验究竟为何物，就看消费者如何定义"法式"了。很明显，CIE 公司试图通过"法式"来指示一种品位、富裕、奢侈和异域风情——毕竟，巴黎是时尚之都。但是这仅仅是美国对法国的理解，CIE 公司经营了这样的诠释：虽然其总部就在俄亥俄州的哥伦布。

（3）除了能够营造空间氛围，提供情感暗示之外，前景音乐还能够仅凭其存在而非其内容被用来影响消费时间和消费行为。李维斯（Levi's）的程式性编排的前景化音乐和视频就是以此为目的的。李维斯店面的背面有一个巨大的九屏电视墙，播放的不是音乐唱片而是音乐视频。相比之下，这家店的装修则非常普通：地板是木纹地板，照明也是普通的照明。该店以视频的方式提供了音乐潮流的氛围，通过吸引店内及店外消费者的注意力，来影响消费者的消费行为。因为消费者在走廊上就能看到电视墙，一旦他们驻足观看，李维斯的机会就来了，因为消费者看视频的同时，也会看到店内的摆设和商品。消费者本身并不会意识到驻足观看会引诱他们消费，但零售商则非常清楚，人们驻足的时间越长，就越可能购物。一些程式性编排的背景化、前景化音乐根据刺激级数理论来设计安排，但李维斯专卖店与此不同，它并不试图通过节奏、旋律、韵律等调控手段来加速或者减缓消费者的行为。相反，它通过将人们吸引进商店，并分散他们的注意力，来延长逗留时间，李维斯的音乐和视频无需刻意为之就巧妙地将购物与娱乐结合在了一起。正如一些将商场视为后现代景观的理论家所说：音乐视频使消费者被去中心化，但是这种其中心化并不一定具有政治旨向；相反，这是为销售额服务的，其带来的其他影响只是附带的。

（4）尊尼火箭餐厅（Johnny Rockets）位于美国商城南部食品区的边缘，被夹在一家亚洲快餐店和一家更大的酒馆中间。该餐厅的音乐声音很大，甚至淹没了其他店面的音乐，到达食品区每位消费者的耳朵。

美国商城的听觉景观：程式性编排的背景化音乐对商业空间的建构

这家餐厅的装饰风格是二十世纪五十年代的经典风格，里面有一个长长的吧台，有很多座位。店员们都穿戴为五十年代冷饮师（soda jerk）的服装风格（白衬衫，白帽子），其音乐也是五十年代的流行音乐（多为情歌）。菜单也是常规的——汉堡包，炸薯条，苏打水，等等。人们可以在商城很多地方买到这些东西。因此，尊尼火箭餐厅不是靠其食品，而是靠其消费体验取胜。餐厅西面的墙上有一幅海报，上面是一个坐在沙发上的少年和两个挨着他坐并跟他调情的女人，他们穿着五十年代的服装，海报上写着这样的话："尊尼火箭——好客之店"。这家店吸引顾客来回味九十年代对五十年代的那种怀乡情绪，包括当时的性别观念和两性习惯。这里，消费体验是至关重要的，因为餐厅的产品并没有任何独特之处。但同时，它与前文那些构建自身文化符号的服装店又不一样。尊尼火箭并不是要构建一种对五十年代文化的自我认同，而是要提醒所有人，你现在可以体验一把五十年代的餐厅风格。音乐的"作死"的大音量在这里可能在更生硬更粗暴地传递一种信息：它要求消费者通过饮食，将所有语境都简化为怀旧情绪。这又是戏剧化和夸张的自我表演，提示顾客/观众其实这并非真实，从未真正发生过。

在以上每个例子中，程式性编排的前景化音乐都在各种独特的语境里面扮演了自己的角色，但它同时也在一种普遍的意义上发挥作用，即"表述"（articulation）。斯图亚特·霍尔（Stuart Hall）将"表述"定义为"一种联结的方式。这种方式可以将两种不同的元素在特定情况下统一为一个整体。这种联结并不是在任何时候都是确定的、必然的"。[1] 如果没有"表

---

1 Stuart Hall. 1986. "On Postmodernism and Articulation", *Journal of Communication Inquiry*, 10:2,.53.

述"这一过程,那么这些意义、意识形态和人群就是各自独立、互不相连的。"表述"建立起关联,将它们置于某一情境中,将它们统一为一体,这样的过程就是"联结"。在以上四个例子中,程式化音乐播放,表述出某些特定的意义,与商品消费和体验消费进行联结。这样,"维多利亚的秘密"里的内衣就显得精致高雅;CIE 的法兰绒也被赋予了法式风情;李维斯的音乐和视频吸引了消费者的注意力,使他们成为更加"优质"的消费者;而在尊尼火箭餐厅,吃汉堡包也成了体验五十年代风情的一部分。所有这些联系都不是自然而然的,而是需要被生产和表演出来的。

尽管上述例子都是对程式性编排的前景化音乐有计划有目的的运用,但是对于商店本身而言,这种营销方式并不一定都被所有店家予以采用。我曾走访了商城里的一个艺术画廊和一家鞋店,跟其中的服务员随意交谈,我发现在这两个场所里,播放的音乐都是由服务员自己带过来的。可见,他们的管理者并非"钦定"特定的音乐来播放,而只是列定了一个大概的范围,并允许服务员选择他们想听的音乐。那天,我在鞋店听到了鲍勃·西格(Bob Seger)的音乐,也在画廊听到了沙滩男孩(the Beach Boys)的音乐。这些音乐都可以很容易地表演出我在前文例子中所阐释的那种联结功能,只是它们与其他元素(如店内装饰)的联结是更加偶然的。然而,这种管理方式或许也有其他好处。因为必须在店内长期停留的是雇员而非顾客和业主,而且与我交谈的这些雇员都倾向于认为预选的音乐重复性太强,让他们腻烦。而通过将听觉空间的控制权转交给雇员,这同样能有利于商店:雇员就获得了对环境某一方面的掌控权。这样,低收入的雇员群体就能在销售过程中获得一种主人翁式的宽慰的幻觉。即使这些雇员们没有这样的幻觉,这同样能提供一种放松的愉悦感。谁不想把一个

美国商城的听觉景观：程式性编排的背景化音乐对商业空间的建构

糟糕的工作环境变得好受一些呢？所以不管有没有明确的意图，音乐都仍能在"表述"的层面上发挥作用，并且仍然能建构听觉空间。

建构"更好"的消费主义

可见，音乐在商店内的不同功能是由社会因素决定的，也是在不停地改变之中。我的本文的主要目的是阐释这些过程是如何运作的，而不是对程式性编排的背景化音乐的用途（以及听者的反应）做一个详尽的考察。美国商城对空间差异的处理与它对社会差异的处理是紧密相连的。其听觉空间——或更广泛地说，其社会空间——在功能上的用法是有主次之分的。美国商城注定将消费文化置于首要位置，但是美国商城又不是一个天衣无缝的系统，其自身充斥着文化差异和冲突的张力。需要对关于差异的三个问题做进一步的探索。

（1）如果说商城为了打国族身份的消费主义认同这张牌，需要表征出狭隘的主流价值观，那么程式性编排的背景化音乐的作用，就以其空间性和阐释性功能来营造了这种意识形态。统计学意义上对欣赏趣味的分配和生产的量化，对程式化音乐来说是至关重要的。程式性编排的背景化音乐形同于商城的建筑结构设计的一部分，因此商城就使社会差异流动起来，并使之发挥作用。同时，这被宣称为只是纯良干净的美国趣味而已。

（2）美国商城和其程式性编排的背景化音乐的设计形式与政治考量也是紧密相关的。为这里提供背景音乐服务的 3M 公司非常小心地保证这些音乐不会有任何争议性或冒犯性，使其潜在顾客感到烦恼。[1] 换句话说，他们不让顾客联想到潜在的社会张力和差异。通过将这些真正的社会差异都缓解为趣味偏好上的不同，程式性编排的背景化音乐和商城必须严格按

1　Tom Pelisero. 1993. Telephone interview by author, 31 August.

照社会差异来划定界限,以免这种划线行为本身引起消费者的注意。尽管程式性编排的背景化音乐的确因年龄、性别、品位(其实替代了种族或阶级)而有所区别,但这些不同仅仅存在于一个非常有限的场域内。在这个特定意义上,差异被限制在主流的美国中产阶级价值观之内的差异。

商城的设计者和程式性编排的背景化音乐的创作者所理解的"国家"是一个狭隘的建构。通过运用一系列办法来建构"更好"的消费主义,美国商城和其程式性编排的背景化音乐,履行对社会分层进行再生产的功能。决定商城里应该播放哪些音乐主要是根据三种惯常的"潜规则"来的:一是要合乎规范的行为(即这些音乐应该暗示一种得当的行为,即消费行为,并不断刺激消费者对如此行为的认同);二是要合乎大家所惯常的品位;三是要合乎大家所理解的差异(即,商场里容许存在哪种不同,哪些差异是被允许的或不被允许的——例如,福音派教徒可以支起一个货架售卖唱片和书籍,但绿色和平组织就不可以)。结果就是,通过程式性编排的背景化音乐,品位差异得到固化。通过程式性编排的背景化音乐,人们就能辨别商城希望招徕什么样的顾客,或者更确切地说,希望鼓励什么样的身份认同,以及哪些人会愿意就范于这些认同。

程式性编排的背景化音乐所参照的人群是其所中意的顾客群,而非实际上的顾客群。尽管美国商城希望吸引富有的成年中产阶级,但大量数据表明,光顾这里的人大部分是背景不一的青少年。商场对这些最为它捧场的青少年的态度是非常矛盾的。现在在史努比游乐园外围已经竖起了警示牌,提醒顾客注意言行,而且还增置了保安人员,不允许在游乐园入口大声喧哗打闹。但考虑到以下事实,即周五晚上酒吧区通常人声鼎沸,以及过山车附近通常回荡着兴奋的尖叫声,可以看出这些告示其实强化了对其社会差异容忍度之外的举止进行管控的界限。这样,对

美国商城的听觉景观：程式性编排的背景化音乐对商业空间的建构

声音的管理就成了对差异予以管理的一项政治措施。

（3）调教其听众就范于适应程式性编排的背景化音乐。这个适应过程很多时候是无意识的，对其有效性也可以做出不同的解读。推动程式性编排的背景化音乐的生产的规范，是根据数据统计得来的推测，因此很多时候与消费者个体并不是内在吻合的。这样一个系统有时候是笨拙的，因为没有人会在任何时间段完全待在商场里。但因为潜在消费者的趣味五花八门，所以消费者与程式性编排的背景化音乐之间总会有交集。因此，商场的设计通过几种方式向消费者暴露了其自身：设计的目的是让消费者对商场、对音乐、对场面、对环境，或者只是对出售的商品产生认同。但这也会将人异化。因为听觉空间反映的是商场所渴望的受众而非实际受众，所以这个环境就会引起某种认知上的不和谐。即使这个异化过程不会将人们赶走，它也至少会造成某种反讽的距离。（反讽式的距离感本身并不一定能带来抵抗和颠覆的行动，除非它与集体性的主动的反对立场相结合。任何商店都乐意拿到任何消费者手中的钱，无论消费者感受到了何种程度的反讽距离。）通过试图掩饰商场走廊上显而易见的视觉和听觉上的差异性，环境装置本身反而会将其自身的倾向性暴露得更加明显。

如今商场对于许多美国人而言，都是相当熟悉的环境，即使对那些认为商场带来异化的人也是如此。商店不仅要努力维持自身形象，还必须担心与其他店铺产生冲突。实际上，很多店家的烦恼都在于此。这也是程式性编排的背景化音乐都向其潜在顾客保证音乐里不会有不和谐元素的原因。但是音乐本身却总是可能有冒犯性。举例来说：一个很有名的坊间传闻说，在一家商场中，两家毗邻的商店发生争吵。其中一家播放的是轻音乐，卖的是高档服装。另一家卖的是新潮服装，播放的是排行榜上的前四十首爆款劲歌。第一家商店担心第二家店的音乐会赶跑其潜在顾客，并要求第二家店调低音量；但第二家店则担心调低音量会减少其吸引力。这个故事的道理很简单：程式性编排的背景化音乐并没有在公共空间形成一个无缝的连贯的系统，也并不像人们所期待的那样能共同协作。但是这种有悖于设计师意图的情况也不应该被视为是反抗、颠覆。这不是对资本主义的颠覆而是资本主义之内的矛盾，是资本主义社会日常运行的存在方式。

结论：音乐人类学和物化问题

程式性编排的背景化音乐，是以业已形成的音乐和音乐体验的商品地位为基础而形成的。程式性编排的背景化音乐如果要形成，音乐就必须首先是一个物品——它必须经由其商品地位来形成。程式性编排的背景化音乐的逻辑完全符合卢卡奇对物化的描述："商品结构的核心已经被指出来了。其基础是人们之间的关系呈现出物的性质，从而获得了一种'虚假的客观性'、自足性。这种自足性似乎非常合理，能包容一切，以致隐藏了其本身最基本的特性：即它是人与人之前的关系（即它是人性的而非物性的）。"[1] 就程式性编排的背景化音乐而言，听觉上的关系（其本身已经在商品流通中被高度结构化了）被物化为一种可以被买卖的商品。这就是我为什么更多地关注程式性编排的背景化音乐的设计背后的理路，而非其听众的反应的原因所在。后者是以前者为基础的。

如果我们在听觉研究这个问题上追随斯蒂芬·菲尔德[2]和其他人的做

---

[1] Georg Lukacs. 1971. *History and Class Consciousness: Studies in Marxist Dialectics*, translated by Rodney Livingstone. Cambridge: MIT Press, 83.

[2] Steven Feld. 1988. "Aesthetics as Iconicity of Style, or 'Lift–up–over–Sounding': Getting into the Kaluli Groove". *Yearbook for Traditional Music* 20:74–113.

美国商城的听觉景观：程式性编排的背景化音乐对商业空间的建构

法，将其完全置于社会学的框架下，那么大众媒介时代音乐的物化问题就应当成为音乐人类学研究的基本问题。音乐人类学倾向于将大众媒介视为一种问题——媒介被认为是外在于社群的，影响到社群或与其并存。在这类叙述中，媒介对于社群而言是一个他者。音乐产业的出现如何影响了当地的音乐家，如何影响了音乐教育，它在世界范围内又起到什么作用——这些都是当今的音乐人类学应该思考的问题。尽管这些领域还有待探索，音乐人类学如果要完全理解音乐的大众媒介，就必须跳出仅仅关注传统和现代的变迁的研究范式。这种既有的传统范式更强调从与其他音乐的不同之处来理解大众传媒音乐，其主要关注点在于区分大众媒介下的音乐和非大众媒介下的音乐。这种方式从其出发点就用括号把大众媒介作为一个非音乐学的特殊问题给悬隔起来，因此就忽略了从大众传媒所衍生出的一些社会性的考量因素。我认为，音乐人类学还须要考察程式性编排的背景化音乐这种形式，这种大众媒介催生出的音乐形式。如果音乐人种学希望揭示出大众媒介泛滥的当今社会中的感觉模式，那么它就必须考察社会现象中普遍存在的虚幻的客观性，即物化现象。在大众媒介时代，物化过程是一个无止境的链条的一部分，在这个链条中，外部世界中录制的歌曲、经由大众媒介化的影像和经过编排的空间和序列，都被放在最内在、隐秘的东西，即人自身的文化体验里面。

集视、听于一身的iPod

[英国] 迈克尔·布尔（Michael Bull）著

王敦、蔡晓倩 译

> 迈克尔·布尔，英国苏塞克斯大学媒介和电影学教授，研究专长为感官经验与媒介技术的关系。此文原文见于：Michael Bull (2008) "The Audio–Visual iPod" in *Sound Moves: iPod Culture and Urban Experience*. New York: Routledge, 38–49. 译文有缩编、整理。
>
> 译者王敦，中国人民大学文学院副教授。译者蔡晓倩，英国伦敦政治经济学院研究生。

添加了"音轨"的城市变得妙不可言，轻而易举随"音轨"而变化——如果你在听 Belle and Sebastian，城市就变成一个超级现代的地方；若你在听热辣的 R&B，城市就变成一个性感的娱乐场所；若你在听独立摇滚，城市就变成一片绝望的荒原。听者自身也根据耳朵里听到的音乐而做出相应的改变。无论你听什么样的音乐，你身处的环境都看起来"超真实"或"更动感"，有种被音乐里面的生活所填充的感觉。平淡无奇的事物看起来更有意义，更有诗意。在你的音轨胶囊里面，你也更"酷"。

（一位 iPod 用户）

对 iPod 用户来说，他们用"飞地化"的审美化策略，来对付城市空间那种捉摸不定又冷漠疏离的感受。这是科技所创造的感官感知神话的一部分，使城市体验依赖于科技功能的"视听操纵"。那种融入了我们日常经验的技术结构既是普遍的，又日渐变得理所当然。对当下的消费者而言，这种普遍性强大而有效，无孔不入地调节着城市体验。

本文讨论 iPod 这一科技日常应用的审美化问题方方面面。iPod 左右了其用户的视听，构建了一种独特的街道美学。身在其中的 iPod 用户通过自主性地对声音予以"私有化"，实现在不同的认知、想象空间的自如切换。这样一种对于城市空间的美学化思维方式，代表了 iPod 用户用以打理他们日常生活的策略。在日常生活的交通、移动中，用户通过对 iPod 的使用，得以创造一个合乎自身愿望的美学环境。

这与传统意义上被称为本雅明式"都市漫游主义"（flâneurism）的城市美学不同。

在许多对城市文化的分析中，所谓"都市漫游主义"是对城市生活予以浪漫化的通用象征。"都市漫游主义"被很多研究者理解为一种占支配地位的城市感知模式，体现了视觉性的支配地位。在这一类话语中，"都市漫游者"（flâneur）形象被理解为无根的主体。他们将自己代入到他人的生活中，从他人的视角来想象世界的模样。"漫游"（flânerie）是一种在隔绝异化的情况下所发生的整合性行为，它接受和拥抱外部刺激，而不是拒斥。本雅明认为，"漫游"已经成为一种常态——在现代的城市人际关系画面中，我们都成为了"漫游者"，而"漫游"在其中也成为"游客凝视"（'tourist' gaze）里面不可或缺的一部分。

然而，"都市漫游主义"作为一个概念，并不适合用来理解当下 iPod 用户所栖居的视听世界。城市居民日常生活平淡无奇，"游客凝视"

不是其重要组成部分。事实上，iPod 文化包含了一个与"都市漫游者"模式直接相反的立场。iPod 的使用包含城市体验，其中的美学性作用将"他者"悉数带入 iPod 用户自己的幻想世界——在这样的策略中，所有的"差异"被消解，最终与 iPod 用户合为一体。iPod 文化呈现出一种"拟态美学"（the aesthetics of mimicry）。这是一种视听综合拟态（an audio-visual mimicry）。

对城市的视觉性描述通常类似于"快照"，如同通过相机镜头一般，对城市生活进行碎片化的捕捉。相反地，iPod 文化把那种流动中那些复杂、矛盾和变动不居的城市体验给整合起来。这些美学策略的成功，归功于耳机听觉所塑造的一面全面封闭的声音之墙。iPod 用户需要这面声音之墙来与世界相处。他们声称，当没有墙外的声响得以进入到他们的世界来干扰他们自己的视觉感受时，iPod 给他们带来的那种封闭性视觉听觉体验统一体是最绝妙的。

街道美学

通常，城市居民穿行城市的方式单调无奇，他们几乎不会说起自己每天路过的地方，更不会产生"游客凝视"。城市空间被视为居住地，并不值得被讨论。iPod 用户通常被自身的心情与想法所支配，而不是周遭路过的地方。无论是在繁华的市中心还是静谧的郊外街巷，iPod 用户都不再留意视觉反馈。当 iPod 用户确实要看时，他们的关注点仍然是听觉式的，是由直接输入到他们耳中的旋律促成的。iPod 用户有意营造一个私人化的声音世界，而这私有化的声音世界与他们自己的心情、想法和周围环境共鸣，使他们能够通过一个唯我的美学化过程，将城市体验重新"空间化"，实质上可以自主塑造在任何地理位置产生的任何体验。

如此一来，人们通过对 iPod 的使用，克服了城市空间的单调、疏离感，制造了"关联性"，从而创造出一种可以随时随地生发的幻象。

杰森是一名三十五岁男子，已婚，有一个年纪不大的孩子，在新奥尔良从事网络经销工作。如今他使用 iPod 已超过一年的时间，但在这之前并没有用过任何便携音乐播放器。他通常用他的 iPod 听音乐或有声图书，并且把这两者都运用到他的审美遐想里面。在当地的一家咖啡店喝着咖啡，用 iPod 听着有声图书，杰森描述道："我喜欢这种在咖啡店之类的公共场合听有声图书的感觉。我喜欢看我周围的人，想象他们是故事里的人物。"通过将周遭顾客想象为故事人物，这种美学冲动将咖啡店这样的寻常地方转化为耳中所听故事中的场景。这让咖啡店这样的寻常地方变得生动起来，创造出一种戏剧化的视听效果，而杰森则成为其中活跃的主宰。听觉解放视觉，双眼得以观察和想象。有声图书与传统的纸质图书不同。有声图书不仅让文本变成声音的持续流动，而且让听者视觉上的感受也参与到文本氛围之中。杰森就是通过想象，给文本添加了一定程度的现实空间观感。图书的声音被施加于他周围世界的无声状态之上。杰森并不将咖啡店看作是一个不愉快的环境，毕竟他选择进入咖啡店休息，就是来寻找惬意感觉的。借助 iPod，他提高了自己的兴致，触发了美学幻境。iPod 美学的拟像性同样体现在杰森在咖啡店里听音乐的体验中：

> 我的世界更美妙了。我的感情更丰富了，包括对所见到的人，包括我总体的想法。有时听着歌，我会将歌词的内容投射到我看见的人物身上。例如，印象很深刻的是有次我在听 U2 的《Stuck in a Moment》，那时我看着咖啡店里站在我周围的一些人，他们脸上写着焦虑，总的看起来有些愠怒。这

让我有一种冲动,让我想去拥抱他们并告诉他们"一切都会好的"……我会看着其他人,而这些人也会对我微笑,就像他们知道我在想什么……这就像是将我的世界分化为两个半球,一个能理解波诺的表达,而另一个不能。我并不是波诺的粉丝,我只是第一次认真地去听这首歌在唱些什么。而这(在公众场合里)是一段非常私人的时光……很难讲明,但当他唱到"我知道这很难,但你要学会知足,有些东西对你来说纯粹是多余的"时,我就全然明了了。我有过许多超现实的体验,如听着iPod里的音乐并看着周围的世界……就像在看一部电影,而你身处其中。

将iPod的使用体验比作像是电影是很普遍的,这里面又很微妙,指向了方方面面。在杰森的例子中,这种体验指向他的周遭。他的生活世界就像他同时也身处其中的电影。U2的歌让杰森兴致高涨。他在听歌的时候听出了波诺所表达的心灵鸡汤、过剩的情怀,而这与咖啡店里那些顾客失意的情绪恰好相互呼应,这首歌的歌词,是对他人的心态的描述,而杰森则通过视觉性的想象和解读,来印证从耳机里面传出的旋律和歌词。他所听到的,是周围的芸芸众生所听不到的。这种美学原则仿佛让杰森超越了世俗烦扰,让他对这个世界既保持距离,又能予以参悟。在这一过程中,杰森对别人是保持静默的,旁人也无法干扰到他。

城市生活往往是停留在表层的生活,如我们在观察别人时的一些表层解读和一些暂时性线索,这因此强化了城市体验中视觉上泛泛印象的重要性。在城市文化中,即便是在手机时代的城市文化中,对自我的展示在很大程度上也是在视觉上的。他人的存在,在很大程度上仿佛也是无声的。对外在声音的忽略,保护城市的个人主体的内心不受"世界的残酷现实"影响,而正是这种"无声"助长孤独的个体绽放,使内在的丰富与外在世界的平淡形成反差。在街道间穿行的人群与咖啡店里或坐或动的人群不同。咖啡店是一个说话的地方,是一个进行短暂对话、需要倾听的地方,也是一个潜在的暴露出真实自我的地方。在上述的 iPod 使用者杰森的讲述里面,iPod 使用者再次将纯粹视觉施加于他者的身上,将他者视为无声的影像。杰森处于想象中的居高临下的"启蒙者"位置,像是在说"如果你能够听到我所听到的,那么你也会有所转变,但是你听不到。"在这样的"启蒙"幻想中,就算其他人带着自己不可知的想法在空间中移动,他们也还是对杰森的想法无所了解,杰森对此也不感兴趣。尽管如此,杰森个人产生的这种精神生活,让他获得一种认知的支配权,增强他的存在感和目的性——他宛若这个世界的视听主宰:

有时我听音乐,觉得我光靠看着人们就能够让他们平静下来。而有时他们看着我,我觉得他们确实有些改变,因为他们知道我身处"佳境"。

在私人的听音乐时光中,杰森想象自己不再是一张空白的画布,一个让外人报以冷漠目光的匿名外表。现在,他觉得意义从他这里向四面八方扩展,内在性的一面得到了"外在化",立即就能通过音乐而得到建构,变得透明。在他所想象的他人的双眼中,他仿佛变成了认知状态的中心——虽然他者并没有机会偷听到专属于杰森的那个声音世界。在上述的体验中,私人听觉导致了唯我中心式的"观看"的行为,能够充分解释这种从"他者"获得的"假想"认知。杰森不仅仅是这个视听世界的一部分,他甚至成了这个世界的导演,他将他者想象为参演人员,并指挥编排这些参演人员所建构的意义。杰森创造出场景,他者在其中参演未知的戏份,从而启动一个美学再创造过程。而他并不是唯一一个

这么做的人:

> 有时候,我会把四周人群想象成为参与了"群星荟萃"式联唱。比如,我会看着一位拄着手杖的老太太,想象她唱出一句歌词。然后将目光移向一个嘻哈风格的年轻男孩,想象他唱出下一句歌词。我的想象力当真能够实现这样的场景转换。它有时让我开怀大笑或者让我不自觉笑起来,尤其是出现一句好笑的歌词的时候。它当真改变了我的周围环境。我有点觉得我是在自己的 MV 里。(凯伦)

这种虚拟性的视听关联是一种发明,带来了用视听材料剪辑出来的叙事。在这里面,iPod 用户保持其隐身状态。他们觉得他们的个性化声音世界感染了街景及其氛围,简直是感染了整个世界,让世界拥有了原本并不具备的亲密、温暖和意义。世界随着 iPod 用户所听到的旋律而变化、运动。对 iPod 用户来说,街道随他们自己随身 iPod 装置里面的歌单播放而变幻:

> 当我听着 iPod 在街上走的时候,世界看起来更友好、更欢快、更明媚。有时觉得自己就好像在一部电影里,好像我现在的生活也有一个背景音乐。街道上的一些杂音也随之不见,我周围的一切多少变得更加平和。我与我的环境脱节了,就好像我是一个悬浮着的隐形观察者。(波尔克利)

上述体验是由阿姆斯特丹的一名年轻荷兰用户所描述的。iPod 用户经常称自己"并没有真的在现场"。这些以自我为中心的观察者,以他们的 iPod 私密听觉为防护盾,躲避人与人之间相互的注视。iPod 用户时常处于一种单向的凝视状态,他们在这种状态中完全接收不到其他人的凝视——iPod 像是一副虚拟的太阳镜,让 iPod 用户得以大胆地去看

周围的世界。苏珊是多伦多的一名经理,她是这样描述 iPod 对她所身处的城市环境做出的改变:

> 我发现,当我听某些音乐的时候,我觉得我似乎并不真实存在,就觉得好像我在一部电影里看着周遭的一切。我开始用歌里所表达的心情来感受周围的环境,发现自己开始喜欢上平时并不喜欢的或无由感到害怕的街道。(苏珊)

iPod 用户的唯我主义时常被描述为一种疏离感:

> 我生活在一个跟着音乐运转的世界,其他人听不到我在听什么,而他们并不真的存在于这个世界中,或者与这个世界有一点脱节。有些事情在我的头脑里发生,而这是对我而言,且只是对我而言。(凯特)

> 我看人们的方式就像我在看一部电影……每一段相遇都有一个背景音乐……音乐与我对人的看法如影随形。这有点把事情夸张化,而无声的空虚被填满了。(琼)

他们所谓的无声的街道,实际上是充满了各式各样的声响的。琼体察到她的 iPod 填充了"无声的空虚",则说明 iPod 用户在体验这个世界时,把城市社会未经私人听觉技术所调节的声音世界当作是一片缺少趣味的虚无之地,将个人主体抛回了那个不定、孤寂又不完整的世界。

理查德·桑内特(Richard Sennett)称,城市环境里的人们会有主观感到空缺的体验,而往往要凭借在城市空间里面的运动性来克服空缺感。运动性往往成为在城市里面存在的目的性自身,选择静止则是将"自我"判别为"客体",而不是将自我看作活动中的主体。据称帕里斯·希尔顿曾说过:"我行走但不思考。"然而,iPod 用户并没有在单纯的运动中表现出满足感。他们将未经技术文化所调节的体验看作威胁,无声的状态被联想为他们自身本性所难以掌控的感知。他们同时留意到城市空间中的冷漠,这种冷漠被视作一种不友好的态度,人们缺乏那种渴望交流的温情。手机的使用暂时缓解了这个局面,iPod 的使用让人们得以顺畅持续地转变环境。满足感随调节而来,而非运动性所致。

声效强化

马尔库塞认为,审美活动,简化和剥去了现实中无关紧要的那一面。美学原则实质上是一种超越性。对 iPod 用户而言,这种超越性的一个重要成分就是以用户自己能够操控的旋律播放,来取代城市生活难以操控的"多旋律"性质。iPod 的使用改变了平淡无奇又难以操控的城市生活,给用户带来原本没有的运动和动力。

艾美是费城的一位产品设计师,今年 32 岁。她是这样描述她听着 iPod 走在路上的体验:

> 当我走在路上的时候,我的音乐带动着我的心态。当我听着悲伤的音乐时,我周围的一切变得有点忧郁阴沉,我在街上见到的陌生人也变得让人不安。当我听着欢快的音乐时,这些陌生人看起来更有友善,周遭环境也没那么压抑。许多现实的因素让人们选择居住在城市,而这可能使城市生活变得过度压抑。当看到无家可归的人在垃圾堆里翻找食物时,耳朵里却是欢快的音乐——这让我有一种困惑的体会。有时,音乐就像是我和城市之间的一个缓冲;而有时,音乐在"我听到的"和"我看到的"之间制造一个很难让人接受的极大反差。而在其他时候,当我穿越城市时,若正听着一首既契合外围环境又契合内心感受的好歌,我觉得我像是自己个人

电影中的主角，正大步走着显摆我的主题曲。

在 iPod 使用者的美学体验里，通常是使得街道似乎在模仿 iPod 里音乐所激发的心情。在上述案例中，被观看的无家可归者并没有被深入地美学化，而是被遮蔽。在用户和城市街道可认知的现实之间，iPod 的使用提供一个"缓冲"，世界的丑恶被忽视。在艾美描述她穿越城市空间的欢愉体验中，消极被转化为积极。

爱米丽二十六岁，在伦敦从事广告行业，她将自己在这座城市中的体验描绘成一个反乌托邦式的画面。这都是她的心情与她的 iPod 音乐影响所造成的：

> 我刚把家搬过来，正经历人生中最艰苦的一段岁月，特别是因为我的男朋友……我决定走去不同的地铁站，尝试在没有地图的情况下找路。这时 iPod 里播放的歌是 Outkast 的《Roses》。这首歌唱的是一个被男朋友嫌弃的可悲女人……你能看到我与其中的共鸣——歌中有一种孤寂的无可奈何心绪，而这也改变了周围的环境。（我陷入迷惘，从之前住的小威尼斯搬到满是沙土的艾奇韦尔路。）我的生活变得沉闷又可怕，比如穿越一条大马路，那脏脏的汽油味。而音乐让它们变得更令人难过。还有一次我在巴黎工作，那时工作的感觉很差，想要回家，耳中熟悉的欢快旋律（Basement Jaxx）使我周围的环境看起来更悲伤、更陌生。（爱米丽）

具有讽刺意味的是，在巴黎听到熟悉旋律的快慰加重了她对巴黎街区的陌生感，只勾起她想回家的强烈愿望。

下述的回应者也点明了 iPod 音乐对空间的"殖民"，其中借助私人"音轨"的中介，周围环境随着 iPod 用户认知的状态氛围发生变化：

> 我觉得生活就像一部电影,并且是一部只放映给我看的电影。当我听悲伤的音乐时——我只在心情不好的时候听悲伤的音乐(与男朋友分手,成绩不好,或是听到不好的事情),似乎一切都覆上一层灰色阴影,就算窗外阳光明媚。(贝蒂)

在对 iPod 使用的描述中,人们通常觉得世界是一个电影剧本,而 iPod 用户在其中担当主要角色。与 iPod 用户心情相配的音乐把这些感触转移到走过的街道,而 iPod 用户封闭私有化的声音世界,赋予当中的环境和 iPod 用户体验以意义。iPod 用户无一例外倾向于大音量地听音乐,这样能给他们带来一种压倒性的存在感。周围的声响有可能破坏这种强而有力的听觉效果,而大音量则能屏蔽掉这些杂音。在他们充满美学快感的世界里,体验变得简单又明晰——美学冲动给 iPod 用户带来清晰的意义和目标感,在解开他们情绪的过程中创造了一个"空间"。通过 iPod 的调介,街道变成情绪与想象的聚集地:

> 我喜欢在晚上放大声又激烈的音乐。我一放这种音乐,黑夜里的整个城市就变得更黑暗、更残酷。我有时会在走路回家的时候听高昂又激情的音乐,让我用不同的眼光看世界。有时听有节奏感又热情洋溢的音乐,让我自信又有安全感——也就是说,我只需要"跟着节奏走"。有时听钢琴曲,而因为我的大部分钢琴曲(在一个好的方面说来)都有点压抑/伤感,所以使得世界看起来更支离破碎,几近崩溃的边缘。意乱神迷的音乐,总会让我变得情绪化,直触我灵魂深处;街上人们的每一个举动看起来都神圣而令人敬畏。(布莱恩)

> 如果外面天色阴沉又下着雨,我会选择与天气互补的音乐,这样可以改变我周围环境的模样。或者,我会听一些自

己喜欢的伤感音乐,这样在阴郁的下雨天也有一些欢愉。这是视觉与听觉的绝佳配合,让我觉得我自带背景音乐,穿行在自己的电影里,而我周围的人们像是电影布景里的临时演员。乌云看起来更明亮了,雨水的味道也更强烈。我以旁观者的视角看自己。(凯莉)

我的 iPod 给我不同的时间地点设定。可以说,于我而言,跟着音乐走路是一件习以为常的事情。我听到的音乐影响着我看待周围环境的方式。我走路的时候会听一些经典的灵歌,这时城市看起来就是一幅柔和的画面。在其他情况下,我会听一些雷鬼或类似风格的其他音乐,这时的城市似乎变得混乱、疯狂、节奏过快。我所听的音乐总会影响我看周遭环境的方式。

(弗雷顿/"自由")

美学强化是 iPod 使用的核心策略。iPod 上的音乐填充并强化了一日中不同时段或天气状况带来的感受。歌单对这些场景的相应预设,或翻动 iPod 内容时偶然找到的音乐,都可以实现美学上对心境的一种强化。这是一个整合感官体验与环境刺激的资源库。

有些 iPod 用户随机播放音乐,他们不会为了配合或美化周围环境,特意在歌单里找到一个合适的音乐。他们随机播放音乐,因此在声音与街道并置的情况之下,得以制造出一定程度的偶然性。虽然如此,美学化冲动持续为 iPod 用户提供有趣的选择,而在这些选择中,世界与音乐持续共鸣:

我发现我的 iPod 为我的周围环境增添许多色彩。当 iPod 随机播放的时候,我不知道下一首歌会是什么,它通常让我惊讶地发现,同一条街能一时变得生动繁华、五彩斑斓——

而当另一首歌响起时，这条街又变成一个神秘又恐怖的地方。

但是，我喜欢这种感觉。（安迪）

iPod 使用者之间也并无互动性，这是因为 iPod 用户就是要通过断绝与他人或周围环境的互动，来架构自己的幻想，并保有一种安全感。

声音征服了听者，同时也有效地对空间体验进行再创造。凭借对声音世界进行私有化的技术－心理机制，世界变得亲密、可知、充实。iPod 的音乐调节了想象力，使其成为 iPod 用户幻想能力的重要组成部分。iPod 用户凭借其个人音轨来激发想象力，而如果没有它，iPod 用户通常无法将体验美学化。

在认知的这一秩序之下，iPod 用户，想象性地克服了他们的音乐、他人的活动及周围的环境这三者之间的分离。如果没有 iPod，他们与世界的体验无法同步。

声场乌托邦

若自身的运动性就是一种潜在的改造行为，那么在声音的领域里，运动性也该同样如此吗？主体在城市中穿行时，运动自身就包含了一种意识形态的因素。在现代城市的话语中，在视觉性层面，这种主体向来被城市的诱惑俘获，并成为城市的一个组成部分，使城市中、灯光、广告牌制造的乌托邦梦深入人心。具象的城市空间被主观地填充，

iPod 用户被其 iPod 发出的私有化的声音所浸泡。驱动资本主义文化的商品性，就潜伏于 iPod 的下载歌单里。世界被 iPod 用户带入"个体"叙述中，而不是街道将 iPod 用户拉入街道的花花世界里。iPod 用户通过听觉而构建了私人化的街道美学叙事，这声音则来自于他们口袋中围绕着 iPod 而建构的文化产业。iPod 用户的街道感知是极其后福特主义式的，

其中有多种多样潜在的视听场景——每个 iPod 用户自发地构建自己的被科技所中介的视听幻想世界。比如伦敦的一个市场经理苏菲是如此描述自己的 iPod 使用体验：

> 让世界看起来更小了——听音乐的时候，我变得更大、更有力量了。这个世界总的来说是一个更好的地方，或者至少与我的心境相应……你成为音乐的一部分，还可以拥有另一种人格。

iPod 的使用，倒置了用户与世界之间的关系。苏菲占据了她世界的中心，而因被赋予了力量，她感觉自己比自己所见还要大。这个与她心境共鸣的世界是个更好的世界。

对 iPod 用户而言，美学化具有乌托邦式的含义。在 iPod 美学化的过程中，世界成为一种模仿式幻想的一部分，世界里面不同形式的"差异性"被否定了。在这过程中，即时的技术化体验是一种癖好。体验变得"超真实"。改造世界的乌托邦式冲动只出现在幻想中：技术化的自我享受对于改变世界毫无作用。iPod 用户倾向于居住在这样的科技和美学的联袂管控之中，城市空间和"他者"的不定性被否定，烦人的"差异性"被摈除。这里面的潜在危机是 iPod 使用者丧失了真正"认知"他者的能力和习惯。他们杜绝外来的声响，自足于各自的听觉"气泡"里。

不给魔鬼留下躲藏的角落

[美国] 理查德·库伦·拉斯（Richard Cullen Rath）著
王敦、刘欣玥 译

> 理查德·库伦·拉斯，美国夏威夷大学历史学副教授。有关研究领域为历史中的听觉与听觉中的历史。此文原文见于：Richard Cullen Rath (2003), "No Corner for the Devil to Hide" in *How Early America Sounded*. Ithaca: Cornell University Press. 97–107 & 113–19.
> 译者王敦，中国人民大学文学院副教授。译者刘欣玥，北京大学中文系博士研究生。

身兼音乐家和声音研究者二重身份的我，有一个古怪的习惯：每当进入一个在声学上会很有特色的建筑空间时，我会疾速地拍巴掌，或断断续续地大声说话，或没来由地低声哼唱。这也是我进入了宾夕法尼亚州伯明翰的教友会（Society of Friends）古老的六边形讲堂时所做的。当时令我高兴的是，当我的请求被允许，他们的祈祷仪式还没有开始。我被允许先行独自进入这个空间。这个讲堂用"活"的声音效果回应了我的掌声和嗓音的探测，因为其天花板是用硬质石膏做成的，这样的结构能做到迅速地把声音反弹回去，而几乎不会产生那种典型的哥特式教堂的高而陡峭的双面穹顶所形成的复杂冗长的回声。现如今，教会里面那些强调众人参与的歌唱组织，也因为这种参与式的音响效果，格外珍视他们老式的贵格会（教友会）礼堂。这些六边形建筑空间的继承者们往往为这样一种过于活跃的音响效果所困扰,就在屋顶上安装了钩子,悬挂吸音的厚窗帘来抑制回响。我所有幸听到的那一处没有挂窗帘的六边形屋子里的"活"声音,有点类似于二十世纪五十年代晚期,普遍存在于老式乡村摇滚乐与节奏蓝调唱片中的效果。但当我站在那里的时候,它听起来就和几个世纪以来,所有的六边形贵格校舍和礼拜堂里的声音,都一模一样。房间里的任何地方都没有产生回音,这种音响设计放大了每个人的声音。而这种屋顶低浅的,呈钝角形状的房间,正如那句古老的民间表述所言:"不给魔鬼留下躲藏的角落"。

本文所思考的,相当于十八世纪的"百科全书"编撰者所说的"回声学"(catacoustics)。回声学研究声音是如何被予以播散、反射、耗散的,以及声音一旦被发出后又是如何被操控的。通过操控声音和回声,从欧洲渡海而来的早期北美殖民地居民为他们所尊崇的宗教信仰加入了层次丰富的感性内涵,并使其信仰变得更加牢固。当他们创造并型构他们的公共空间时(虽然在一些情况下,也不是那么地公共),他们对有声的世界予以仔细倾听。听觉空间反映了他们信仰,这种信仰既是社会秩序的基础,同时也是歌声和乐器声的基础。思考声学的时候,我们仍然可以听到这些社会秩序的回响,并且开始留意到,在共同体与民族之中,人们是如何创造并维持等级的边界,用以划分族群、人种、性别、阶级,以及——或许是最重要的,可见与不可见的世界。

即便特定的声音转瞬即逝,然而,听觉空间(acoustic spaces)及其从里面所创造出来的声音的品质仍然是稳定、持久的。任何一个曾经领教过旧式的高顶教堂里面的混响效果的人,都会知道其声学设计和从里面所制造的"声音的形状"(the shape of the sounds)的威力与持久。现在我们的日常声响状况,已经是被电子扩音器和音箱所过滤了的,能够提供给我们大音量的柔和声音。由此带来的今天的声音失真问题，是十七世纪时北美殖民地的人们所难以理解的。当时的人们，如果听到一个声音而找不到其声源，那会被视同为神迹。就很多方面而言，要今天的人们去想象那样的一个世界是困难的：我们的广播，电视，电影画外音和音乐录影带，使声音与可见的声源的分离，到了平淡无奇的地步。然而，正如一项针对教堂声学的研究所揭示的那样，我们和他们的世界之间的隔膜——至少是一部分的——其实是可以被打通的，如果借助对听觉历史的考察。

欧洲教堂声学

为了理解来到北美的欧洲殖民者当初的聆听方式及其后来的嬗变，我们必须以欧洲教堂声学作为基础，来从头谈起。虽然北美殖民地文化与欧洲母体文化这两种传统在很多层面上都是相似的，但值得指出的是，早期的北美殖民者与宗教改革时期的欧洲同时代人也已经有所不同了。移民北美的教徒们无需像欧洲教徒那样被历史所遗留的制度和听觉空间所束缚，所以得以设计自己满意的听觉空间，无须与传统作斗争。

较为古老的欧洲教堂的设计，往往拥有以硬质的反声材料所制成的高耸顶棚。神父则站在高出中殿的圣坛（chancel）之中，这是教堂中半封闭式的一翼。神父站在这里，面朝祭坛（alter），而背对着圣坛屏饰（chancel screen）。圣坛屏饰则将祭坛和教堂中殿里做礼拜的信徒分隔开来。这样一来，聆听布道的信徒几乎看不见他们的神父。神父用拉丁文布道和唱诵，这种语言对外面的大多数人来说都是难以听懂的。而且，语言只是构成理解困难的最后一重障碍。由于神父是背对着大家，神父的声音从来不能直接传入中殿的听众耳中。在他们的耳中，神父的声音从一开始就是回音，而且在被任何一个耳朵听见之前，这"回音"已经经过了数次的反射。

尽管中世纪的圣坛的结构常常是有意地隔开神父与信众，造成了视觉上的隔断与听觉上的模糊，但它仍然可以被视为一台优美的大型乐器，多少有点像鲁特琴（lute）的琴身。神父的声音提供了初始信号，正如同鲁特琴被拨动的琴弦。但和琴弦不同的是，神父的声音是从琴身的内部而不是外部发出的；而且它被小心翼翼地引向乐器的背面——圣坛东侧（教堂是东西向的，西边为大门，东边即信众和神父共同面向的教堂正前方）凹形的墙面，而不是像鲁特琴弦发出的声音一样，四处弥散。圣坛的墙壁和鲁特琴身的背部一样，将声音信号聚拢并通过层层叠叠的回声，导向听众。在这个过程中，信号遇到了一系列垂直的障碍物。地面上筑起了一道将高台上神父所居的圣坛与下面信众席分隔的屏饰（屏壁），屏壁的顶上有耶稣受难像或十字架（rood）。这种圣坛屏壁常常是镂空雕饰的，故而中殿中的人们可以稍微透过屏壁看到里面的情况。在视觉上，镂空的圣坛屏壁令神父的一举一动看起来模糊不清。在听觉上，其敞开的窗饰和孔眼，则形成了一个隔音板，消除并扭转了在屏壁地面这个高度上的声波。这样，更多声波被导向了垂直方向，最后从屏壁上方传出，而非水平地穿过屏壁。在圣坛屏壁的正上方是一个巨大的十字架。相对来说，声音可以比较自由地在这个区域流动，这里与鲁特琴的音孔的功能是相似的。在其上方，从屋顶垂挂下来的是振动板。事实上，振动板的功能如同我们假设的鲁特琴的共鸣板，当受到声音信号撞击时也发生震动，但同时会将声音反弹回圣坛中，直到它们被引出到放置十字架的通路之外。总而言之，圣坛及其他这些装置，组成了一台混响放大器。这是因为，声音在离开圣坛之前已经开始混响，而且因为圣坛远比一台鲁特琴要大。所以，从中发出的声音在任何时候都是一组回声的混合体，它们相互重叠的声波远比一台鲁特琴发出的回响要多得多。

在复合的声波抵达信众所在的中殿上空之后，中世纪教堂十字形分割的顶棚结构会令声音进一步向四周弹射，创造出丛丛簇簇的回声。而高耸的、具有声音反射性的穹顶，则增强了神父声音的力量。但与此同时，神父的布道也因为中殿中的重重回声而变得更加模糊不清。教堂屋顶陡峭的斜面，延长了混响的时间。在这种典型的中世纪教堂中，直到第一波回声消失很久以后，最后一波回声仍然在空旷的穹顶中回荡。回声如潮水般一重接一重地荡漾，从不让从声源直接发出的清晰声音直接进入信众的双耳。这造成了一种极其动人的听觉效果，虽然其宏大的音量与丰富的音调，是以牺牲内容的清晰度为代价的。声学家霍普·巴格纳尔（Hope Bagenal）多少语含嘲讽地将天主教堂注重的混响音效描述为"洞穴声学"（acoustics of the cave）。作为其参照对象的露天声学（acoustics of the open air）的原型则来自希腊的圆形剧场，也暗示性地指涉了截然不同的新教的教堂。

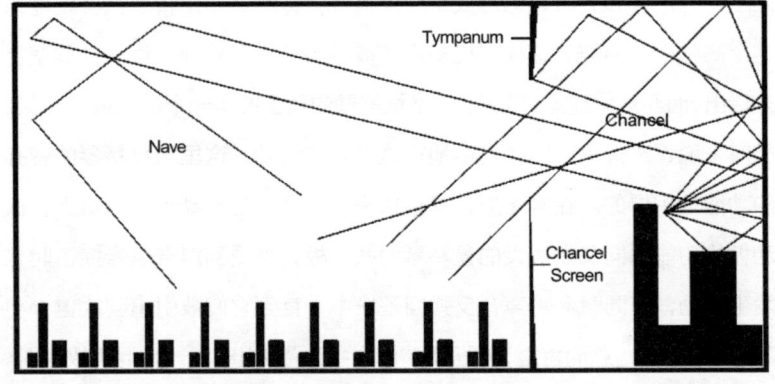

中世纪教堂圣坛声学分析

宗教改革改变了既有的教堂声学,"雕饰"的声音与雕饰的图像一样,面临着必须被替换的命运。与从前强调饱满度的标准不同,声音的清晰度成为新的教堂声学追求的目标。按照《公祷书》(*The Book of Common Prayer*)的指示,圣公会牧师发言的场所,必须最大程度保证牧师的声音能够被清楚地听到。作为十七世纪晚期英国最出色的教堂声学家,詹姆斯·雷恩(James Wren)的建筑设计指导原则,就是确保牧师能被所有人清楚地听到。早在一个世纪以前,马丁·布塞尔(Martin Bucer)已经制定出了牧师的站位,而这一设计也被1552年再版的《公祷书》所采纳。因此,雷恩保守的站位设计很难说是一项创新之举。布道坛(pulpit)和读经台(reading desk)引导着布道者和牧师发出的权威之声,使其直接穿过房间,进入信众的耳中。在这个过程中,一手的声音信号被放大了。原初的,同时也是未被折射的信号是最响亮的。布道坛的反射面非常靠近布道者,以至于被折射的声音被当成了原始音的一部分,并且稍微增强了后者。其扩音效果,与哥特式教堂的混声效果截然不同。

声音的流动变成了单向,从布道坛到信众。布道坛自身所带的顶盖(Testers),放大了牧师的声音,而对于放大来自信众席的声音,则作用不大。信众的确吸收了来自牧师的大部分的直接声音信号。人群中的交头接耳成为危险的,甚至具有煽动性的行为,因为窃窃私语的声音会"偷"走本属于牧师的听众。这一现象在坐得最远的听众那里变得尤其严重,因为这里往往坐着社会阶层最低的人。

宗教改革后的新教教堂对于旧式教堂高耸陡峭的穹顶所产生的回响还是可以接受的,但是需要通过手段来进行改造。莱比锡的圣托马斯教堂(The Thomaskirche),很好地展示了教堂声学改革的典型过程。宗教改革前的教堂中,神父的声音,从产出到消失,要花整整8秒钟之久。

在十六世纪中期的某个时候，圣托马斯教堂为服务于路德教的需要而进行了整修。高耸的穹顶被帘布所覆盖，以抑制从上面折返的回声。教堂中增加了回廊（gallery）以进一步分割空间，减少共鸣。听觉焦点的中心从狭窄的东侧（教堂前端）被移走，那里曾经能够看到老式的圣餐台。作为改变，讲坛向西边移动到了圣坛信众席，而且原有的肖像和雕塑都被挪走了，取而代之的是一个块状的布道坛，它被安置在较宽的一侧的中心。牧师的声音越过短短的距离，直接投向在其下方和回廊中的信众，无须像从前那样以回声的方式传递。牧师头顶的共鸣板（或曰"顶盖"）以及他背后的木板共同放大了布道的声音，将它直接导向听众。混响时长是宗教改革前的教堂的五分之一，只持续短短的 1.6 秒。这种"改革"之后的声学效果，令十八世纪的唱诗班指挥约翰·塞巴斯蒂安·巴赫，得以创作复杂的管风琴音乐和充满微妙细节的声乐——这些细节是老式教堂的听觉空间所无法呈现的。与此同时，新的教堂声学也使得信众终于可以听清、听懂牧师的布道与诵读。

改革后的教堂的声学效果也与露天剧场相似，都强调声音的清晰度比饱满度更重要。我们不妨以圣托马斯教堂和伦敦老环球剧院（the old Globe Playhouse）为例进行一番比较。为了追求清晰的聆听效果，两者都在离听觉中心最近的地方叠放了尽可能多的座位。在教堂屋顶覆盖帘幕的功效正与环球剧院的露天区域相同：这样的话，声音一路向上升腾，被吸收或消失在半空，但绝不会以回声的形式折返剧场。布鲁斯·史密斯（Bruce Smith）将这种木质的舞台称为演员们的共鸣板，使得人们觉得这与布道坛的相似之处更为鲜明。但与伦敦在宗教改革时期那些剧院不同的是，改革后的教堂并不关注视觉效果，许多长椅并不面朝布道坛，虽然它们仍然摆放在良好的听觉范围内。

早期北美殖民地礼拜堂

礼拜堂和教堂的声学设计，反映出早期北美移民们建构和维持社会秩序的途径，既包括社会内部的秩序，也包括上帝与世俗社会之间的秩序。在北美殖民地的新教各派组织里面，等级化特征最为显著的是英国圣公会。坐落在弗吉尼亚的切萨皮克的圣公会教堂，就成了这种秩序特征的典型代表。对比之下，贵格会（教友会）的理念是最反对等级秩序的，其创立宗旨里面就显示出比其他教派更具备宽容、互助、互惠精神。然而，贵格会的礼拜堂在起初固然是在空间秩序上最强调人人平等的，但在几代人的时间里，还是无情地带来了听觉上的等级分化。在圣公会的秩序理念和贵格会的平等理念两端中间，是在新英格兰占据优势的清教徒。清教徒的礼拜堂以相对来说比较具备平等主义特征的声学设计作为开端，但在制定内部听觉空间时，他们就像切萨皮克的英国国教徒一样变得越来越等级化和单向化。清教徒们令从天而降的象征权威的声音穿过布道坛，再流向听众。在圣公会的切萨皮克和清教徒的新英格兰地区，任何未获得许可的声音反向流动，都被认为是对社会秩序的侵害和威胁。

由于相对近似的文化起源与环境，所有早期北美的礼拜堂共享了某些特定的特征。与罗马天主教堂里面用拉丁文不同，北美的英国移民新教教派做礼拜是用英语的，所以上述三个新教教派都追求一定程度的听觉清晰度。虽然在许多重要的方面，声音的清晰程度与服务对象都是不同的。十七世纪的教堂和礼拜堂常常属于"礼堂"（auditory）或"大厅"（hall）的类型，而不是从前那种平面图呈十字形的大教堂，后者是宗教改革前老英国的城市教堂标准范型。教会团体的规模起初很小，他们的教堂和礼拜场所同样如此，各种仪式和效果的设计都是从无到有实践出来的。因此，宗教改革理念所传达出来的新的声学设计，在全新的北美殖民地，可以说是新瓶装新酒，而不是旧瓶装新酒或新瓶装旧酒。尽管有种种共性，这些教派的教堂之间存在的差异，还是向我们展示了十七世纪英属北美洲的社会秩序与半公共空间的多元性结构。

切萨皮克（Chesapeake）的教堂

弗吉尼亚殖民地的詹姆斯敦（Jamestown）的移民仔细地构筑了教堂内的声景（soundscape），这一声景也是他们日常生活中心的标志。雪松质地的布道坛令他们格外引以为傲。虽然现存的文献没有提及穹顶或华盖，但我们知道，布道坛很可能被抬高了不少，并且被安置在1610年建成的教堂中的反射墙面旁边。

到十八世纪早期，美洲的英国国教（圣公会）布道坛普遍将牧师升高至听众上方，以便大家更容易听清他的讲话。共鸣板或顶盖常常是布道坛的一部分，尤其是在大一点的教堂里面。它有可能会被修建在布道坛所在的区域，也有可能就在布道坛的上方。共鸣板通过聚集和反射布道声的方式实现了扩音的效果，使得牧师的声音听起来比没有处理过的声音更加响亮。在布道坛的底部会设有读经台，在那里，大多数的仪式会被宣读出来。在地面上还摆放另一张放有圣经的桌子，诗篇和赞美诗会在那里被"领读"和"领唱"。从读经台传出的声音会从布道坛的墙面上反射出来，朗读者所处的音响位置，就如牧师在讲话时一样庄重和突出。

切萨皮克的英国国教徒和他们远渡大西洋的其他教友们一样，非常重视权威发出的声音。詹姆斯敦教堂的长是宽的2.5倍，布道坛和圣餐台大多安放在东侧的尽头，尤其是还安放了一块旧式的圣坛屏饰。圣坛内置于教堂东侧的尽头，而不是从外部加入进去的。声音沿着教堂的长度而不是宽度在流动。一个人所坐的位置正是其社会地位的标志。坐在前面的人更能听到直射信号,坐在后排的人听到的直射音较少,回响较多。这或许更进一步加固了既定的社会等级。坐在后排的人们来自较低的社会阶层,人们想当然地认为,权力更容易通过声音效果的力量来收编这些低阶层人群,而不是通过清晰发出的语音所表达的语义。虽然我们对詹姆斯敦最早的教堂的高度知之甚少,但我们知道,十七世纪晚期建造的砖质教堂确实有着高耸的,能产生混响的穹顶。

前往教堂做礼拜的信众,更多地是来"听"而不是来"看"的。这也在座位上得到了体现。在十七世纪,来自精英阶层的礼拜者坐到了精致的包厢座位(box pews)里面。其他的座椅则排列在包厢的三面或者四面,因此许多听众是背对布道坛和读经台而坐的,甚至被包厢的围墙阻挡了视线。更贫穷的人们,还有后来的奴隶,则只能坐在后面独设的长凳上,或坐在最远的回廊里。包厢多多少少地挡住了后排坐在地面高度上的人们的视野。

在恰当的,得到批准的时刻,信众们被期待着"向上帝发出喜悦的喧哗"(joyful noise unto the Lord)。对于"喧哗"胜于"声音"的强调,说明了发音的清晰度远没有音量重要。上帝可以听懂一切言语。对于信徒而言,虔诚的态度与反响的效果才是最重要的。与牧师的声音不同,这些噪音经过共鸣板或布道坛折射,四处回响,失去了清晰度。信众们发出的强有力的仪式性声响,为这一共同体在与上帝、与其自身的关系中找到了恰当的位置,而高耸的穹顶对此起到了帮助作用。而朗读者和牧师则必须发音清晰,让信众听清布道的内容。

切萨皮克的教堂声学在十七世纪末期发生了嬗变。虽然在规模上仍从从前保持一致,但砖头建造的教堂开始取代原先的木质小教堂。此后,才渐渐转变为更大的，也是人们更熟悉的十八世纪的教堂的模样。教堂不再是切萨皮克日常生活的核心，种植园经济的独特结构和节奏，取代了教堂在当地生活中的地位。在切萨皮克种植园时代的教堂里，人们已经不再那么关心布道坛的位置，不再追求更好的听觉效果。布道坛被转移到了一角。顶盖的装饰性渐渐变得大于实用功能，甚至完全没有安装能够反射声音的面板。十八世纪的圣公会牧师常常用一种近乎听不到的喃喃自语的方式布道，以便与那些比较善于运用语言感染力的福音派教派划清界限。教堂的高穹顶和纵向延伸的细长形平面构造则被保留了下来。带有圣坛屏饰的十字形的教堂样式又重新回归。新的建筑趋势加速了对于听觉清晰度的兴趣的流失。

贵格会（教友会）的礼拜堂

在北美殖民地，许多早期的贵格会礼拜堂是正方形或近乎正方形的，或者是比如六边形或八边形形状。以我们所能找到的最早的礼拜堂为证，它就是六边形的。这是伯灵顿的第一个礼拜堂，兴建于 1683 年。自其建成后直到十八世纪中期，这里每隔一年就会举办东泽西省、西泽西省和费城的年会。

伯灵顿礼拜堂的形状在听觉层面上实现了贵格教宣扬的平等主义理念。在教堂内部，屋顶嵌板相当于一套六块的共鸣板，公平地放大了房间里任何地方发出的声音。当伯灵顿礼拜堂消失以后，其他六边形或八边形的贵格会建筑仍然存在。通过考察宾夕法尼亚州伯明翰的一座现存的六边形贵格会校舍，我们可以大致还原其早期的声学场景。其音响效果是非常清脆的。由于屋顶的坡度很浅，回响的持续时间非常短暂，远远小于一秒钟。墙面和屋顶直接将声音反弹到观众耳中，不像陡峭的穹

不给魔鬼留下躲藏的角落

顶那样会产生混响。正因为稍纵即逝，回响听起来既增加了声音的饱满度，又不至于对其清晰度造成干扰。圆形的房间或屋顶可能看起来更加符合平等法则，但在听觉效果上，圆形的房间或屋顶可能会在传声时显得太过严密，将一个声音从某个点传递到另一个点的过程中，无法产生丝毫扩散。这种情况只会产生特定的"聆听点"（listening spots），无法让所有在市内的不同空间点的人都听清。而方形、六边形或八边形的建筑内面，却恰恰有助于折射声音。

这类建筑传递声音的功效，可以从两个方面得到生动的证实。宾夕法尼亚州伯明翰教友会校舍的屋顶上有钩子悬挂帘幕，以便抑制声响。很明显，鉴于该室内空间的聚声、传声效果如此之高效，一屋子的孩子发出的声音极其容易被放大，因此不得不采取这样的消音措施让声波能量得到耗散。同样，今天的音符歌手们（一些依靠一种特殊的视唱用简便记谱法来快速识谱的教堂歌手），时常想找到六边形或八边形的房间作为他们的演唱场所。他们一边识谱一边演唱，通常由一屋子的参与者完成。在贵格会的祈祷会中，每个人就都如同是这样潜在的参与者。采用符号记谱法演唱，唱出来的往往是清晰悦耳的中等音频的共同发声。相同风格的音频特征，在贵格会风格平时的演讲与呼应中也得到了强调。

贵格会并不是唯一采用六边形礼拜堂的教派。在十八世纪，卫斯理公会、公理会与荷兰改革教派等都采用了一些同类的建筑结构，只不过最早及最富有象征意义的使用者是贵格会。老话里所说的六边形设计是"为了不给魔鬼留下躲藏的角落"，很可能为我们提供了一种思考通过建筑声学来驾驭混响的途径。其他一些早期的贵格会礼拜堂趋向于使用正方形，并且设有回廊，非常像是早期清教徒的礼拜堂——只不过里面没有布道坛。

教堂的声景对于贵格会的礼拜活动而言是极其关键的，而且其在寂静与发声之间微妙的互动，很不容易在像费城这样熙熙攘攘的城市中心找到容身之所。在那里，保持寂静是一项具有挑战性的任务。费城第二大街与市场大街上的"大礼拜堂"，在步入十八世纪后就渐渐弃置不用了，因为大街上实在是太嘈杂了。鹅卵石路和人行道上的马蹄铁声，车轮碌碌声，制造出了巨大的喧嚣，远比今天的汽车要吵闹。即使是专门将鹅卵石铺在路面中间以便为马蹄提供牵引力，在路两侧为车轮准备了光滑的铺路石以减少声音，都市噪音仍然可以迅速将祈祷会的声音淹没。此外，吵闹的孩子和吠叫的狗也带来了一系列的麻烦，而礼拜堂采用的应对措施，是牢牢看好大门。

在房间里面，从头顶上面传来的听觉效果比室内空间的形状得到了更多的重视。因为在理论上，每个人都是潜在的传道者，其他教派中的"牧师—听众"二分法在这里不起作用。无论是发言人也好，听众也好，音响效果必须在任何地方都同样清晰，同样强烈。但事与愿违的是，随着教会渐渐扩大，教堂也不得不对等级制度做出某些妥协。一组"面对面长椅"（facing benches）被设置在其他座位前方的台子上，背靠着一面弧形的墙，用以聚集和折射声音。这些"主席台"上的座位虽然听觉条件优越，却常常被称为"回廊"，以便使他们听起来没有那么高规格。就听觉角度而言，贵格会的教堂座位，明显不同于新英格兰地区或切萨皮克的教堂中的布道坛。很显然，贵格会里面大家都有坐座位和说话的权利。但更重要的是，"面对面"长椅能够帮助引导"听者"与"被听者"之间的双向互动。其他教派往往将注意力集中在牧师身上，将牧师的声音导向听众。没有其他什么教派会想去听清楚信众们所发出的"喜悦的噪音"，同样，也没有其他什么教派尝试过将布道坛变成一个有利于牧师聆听他人说话的地方。"面对面"长椅背后的共鸣板的尺寸则刚好可以做到这一点——在凝聚并放大室内大家说话的声音的同时,也将坐在长椅上的"长者们"(the elders)的声音弹射给众人。

在整个十八世纪,各个教派都多多少少引进了更多的等级化观念,同时在维持社会秩序时强调视觉多于强调听觉。共鸣板渐渐年久失修,以至于很多牧师因为害怕被老化的木板砸伤,而彻底将它们从布道坛的上空拆除。这看似提高了视觉上的规整程度,实际上却折损了听觉效果。传统教堂式的空间设计,被引进了越来越多的教派的建筑风格,让圣公会的切萨皮克与清教徒的新英格兰在公共听觉上越来越趋同。贵格会虽然继续秉承平等主义原则,但也已经大打折扣。事实上,贵格会中的年长者获得了更多发声的机会与权利,作为代价的,是年轻群体在大多数时候被要求保持沉默。

或许是声音的本质,决定了它在事实上始终是难以被管控的。于是,相比于加强对声音本身的管控,北美的欧洲殖民者越来越倾向于采用降低声音的重要性的方法。但在做出这个选择之前,他们已经为了管住声音而投入了大量的努力,迎接他们的是越来越小的收效与回报。

广播与想象的共同体

[美国] 米歇尔·希尔穆斯（Michelle Hilmes）著

王敦、程禹嘉 译

> 米歇尔·希尔穆斯，任教于威斯康星大学麦迪逊校区。此文（Radio and the Imagined Community）原见于：Michelle Hilmes (1997) *Radio Voices: America Broadcasting 1922–1952*. Minneapolis: University of Minnesota Press. 11–23. 有删节和编译。
>
> 译者王敦，中国人民大学文学院副教授。译者程禹嘉，中国人民大学文学院研究生毕业。

有人认为广播公司播放怎样的节目，是听命于用户的喜好。他们认为在私人领域，人们选择怎样的广播节目来娱乐休闲，是一件小事。但他们忽视了一个事实，即到目前为止，广播的公共影响力，既不是由制作方的原本意图说了算，又不是靠迎合观众喜好而做到的。当1929年，Pepsodent 公司开始赞助广播剧《Amos' n' Andy》时，它的唯一目的大概只是靠这种赞助来卖掉牙膏而已。人们去收听节目，大概也只是为了在漫长的一天结束后笑一笑，放松一下。当初的 WMAQ（芝加哥一个广播电台）和 NBC（美国国家广播公司）大概只是想把广告和娱乐这两种目的合二为一。然而，在二十世纪二十年代的种族和民族背景下，广播这一套特定的表现形式的诞生，是基于特定的文化规范和价值观的认可。这套文化规范和价值观的影响远超过节目播出这一行为本身。

广播与想象的共同体

至少，听众们在同一时间调到某个时段播出的某一节目，创造了共享的同时性的经验。这一共时性的共享概念，对于本尼迪克特·安德森（Benedict Anderson）所建构的现代国家意识的"想象共同体"至关重要。他对现代受印刷品影响的市民即报纸读者的论述，启发我们去考虑广播听众这一问题：

> （报纸读者）清楚地知道，他所奉行的这个阅读"仪式"，同时有成千上万（或数百万）的其他人在重复。他确信那些人存在，但是他对他们的身份一无所知。而且，这个仪式一直都以每天或半天的间隔不断重复。想象关于世俗的、依历史来计时的、想象的共同体的时候，我们还可以想到什么比这个更生动的形象呢？同时，报纸读者看到他看的这份报纸在地铁、理发店、邻里社区被消费，再次认可了想象的世界显然扎根于日常生活。[1]

二十世纪二十年代，广播电台系统正在美国崛起，不仅积极发挥着凝聚"共时性"体验的力量，而且沟通、生成着这一经验的意义。广播不仅对其时代的主要社会张力作出回应，而且通过在音乐，喜剧和叙事剧中直接对观众的情况发言，使得这些张力之处成为其所建构的话语世界的内容。

我们知道，安德森将国家和民族现代意识的萌发，归因于受利润驱动而发展的印刷媒介——"印刷资本主义"（print capitalism）。它让越来越多人以全新的方式思考自身，并将自己与其他人联系起来。"印刷术的发展使得大众的阅读推翻了官方语言（如拉丁文、宗主国语言等）的限制性门槛，使得欧洲和其他区域历史里面的"白话"（the

---

[1] Benedict Anderson, *Imagined Communities: Reflections on the Origin and Spread of Nationalism*. London: Verso, 1983, 35.

vernacular）和民族语言能够在更广泛的受众中得到传播，最终推翻传统权威，建立起公民与国家、公民与公民之间的新型关系。这种想象的关系，不是建立在像具体的地理边界、共同的民族遗产或语言同化这种真实有形的东西之上，而是建立在设想、想象、感觉、意识之上。在这种关系中，不仅是传播的技术手段，还有核心叙事、表现形式、和代代流传的"记忆"和选择性遗忘，把民族团结在一起。"所有意识上的深刻变化天生就带着独特的失忆症。在某些特定历史情况下，从这样的遗忘中诞生了故事。"（同上，204。）

被安德森视为关键的那些东西，在广播发展过程中，也以新的媒介形式而产挥了作用。彼时人们对"无线电广播"这种新媒体有着普遍的期待。广播联结了一个分布在辽阔土地上的美利坚民族，被人们认为有利于文化统一。然而广播的历史又是充满了张力的历史。

广播这种新媒体通过将公众空间带入隐僻的私人空间的方式，把偏远地区与文化中心联系起来，用无形的以太波把国家捆绑在一起。二十、三十年代的人们用各种赞美之词来庆祝这个预期中的勇敢的广播新世界：

> 无论是山中独屋里的采矿工人，海上的水手，在冰天雪地的北极南极的探险家这些完全与世隔绝的人们，还是在家的市民，都可以享受最好的音乐，收听著名政治家和行业翘楚做的演讲，收听新闻报道和世界上最伟大的传教士的布道，无论他们在哪里。所有这些形式的信息或娱乐隔空来到他面前，太不可思议，他总是惊叹这些从大自然抢来的超能力。[1]

---

[1] Frank Leroy Blanchard, "Experiences of a National Advertiser with Broadcasting", April 15,1930, station files—KDKA, BPL.

如下是一名采矿工程师写的感受。他驻扎在加拿大偏远的Temagami森林保护区。这刊登在1920年4月的《Colliers》上：

> 我现在在加拿大北部的一个小棚屋里……有三个贴心朋友在棚屋里陪着我——斧头、狗和无线电收音机。这些都是我必不可少的财产。如果我没了斧子，木柴烧尽后我就会被冻死。如果没有了狗——那么，在人类集中的地方喜欢着狗狗的人只会记得我在哪里。如果没了无线电设备，那么我会再次与曾经接触的外世隔绝。
>
> 我摸到开关，拨动它，来自纽约纽瓦克的管弦乐队演奏的音乐就填充了整个屋子……轻轻地转动那个神奇的旋钮，我就到了宾夕法尼亚州匹兹堡，听一个人向全美成千上万的听众小朋友们讲故事。有了这个神奇旋钮，我可以命令十几个广播电台发送出音乐节目和新闻报道。我随性自娱自乐，了解繁忙的外部世界的细节故事……
>
> 只有昨天，待在这里就是与世隔绝。但现在不是了。无线电话改变了一切。记住我在哪里，然后你会感觉，听到一个妈妈一般的声音认真介绍怎么让馅饼派的外壳更脆，是多么"像在家一样"。不，我可能是在"穷乡僻壤"，但是整个世界都直接走到了我手边这个小小的铜质开关的旁边。[1]

然而，消除距离和区隔，不仅承诺了希望，也带来威胁，威胁到了原先的自然与社会空间的分隔状况，例如种族、阶级、性别、城乡之间的相对隔离。无线电的"无形"让它得以越界："种族"音乐侵白人中产阶级家中，轻歌舞剧在客厅里和歌剧竞争，低俗的城市娱乐让农村人

1　M. J. Caveney, "New Voices in the Wilderness", *Colliers*, April 1920, 18.

大为吃惊,销售员和演员的声音在家庭圈子里找到一席之地。布鲁斯·布利文在其 1924 年的文章《利贞一家人与广播》中简述了这里面的风险:

> 十岁的伊丽莎白是个更严重的问题。无论何时,只要她可以,她就控制收音机,移动标度盘直到(一般不是件难事)找到一个爵士乐队正表演的电台。然后她以完全满足的状态沉浸其中,跟着音乐节奏点头。她的眼睛远远看着,稍显早熟的晕红渐渐浮现在她脸颊上……母亲利贞女士厌恶爵士乐。[1]

早期的广播作为"地方性"(local)媒介,在市内或社区内拥有和运营着电台,都保留着某种形式的社会隔离特征。这些隔离性的存在,很多是有助于维持地方性的社会秩序的。小伊丽莎白永远不会得到允许去当地的爵士俱乐部,但收音机可以把当地爵士俱乐部里面的音乐带到她的客厅。因此,广播放置在家中,虽然可能带来新奇的影响,但也可以减少接触外部世界产生的危险。"利贞一家人与广播"一文也承认了这一作用:

> 比尔和玛丽在家待的时间是从前的五倍;母亲利贞女士为此感到很高兴,尤其是为比尔。他和一群相当放荡的人混在一起,他们把汽车、随身酒瓶,和路边客栈舞蹈乐队作为主要的娱乐手段。(现在)比较大的孩子不仅待在家里,而且经常把朋友带来伴着广播跳舞。(同上,818 页。)

因此,广播穿越空间进入家庭,既产生希望也带来问题。显然,摆在客厅里的广播播什么内容就成为一个不容忽视的问题:是惹人讨厌的

---

[1] Bruce Bliven, "The Legion Family and the Radio: What We Hear when We Tune In", *Century Magazine*, October 1924, 813.

爵士乐，把孩子们带到新奇、危险的文化空间里去吗？还是通过共同的、文化上认可的经验来加强家庭团结？

不管怎样，从技术上来说，广播有从文化上团结民族的力量。1926年11月，NBC宣布成立，通过一大批的新闻报道来对广播的"内容质量"作了承诺，说广播所应具备的官方社会角色将是对文化予以提升、完善的角色。这是在很大程度上响应当时英国广播公司发表的类似说辞，虽然具有不尽相同的结果。

在美国的广播发展过程中，商业主义及其接触大众的方式一直是处于核心。从很早开始，商业广告的推送就普遍存在，无论是给那些为录制广播而提供唱片的音乐商店做宣传，还是播放已经印刷在报纸上的儿童睡前故事，又或是报纸媒体或百货公司直截了当对电台的买断。虽然这些广播公司经常留意"公共服务"的责任，但是也有充足的理由迎合大众的口味和欲望，以图最有利于吸引业务。正如通常在其他大众娱乐方式中一样，这更多是从企业巨头的角度出发而不是从官方机构的角度来考虑公众形象问题。商业主义在早期广播里创造出了对大众的巨大"吸引"，正如在便士新闻时代、轻歌舞剧时代、流行音乐时代、电影时代一样。广大女性观众基本构成了广播和电视观众的主要群体。她们的购买力是广播业相关经济所不可或缺的，也间接地塑造了广播文化。

毋庸置疑，语言的统一，是广播所起到的主要作用之一。在二十世纪二十年代种族、地区多样化的局面下，在全国许多地区的移民甚至第二代和第三代移民都仍然在家里、教堂里使用原国家的母语。借助广播这个新媒体，标准的美国英语成功地成为国家语言的规范，打造了民族形象，取得了明显的同化效果。这种标准的"播音员"英语腔也导致那些操着口音和方言的人们觉得低人一等了。很快，即使是曾经受到广泛认可的口音,比如南部精英的口音,也在国家级的广播网络中变得不可接受了。说一口语法"正确"的英语成为新一代中产阶级的入场券。广播有效地强化了地方性课堂教育所无法达成的文化统一效果。有一位播音员,后来成了 NBC 西海岸节目制作的负责人,在一次以旧金山警察听众为对象的演讲中,他不仅明确将广播的语言、文化以及物质功能与美国化联系起来,还将它们与社会秩序的重建联系起来:

> 奇怪的是,在"美国人"这个词囊括下的种族混合产生的问题几乎不怎么被提到……除非从幼年时期开始,所有人都被教着说同样的语言、适应同样的风俗、遵守同样的法律,否则,在美国不存在所谓的同化,也不可能实现。现在,多亏广播的发展,全国各地都能听到演讲大师字正腔圆的英语。美国的历史、美国的法律、美国的社会习俗,都是无数广播播音员口中的话题,他们的声音能直达我们数百万的百姓,塑造他们对美国原则和美式生活标准的共同理解……大规模的广播,还有严格的移民政策,都能成功将全体美国人民团结成为一个共同体,在迄今为止的发展史中,比任何方式都成功。[1]

另一篇文章预测道:"对那些仍然死守异国母语的人来说,他们收听广播越多,就越会受到英语的影响;最终,广播成了一个虽然无意识但却非常重要的美国化工具。"[2]

然而,事情也有另外一个方面。地方性的声音也借助广播得到了放大。

---

[1] Don E. Gilman, quoted in Arthur Garbette, "Interview with Don E. Gilman", *San Francisco Police and Peace Officers' Journal*, February 1929, 28–29.

[2] Charles M. Adams, "Radio and Our Spoken Language: Local Differences Are Negligible, But Radio Shows Up Personalities", *Radio News*, September 1927, 208.

区域性的播音员、主持人把个性化的地方风味带到了麦克风前。很多听众也直言不讳,强烈抗议要把标准化"小甜甜英语"当作官方口音的企图:

> 如果一个朋友竟然用一种播音员式的生硬、不自然的口音,拿腔捏调地和你说话,告诉你去哪里买肥皂,你会拿起手边的蛋糕朝他砸过去,让他闭嘴。对听众们来说,这有一种自以为是、完全不真诚和卑屈的高高在上的感觉,这对美国公众来说让人发狂,没人可以忍受在家里或商店里有这样的说话声。[1]

NBC 在 1925 年就受到了教训。当时,美国纽约广播电台(WEAF)管理层要求有名的主持人"罗克西"(Roxy)调整主持风格,从随意、乡土的形式,改为更"体面"、"正式"的风格,和电台形象保持一致。粉丝们的信件像雪片一样飞来,反对他突然变得呆板,呼吁他们的老朋友的声音原样回归。全国几百家报纸转载了这个故事,即使有些报纸远得根本收不到 WEAF 的信号。早期的广播播送很多都偏爱高雅文化(甚至到了要求看不见的播音员穿着正装的地步),而很多观众偏爱非正式的、流行趋势,二者之间的冲突在广播业界实践发展的过程中不断重复。

广播对社会等级秩序具有威胁性的力量:它具有超越视觉的能力。这就有可能掀起发生在现实社会的能指暴动。这也是广播最迷人的属性之一。成年人扮演儿童和动物的角色,两百磅的女人可以用声音来装扮浪漫青春少女,九十磅的男人扮演超级英雄,白人经常假扮黑人。在广播里,我们怎么能确定一个人属于他所宣称的那个种族或民族呢?如果没有通常的视觉线索提供的情境,阶级差异该如何维持呢?

而广播这样回应:它通过大量演练这些差异,在节目里面无休止地

---

[1] "Pussy Willow English", *Saturday Review of Literature*, June 16, 1934, 752.

流通和表演种族、民族、性别和其它社会文化规范里面的差异，以铸就通俗易懂的刻板印象。这些都是通过语言、方言和精心挑选的听觉语境来实现的。早期的广播似乎充满了"新奇不同"、异国情调的描写，从《凯歌香槟俱乐部的爱斯基摩人》（*Cliquot Club Eskimoes*）、《A & P 吉普赛人》到《Amos' n' Andy》和《戈德堡》的故事。这经常通过使用清楚明白的、刻板的方言和口音来完成，从轻歌舞剧的范畴到黑人说唱秀，不一而足。早期广播业中这些说唱表演的套路、角色和方言的流行经常被历史所忽视，并且它们的播送直指美国文化中紧张的核心问题。这些文化上不受欢迎的内容，被辨识为对文化上被贬低的少数群体刻板印象的投射。

各种各样的广播节目精心炮制了各种框架，以将"其它"特点融入他们经常重复的节目的核心。弗雷德·艾伦（Fred Allen）的《阿伦的胡同》（*Allen's Alley*）这一节目是一个范例。它由努斯鲍姆（Nussbaum）夫人、艾杰克斯·卡西迪（Ajax Cassidy）、博勒加德·克拉格霍恩（Beauregard Claghorn）参议员，和泰特斯·穆迪（Titus Moody）等人出演。这正是诸如《维克和纱黛》（*Vic and Sade*）、《一个人的家庭》（*One Man's Family*）和《奥德里奇家庭》（*The Aldrich Family*）等电视家庭情景喜剧的前身。不同于传统的阶级属性，广播创造了自己的名流等级，类似于好莱坞明星的可视化熟悉度排名。这个问题对广播网的功能来说越来越重要，成为广播文化工业体制里面的重要组成部分。

很快人们觉得，文化机制上的统一必须建立，才能让广播文化里面的秩序性倾向压倒其无序性倾向。二十世纪二十年代末到三十年代初广播业的结构稳定下来之后，芝加哥作为广播创新的中心这一重要地位，突显出了广播网络在文化上的同化力量。大多数的广播形式甚至是节目本身，迅速在 NBC 和 CBS 走红。这些节目通常不是由位于纽约的专业广播公司的官方电台所原创，而是由在芝加哥喧闹的商业环境中，由一些报纸或者百货商场所拥有的广播台所播出过的。这些节目一旦通过广播网获得了全国性的赞助商和听众，他们就会适应"更高"、更严格的广播网标准。一旦这种标准范式出现，对它的模仿及其"衍生品"就会逐渐巩固、推广开去。然而，商业上的张力也在抵制着广播网的控制。例如在节目制作中，广告商迅速加强的控制地位贯穿了整个广播发展史，尤其是在日间连续剧的制作过程中。

1926 年的 NBC 和两年后的 CBS 的机制，有效地促进了技术、经济和文化的统一，即安德森在《想象的共同体》里面所描述的那种图景。但同时，导致广播的教育和公共控制作用受挫的决定性因素，并不是发生在 1934 年的《通讯法》（*Communications Act*）大辩论之后，而是早就出现在 1922 到 1926 年的数年间。当时，有线互连的电台逐渐破坏了广播的地方根基，并使得广播不得不获取广告支持。到 1934 年，一位活跃的从业人员承认，商业竞争中"根深蒂固的个人主义"使私人支配的体系引发广播业的质变："在这类事情中，个人主义的真正意义，是毫无计划却不断推进的匆忙慌乱的实践，一直到搞出想象不到的某种境地，而且各种既得利益都已经无法摈除。然后只能在面对无数技术、法律障碍时，事后诸葛亮式地妥协出能凑合下去的方式之后，再尝试实施。"[1] 这就是 1934 年的商业广播网的既成事实：一个事实上白手起家、并无官方认可的工业、文化标准，真正站稳了脚跟。在十来年的早期发展中，广播试图将美国文化经历、身份予以集中化和统一化。这是其它

---

[1] Levering Tyson and Judith Waller, *The Future of Radio and Educational Broadcasting*. Chicago: University of Chicago Press, 1934, 18.

媒体从未尝试过的。广播从技术、文化上，用共同的语言，通过半官方半私人的形式，面向整个国家播音，谈论事关整个国家的事情。这呼应着日后的本尼迪克·安德森的论断。一位作家在1924年就清晰地设想了"广播的社会命运"：

> 看看美国的地图，看看加拿大的地图，看看任何一个国家的地图，并试图构想出这样一幅画面：广播对这几百个小镇来说究竟意味着什么。这些小镇的排版太小了，以至于在地图上几乎读不出来。它们看起来毫无关联！然后再想象千家万户，城里的、山谷里的、河边的。这些家在地图上根本看不到。这些在广袤国土上的小镇、没有标记的房子看起来毫无联系。将他们维系在一起的，仅仅是一个观念——一个这样的观念：他们组成了一个叫做"我们的祖国"的领土。如果不是因为有国籍的维系感，就马萨诸塞州的另一个家而言的话，在芝加哥的家可能也跟在桑给巴尔一样。如果这些小镇和村庄彼此相距遥远，在国籍上如此相关联系，在物质上非常不相关，可以获得一种亲近感，就如同它们之间可以直接接触一样！……这正是广播带来的。[1]

1　Waldemar Kaempffert, "The Social Destiny of Radio", *Forum* 71, June 1924: 771.

对技术的聆听

[荷兰]卡林·拜斯特菲尔德（Karin Bijsterveld）著

王敦、李泽坤、郭梦露 译

> 卡林·拜斯特菲尔德，荷兰马斯特里赫特大学教授，从事对噪音、声音文化史、音乐与技术关系等的研究。此为作者《机械声音：二十世纪的技术、文化和公共噪音问题》（*Mechanical Sound: Technology, Culture, and Public Problems of Noise in the Twentieth Century*. The MIT Press, 2008）一书的首章，相当于全书的导论。译文略有删减。
> 译者王敦，中国人民大学文学院副教授。译者李泽坤，中国人民大学文学院硕士研究生毕业。译者郭梦露，中国人民大学文学院硕士研究生毕业。

噪音：一个老大难问题

在1875年，英国的卫生学学者本雅明·沃德·理查逊（Benjamin Ward Richardson）爵士描绘了一座他所想象的"健康"城市，名唤"海洁"（Hygeia）："我们的城市尽管街道挤满了匆忙的人群，但还是比较安静的。"主干道之下"有地铁轨道，承担着城市的主要交通……城市的所有街道都敷设同一种路面材料。到目前为止，用沥青打底的木砖铺设道路应该是最优等的，因为它不产生噪音、最干净、最耐用。……地铁疏解了繁重的交通。除了一些本来就很安静而不扰民的工厂以外，那些产生噪音的工厂都得与市区保持一箭之遥。"毫无疑问，在当时是不可能存在这样的城市的。即便到了现在，尽管我们早已有了让当年的理查逊爵士所憧憬的东西——沥青马路、地铁轨道,和与城区隔开的工业园区,但也没有哪个城市能安静到使对噪音问题的讨论从公共议题中消失。

对噪音的抱怨贯穿了整个有记录可查的历史。而从十九世纪最后二十五年开始,这类抱怨,则越来越集中于由新技术所带来的像工厂、火车、蒸汽有轨缆车、汽车以及留声机等发出的声音上。各种各样的噪音在散文随笔和小册子里得到了生动描述。到了二十世纪早期,遍布整个西欧和北美的反噪音团体已经形成,它们组织反噪音运动、反噪音会议、反噪音展览和"寂静周"(silence weeks)。关于噪音的公众讨论则接踵而至,直到如今。是什么使噪音成为受到持久关注的公众议题?声音问题是怎样被推入公共行动场域中的?是什么使噪声问题变得如此难以解决?

关于噪音问题的回答,目前有三个角度。

最常见的是从经济和人口增长的角度来求解。持这一视角的论者认为,这种增长导致了地球上栖居着更多的人,而这些人口比原来更易流动、拥有更多喧闹嘈杂的设备。在某种程度上,声源数量的急剧增加使得所有控制噪音的努力变得微不足道。

第二种回答则认为原因在于听觉的独有特征。这一观点认为,我们无法像闭上眼睛一样关闭我们的耳朵。我们需要一直用耳朵来获取信息、交流沟通,所以尽管声音本身是转瞬即逝的,但却总是环绕着我们。听觉具有高度主观性的一面:对一些人而言是噪音的声音对其他人来说可能是音乐。既然噪音被广泛定义为"无用的声音"(unwanted sound),那么,这一定义的内在主观性则使得人们对具体那些是噪音的界定问题产生争议,使得法律上对噪音的干预变得愈加复杂。

另外一种回答则注意到西方文化中所谓的视觉性统治(visual

regime）问题：在西方的感官等级中，眼睛统领了耳朵。这使得声音成为被忽视的议题。

更糟糕的是，我们的文化对寂静以及与声音缺席有关的被动性状态（passiveness）是极度恐慌的。于是，那些试图解释噪音管理这一公共性难题的人，倾向于拿我们文化里面对于经济增长的过分痴迷来说事，或者去讨论我们文化里面明显的感官优先等级，而不是去讨论听觉自身的特征。

显然，上述观点角度各有各的道理。但如果细化分析的话就应该注意到，噪音这个老大难问题本身就是变动不居的。比如说，二十世纪三十年代的噪音问题主要是"汽车喇叭问题"，然而，尽管我们现在仍然将汽车作为主要的交通出行方式，但这一问题几乎已经从公众议程中消失了。（作者作为当代荷兰人，描述的是发生在西欧的状况。——译者注。）对此，我们应该如何加以观察？而且，我们将如何对待在声音感受上的主观性？我们现在所持有的声音感受上的主观性，与在1875年时的情况已经迥然相异了。噪音问题在这些年里早就成为一系列不同的公共问题。这使得非历史化的求解途径变得越来越不尽人意。

与历史上对臭气问题的解决来进行比较分析，可以进一步增强我们对噪音问题的界定和认识。在十九世纪，相较于噪音问题，由臭气带来的公害在理智与情感上都被认为是一个更迫切的问题。臭气被精英鉴定为传染性和危险性疾病的来源，这些精英借此成功深入私人家庭并对之加以限制约束。前述的十九世纪英国公共卫生专家理查逊所提出减少城市噪音的策略，并非偶然，这一举措完全可以类比他曾建议的去除"影响健康的垃圾的污秽外观和气味"。减缓交通压力的地铁则可类比为排污的下水道，将工厂设置在城区之外就像将垃圾搬到城市边缘。

公共问题如果想得到强有力的解决之道，需要拥有具备说服力的戏码、精悍的定义，以及在国内乃至在国际层面上的呼应。但是，噪音问题从未或者说只是偶尔满足这些解决问题的先决要求。本书即旨在讨论这里面的复杂性，讨论新机器所带来的声音的增多与相应而出现的各种形式的噪音立法之间的矛盾。专家和政治家开始越来越多地支持通过测量和细化声音级别来控制噪音，然而对诸如邻里噪音这样的现象却很难施行定量把握，因此只能诉诸公民自身去与邻里沟通解决。事实上这在掩盖一些其他问题，比如超出公民自身掌控能力的飞机噪音问题。因此，公民被要求为噪音控制负责，这一狡猾的策略实则是对切实问题的逃避。但这也并没有做到将噪音问题从公共议程上去除。值得注意的是，噪音本来是能轻易穿过邻里、城市和国界的，人们却总是想要凭借设立限制区、规划交通和绘制噪音地图等固化的空间性方式来解决噪音问题。我们一直致力于建设寂静之岛，却留下了噪音的汪洋大海——这成为讨论的焦点。

本书解释了我们如何走到了这样的地步。它的前四章聚焦于讨论从十九世纪晚期到二十世纪晚期的西方噪音问题史的四个片段：工业噪音、城市交通噪音、留声机和收音机产生的邻里噪音，以及飞机噪音的问题。第五章则强调了两次世界大战之间的先锋派音乐对噪音的称颂。这成为对前面章节的有趣对应（counterpoint）。它既表明这种称颂如何体现出了机械声音的积极涵义方面，同时也表明音乐中对机器的引入，如何重新激活了声音的控制权、所属权问题。剩余的章节则探究了公共噪音问题社会舆论高潮时期之后，最近这几十年来的情况。通过这些章节，本书集中讨论的是社会对于控制机械噪音的斗争以及偶尔的胜利。它也凸显了早期解决噪音问题的经验，已经嵌入到法律、学术、科学工具和技术里面，会时常重新起到作用，并改头换面成为新策略的一部分，有时候也导致了新问题。我们该如何解释这其中的连续性现象呢？当我们思考噪音的当前问题时，又可以从以往的减噪策略中获得什么经验呢？

但是首先，请让我打开话题，把上述内容详细道来。

"我们无法再忍受它了"：噪音作为公共问题

现今，噪音已成为荷兰新闻专栏作家笔下的流行话题。他们当中的一位调侃道：人们五点下班回家仅仅是为了用最大音量来打开机器割草坪、修剪绿篱。另一位作家不无遗憾地说，就算是住最昂贵的宾馆，人们也还是能够听见隔壁的声音，除非他们自己打开空调发出噪音来掩盖。另外一些人哀叹于街区施工工人的手提录音机扰民式播放，街坊邻里似乎永远完工不了的装修的噪音，日复一日的公共汽车和卡车的交通噪音。还有更多的噪音来自飞机、移动电话、餐馆音乐以及卡布奇诺咖啡机。人们无法再忍受压缩机的噪音，收音机的声音，超市里的音乐声，而唯独寂静缺席。还有许多专栏作家则强调现今技术带来的无处不在的细微噪音：录像带运转时候自身也发出声音，电视机的嗞嗞声，冰箱的嗡嗡声，电表的呲呲声，暖气管的滴答声，电风扇的轰轰声。

在荷兰的报纸和杂志上，噪音问题早已被普遍讨论，成为媒体内容里面的一种固定套路。专栏作家以此回应当今政治，或者旨在引起公共意识。或许在很多时候，他们选择讨论这个话题是为了将自己与普通人有所区分。他们似乎在说，我们不像那些下班回来无事可做除了制造噪音的那些人；我们也不是那些无休止地重新装修自己家的邻居们；更不是那些发出很大声响的便携式录音机的主人。

如果声音是新近才引起这些荷兰的报纸专栏作家的兴致的话，那么在大众出版物上对噪音的抱怨就早已有之了。世界音景项目（The World Soundscape Project）是加拿大温哥华市西蒙弗雷泽大学的一个研究项目。该研究项目曾经基于北美从 1892 到 1974 年间发行的 65 本杂志来检测"噪音"一词的出现频率。他们发现，在 1926 年之前，通常每年有关噪音的文章不到五篇，针对的大多是城市和街道噪音。到二十年代后期，有关噪音的文章开始增加，在 1930 年达到 21 篇之多。三十年代以后，大众媒体上有关噪音的文章每年不超过 3 篇，直到 1968 年出现第二次高峰。从更大的范围看，由纽约噪音治理委员会（New York Noise Abatement Commission）于 1929 年到 1930 年间发起的一场反对城市噪音的运动至少获得了"全欧美新闻界 130 篇文章的评注"。1962 年，英国噪音治理协会（British Noise Abatement Society）的"一日剪报"（one day's press cuttings）就整理出 151 条。在这些有关噪音的标题中，飞机噪音占主要部分。

　　显然，在有关噪音的媒体声音与特有的反噪音运动之间存在关联。日渐高涨的噪音治理活动，事实上点燃起了大众对这一问题的讨论热情。但是就此下结论，认为新闻报章对噪音问题的关注与公民对日常噪音的反感之间存在一对一的关系，则是错误的。荷兰国家数据局 1997 年所作的一项民调研究表明，27% 的被调查者说自己受到交通噪音的干扰，21% 是邻里噪音，19% 是飞机噪音，11% 则认为是工业噪音。同年，荷兰噪音治理基金会（Dutch Noise Abatement Foundation）发布了 1997 年五月至十月间，荷兰新闻报纸上噪音报道的次数。飞机噪音有 2663 条，位列榜首。相较之下，道路交通仅被提及 293 次，邻里噪音有 240 条，休闲相关的噪音有 237 条，与工业有关的有 231 条，与火车相关的有 193 条。这些数据表明，媒体所关注的噪音问题的程度与性质，并不与个人对噪音问题的平均评价情况相符。媒体对飞机噪音的关注是邻里噪音的十倍之多，但是在前述民调里，对邻里噪音引起不满的百分比则要高出许多。

这些发现可以解释，为什么公共问题应该与私人问题区分开来。在对公共问题文化的研究中，约瑟夫·古斯菲尔德（Joseph Gusfield）认为并不是所有的问题都"必须变成公共问题"，变成"公共领域的矛盾与冲突"。[1] 为此，他用人们对友谊的失望来举例。即使失望的感觉对于个人而言或许十分痛苦，但是到目前为止还并没有设立公共机构来解决这个问题。不过，很多问题是在随着历史而嬗变的，就好比自人类有了学校以来，取笑学校里的孩子的现象就存在，但直到最近，由于教育部部长助理提议建立法规以防止这一现象出现，荷兰学校才开始正式对这一问题有所行动。用古斯菲尔德的话来说，荷兰教育部部长助理现在成为这一公共问题的"所有者"之一，学校则负责解决这一问题。噪音问题的层次差异——在媒体关注与人们的实际经验之间的差异——是一个有趣的现象，它展示了私人问题转换成公共问题或是从一个公共领域问题转换成另一公共领域问题时所表现出来的一些特点。

当下，噪音公共问题的"所有者"是数以百计的以治理、规范或研究噪音为目的而建立起来的组织、机构和公司。在西欧，几乎每个国家都至少有一个全国性的噪音治理组织。例如法国反噪音联盟（Ligue Française Contre le Bruit），荷兰噪音危害基金会（Nederlandse Stichting Geluidshinder），英国噪音控制协会（British Noise Abatement Society），以及德国噪音治理事务委员会（Deutscher

---

[1] Joseph R. Gusfield, *The Culture of Public Problems: Drinking–Driving and the Symbolic Order,* Chicago: University of Chicago Press, 1981, 5.

Arbeitsring für Lärmbekämpfung）。多数这些机构成立于二十世纪五十年代晚期到七十年代之间，但许多先驱可追溯到二十世纪初。现今在欧洲的上述组织基本是成立于1959年的国际反噪音联盟（Association Internationale Contre le Bruit）的成员。而在欧洲以外地区，噪音治理组织也在很多国家建立，包括美国、加拿大、以色列和阿根廷等。很多城市甚至社区都拥有自己的反噪音团体，例如在柏林、华盛顿和纽约。

还有许多专注于某种类型的声音的机构。最常见的是反对机场噪音的抗议组织，或者是涉及背景音乐噪音、铁路噪音或其他特定声音问题的。从1996年起，还建立了一年一度的国际噪音日（World Noise Awareness Day）。事实上，已经有无数的政府机构以及标准性组织介入到噪音规范问题、噪音定义问题里面了。与之相对应的国际组织，包括欧盟和世界卫生组织也已采取行动。这些机构寻求声学、噪音控制工程（noise control engineering）以及听觉学（audiology）这些学术机制里面专家的专业意见。

这一张发展壮大中的噪音治理行动网络清楚表明，噪音已经成为很多人在思想和行动上要解决的问题。几乎所有地方的噪音问题都没有从公共议程上被移除。这或许可以解释一些团体的花哨的名头。如果噪音不是一个永久的公共问题，为何会那么持久？

对解决噪音问题之难点的推定

如今，解决噪音这一公共问题的难点主要被归为三个原因：经济增长的优先性与安静的生活格调之间的矛盾，听觉的主体性问题，以及西方文化固有的特征。

在第一个原因中，噪音牵涉一个难以解决的问题，因为一方面经济发展，人口增长，流动加快，另一方面对公共健康与环境的诉求也在提升，这之间的根本矛盾无法解决。噪音所导致的健康问题引发了大量关注。然而，尽管有成千上万的人抱怨交通噪音，但他们依旧选择开车出行。1996 年，欧洲《未来噪音政策绿皮书》（*Green Paper on Future Noise Policy*）发表了一份相似的声明。它陈述道，自二十世纪七十年代以来，"单独的私人汽车的噪音量已经减少了 85%……卡车的噪音也减少了 90%……但是，过去十五年的数据并没有阐明暴露于噪音环境之下状况的明显进步交通流量在时间空间上的增长以及休闲活动和观光业的发展，部分地抵消了技术上的降噪进展。" 1979 年到 1993 年间荷兰政府花费了 28 亿荷兰盾在噪音治理上。但是，抱怨噪音的公民的百分比并没有同步下降。人口、人口密度和流动量的增长，以及音响设备拥有量的普及，均致使噪音问题复杂化。

  从听觉的特征方面来立论，也为噪音问题的持久性提供了解释。正如噪音历史学家施瓦茨（Hillel Schwartz）指出的那样，"二十世纪反噪音的冗长论争"的基线是"人类的听觉是恒定的、无意识的、几乎无法关闭的"[1]。这些特点至少向论述噪音的人们解释了处理噪音问题的难度。我们的听觉感官自身是需要不间断运作的，因为它以自身方式为我们提供着重要的信息。"不用想，也能知道一辆完全安静的汽车有多危险，"一位建筑师在 1967 年讲道，"事实上，我们与之斗争的并非心目中所有的噪音，而是它的二重性特征。我们试图去除的是那些对人类有害的噪音，但不是全部的噪音，因为那将使人们失去重要的信息来源。"[2] 此外，对声音的感知，是高度主观性的。一个人是否被特定的声音所困扰，不

---

[1] Hillel Schwartz, "The Indefensible Ear: A History", In Michael Bull and Les Back, eds., *The Auditory Culture Reader,* Oxford: Berg, 2003, 487.

[2] Constantin Stramentov, "The Architects of Silence" in *Unesco Courier* 20, no. 2, July1967: 8–12.

仅是取决于那个声音的特点,比如其音量、音高(频率)或是其周期往复性,而且取决于在心理上的敏感度和强迫度,以及社会背景和感知控制等因素。噪音将爱好在酒吧相聚的朋友与喜好安静的人士区分了开来,将电子舞曲爱好者(techno-fans)与室内音乐会观众分离了开来,将经常去做礼拜的人与晚起者分离了开来。这就是噪音治理为什么如此艰难的原因。对于政府而言,噪音问题是很麻烦的挑战。如何来处理噪音这个随着时间、心情、动机和情形而随时变化的麻烦事?政府不可能每几年就为噪音制定新的标准,或者在不同的地区采用不同的标准。

噪音问题迟迟无法解决的第三个原因,是西方文化对寂静的恐惧,以及它的视觉性优先特点。音乐学家麦克劳德(Bruce MacLeod)指出,"我们的社会看上去死一般地害怕寂静,尽管我们很少有机会能够接近哪怕是并非纯粹形式的寂静。"这种对寂静的普遍恐惧,解释了背景音乐的无处不在。[1] 英国BBC电视台的会计室可以作为这方面一个有名的例子。该场所拥有两层窗户,去噪音的空调以及安静的个人电脑。尽管所有这些降噪措施都十分有效,但BBC的这些雇员依旧感到不舒服,因为过于寂静而不舒服。于是,BBC决定买一台昂贵的噪音制造设备,通过制造连绵不断的模糊的噪音来驱逐寂静。

对于文化变迁的一个假设,是我们当今的文化是视觉性的,而在过去,听觉拥有更高的地位。世界音景项目的发起者雷蒙德·默里·谢弗(Raymond Murray Schafer)认为,西方文化起先依赖的是"向内"拉的耳朵,但后来倒退为由"向外"看的眼睛占了上风。不过,他还是认为我们的文化在不久的将来会回归到以耳朵为主导,到那时候,对安静的追求最终将获得胜算。然而在《过往皆可听》(*The Audible Past*)

---

[1] Bruce MacLeod, "Facing the Muzak" in *Popular Music and Society* 7, no. 1, 1979: 18–31.

一书中，乔纳森·斯特恩（Jonathan Sterne）嘲讽地将这一假设的剧情讥为"视听连祷文"（audiovisual litany），认为在这一充斥着对感官性做陈述的"连祷文"之中，听觉由于拥有"内向性"而被当作更好的感官。于是乎，视觉是制造距离，聚焦表象，要求理智（intellect）的，而听觉则是用声音包围我们，穿透到事物的深处，倾向于情动（affective）。这一观念的宗教迹象十分明显，眼睛（死亡的字符）的角色是堕落天使，耳朵（活的灵）是我们未来的天堂。但是问题在于，为什么耳朵就该是比眼睛更好的感官呢？为什么感官的历史就该是一个"零和博弈"，一个感官的兴起需要伴随着另一感官的衰落？[1] 文化地理学者保罗·罗达韦（Paul Rodaway）持有与斯特恩相似的观点，觉得新的听觉模式并非"失落已久之物的复兴，而是在地理和社会经验层面对听觉这一感官的重新定义"。[2] 现在的声音技术在听觉控制和日常生活审美上给人带来获得感。但是，那种诸如"我们的视觉文化使得耳朵萎缩，令我们不再仔细倾听"的观点仍旧流行。这一套说法认为，只要视觉性王国依旧盛行在我们的文化中，我们就将一直制造噪音，而不去善待听觉。

上述的一些流行论调，多数存在于特定的历史语境之中。在如今，如果经济增长、日益加速的流动性以及噪音的增多被视为同一个过程，那么在过去则未必这样认为。比如一个世纪以前的奥地利人种志学者哈伯兰特（Michael Haberlandt）就有意地区分了从生产活动所产生的声音和交通运输所产生的声音。他能够容忍"工作之共振"，例如"锤子之歌、锯子的尖叫，车间的敲敲打打，机器的冲压"。对此他评论道，"我

---

[1] Jonathan Sterne, *The Audible Past: Cultural Origins of Sound Reproduction*, Durham, N.C.: Duke University Press, 2003, 16.

[2] Paul Rodaway, *Sensuous Geographies: Body, Sense and Place*, London/New York: Routledge 1994, 114.

们依赖从工作中换取的金钱而活，不是吗？"但是他哀叹于"巷子里震耳欲聋令人暴怒的噪音"，他将之描述为"马车声、车铃声、汽鸣声、犬吠声、铃铛声以及各种奇奇怪怪的声音淹没在一片嘈杂之中"。[1]同样地，听觉的主观性及含义该如何被理解，这也随着时间的变化而变化。因此，我们需要对听觉主体的阐释效能予以历史化。此外，那种将噪音问题的罪责归因于我们的视觉文化的论断，忽视了一个事实，即早在二十世纪早期，自从视觉信号取代声音信号来进行火车站调度，火车站就少了很多噪音。就连那些基于西方畏惧寂静而立论的论断也大有问题。因为，如果我们用不喜欢寂静来解释噪音，就会有同义反复之嫌。

刚才，我对既往的噪音问题做了历史化界定。这算是为接下来几章中将会论述的内容作了个序。不过，下面我还想通过与臭气问题的历史的比较，来进一步说明在阐述噪音这一由来已久的公共问题时，运用历史化方法的好处。这将会是接下来部分的主题。

噪音问题与臭味问题的历史类比

在《大地的钟声：十九世纪法国乡村的音响状况和感官文化》[2]中，历史学家阿兰·科尔班(Alain Corbin)指出，在十九世纪，对噪音的敌意，比起由令人不悦的气味引起的恐慌而言更加不易察觉。对于臭味问题的分析，则是他的另外一本专著《难闻的与芳香的：气味与法国的社会想象》[3]

---

[1] Michael Haberlandt, *"Vom Lärm" in Cultur im Alltag: Gesammelte Aufsätze von Michael Haberlandt*, Vienna: Wiener Verlag,1900, 177–183.

[2] *Village Bells: Sounds and Meaning in the Nineteenth–century French Countryside*, London:Macmillan,1999. Originally published in 1994 as *Les cloches de la terre. Paysage sonore et culture sensible dans les campagnes au XIXe siècle*, Paris: Albin Michel.

[3] *The Foul and the Fragrant: Oder and the French Social Imagination*, Mass.: Harvard University Press, 1982. Originally published in 1982 as *Le miasme et la jonquille: l'odorat et l'imaginaire social, XVIIIe–XIXe siècles*, Paris: Aubier Montaigne.

中所处理的话题。

科尔班论述道，1750年至1880年间是西欧尤其是法国在除臭的议题上十分关键的时期。需要注意的是，这一在卫生学的诞生中具有重要意义的时期，是先行于巴斯德将细菌作为病因所进行的著名研究的。科尔班声称，从十八世纪中期开始，排泄物、烂泥和尸体的臭味愈来愈造成恐慌。这首先发生在社会精英中间，随后逐渐蔓延到了人口中更广泛的部分。在那以前，大多数人只不过把臭味当作生活中无法避免的一部分，是一种麻烦，是诸如屠夫、剥皮工人和硝皮匠工作中自然而然的一部分。身体的气味甚至是生命力和性能力的一种标志。而到了十八世纪下半叶，医学家们愈来愈强调臭味会通过其瘴气（miasmas），即身体挥发物和泥土粪便的中的传染性物质，对人体健康造成巨大的伤害。因此，气味被定义为流行传染病的症状和病因，以及死亡腐烂的前兆。

另一件新兴的举措是医生和卫生学家们齐心协力来对气味进行系统化的研究。他们开始收集空气和气体，辨识它们的成分和作用，并借助自己的鼻子来指出腐烂时的刺鼻气味带来的危险。他们的工作意味着在对气味的敏感性上的集体改进和对臭味愈来愈低的容忍度。尽管医生和卫生学家们在观念传播上的确扮演着越来越重要的角色，但他们仅仅只是把他们同时代人的敏感性，引入到科学研究领域罢了。精英们生活在不间断的形而上恐惧（metaphysical fear）之中，时刻对身体从内部崩解的过程保持警惕。臭味被与地狱深渊联系起来。危险随处可见，而尤其会存在于潮湿的泥土孔洞、泥淖和旷野中的沼气、化粪池的烟雾、屠宰场的腥臭中。此外，气味被赋予了社会想象力，导致鼻子变成社会政治的工具（instrument of social politics）。

科尔班强调，政策层面的微妙变化，展现了对气味的感觉是怎样在社会边界与社会实践的改良中发挥越来越重要的作用的。起初,抗衡危险气味的措施主要集中于为空气消毒,以及创制出各种香味来制约臭气。专家声称像麝香和树脂这种来自生物机体的浓烈气味非常适合于制约持续不断的同样浓烈的臭味。然而,一旦一种新观念,即污秽之物会阻塞毛孔的观念得到了接受,精英们对于麝香和树脂的态度也就随之而改变了。浓香的运用愈来愈招致"缺乏卫生"的怀疑。较淡的花香一般的香味和个性化的嗅觉趣味得到了推崇。社会精英也越来越对普通人能够忍受臭味而感到惊诧。一个人的鼻子越灵敏,他的天性就越高雅——精英们指出,工人们并不具有这样优雅高贵的品性。精英们基于气味而将自身同人口中其余的阶层相区分开来。相似地,出现了对空气不流通状况的不信任。这推动了空气流通系统的发明,也使得对低等阶层进行规训的需要变得合情合理。因此,洗手间(位于房屋的门廊)的半私用化以及对房屋进行检查以根除气味就变得越来越重要了。关注点从生物学领域转向了社会生活,从公共空间转向了私人空间。

  彼时,消除臭气的各种方法得到了发明和实施。街道被重新铺砌并得到扩展,排水系统、公厕,以及医院里定期换洗衣物都变得寻常可见。在私人空间,污秽之物被石灰掩盖起来,建造烟囱成为规定,沐浴逐渐成为日常习惯。加氯水、氯化锌以及天鹅颈容器这些卫生设施都得到了应用。我们可以从这段臭味的历史中推断,首先,气味被辨识为一种病因,并因此而成为对公众健康的威胁,由此意味深长地推动遏制臭味的干预措施和解决途径。卫生学家们在这一过程中扮演了重要角色。其次,对气味感受性上的阶级差异的强调,起到了减弱臭味的作用而不是相反。这是因为气味已经成为社会差异和等级制度的标志,于是与气味造成了传染病的观念一起,使得像在较低阶层人们的生活中进行家庭检查和发布卫生指令的这些干预措施变得合法化了。在巴黎，对私人空间进行干预的合法性建立于十九世纪晚期以来巴斯德的科学研究理论基础之上。疾病预防越来越同家庭消毒、患者隔离，以及为了找到传染源而跟踪接触者之类的措施相联系起来。由于个人和家庭有可能成为传染病的源头，这使得监管当局凌驾于一些私有权利之上。

正如这本书接下来将要详细展示的，科尔班对气味的社会意义的观察，同样适用于噪音。噪音也被认为是对社会秩序的威胁。如果臭味象征性地同地狱深渊联系在一起，那么噪音便是阴间喧嚣的特征。社会精英们不仅认为较低阶层对气味迟钝，而且也认为他们对噪音麻木。然而，噪音的公众问题不如气味的公众问题解决得彻底。这要求我换一种方式来表述我的问题。为什么我们对声音不像对在 1750—1880 年间被当做健康威胁的气味那样害怕或敏感？为什么相比而言，在声音上面的社会分层，被证明在减弱噪音的过程中所起的作用效果甚微？

理解噪音史的途径

我已经通过比较臭味和噪音问题，来更好地理解对公共问题进行界定的重要性，包括成因、后果及解决途径等。现在我要回到约瑟夫·古斯菲尔德的著作上去。他的著作在我考察噪音的公共问题史过程中给予了我诸多灵感。古斯菲尔德在二十世纪七十年代初期借鉴引用了社会问题理论中的社会建构主义（social constructionism），发展出了一个研究公众问题的文化及结构的框架。对于古斯菲尔德来说，在认知维度和伦理维度上的区别，对理解公共问题是十分重要的。"认知的维度存在于对于成为问题的处境与事件之事实性（facticity）的确信，诸如关于贫穷、精神混乱、酗酒等等问题的理论上和经验上的确认。伦理的维度则能够将那种处境审视为痛苦、卑琐、不道德。正是这些东西,使得改变状况或根除之的动机变得可欲并可求。……对于一种现象来说,人们如果对它不具备认知层面上的改善欲望和伦理道德层面上的评判欲望,它就无法成为一个社会论争,一个问题。"(Gusfield, 1981: 9—10.)

同样重要的是所有权(ownership)、政治责任(political responsibility)和因果责任(causal responsibility)。所有者(owner)是指那些定义了问题的团体或机构,而那些通过干预而掌控问题并在实际上解决问题的,则是负有政治责任的团体或机构。与此对照,因果责任是关于对现象的解释性责任,比如声称污浊空气的源头是汽车。而有趣的是,公共问题的结构通常是"一个由一系列团体和机构参与其中的冲突的场域……竞争和争夺所有权与非所有权,对具有因果关系的理论的接受以及对责任的执着。"(Gusfield, 1981: 15.)

古斯菲尔德分析了那些参与到尝试解决"酒驾问题"的专业人士,是怎样锁定问题进行界定的。这个定义包括如下内容:"酒精导致不清醒驾驶,并提高了意外事故、受伤和死亡发生的风险。既然醉酒与驾驶一起'造成'机动车交通事故,那么解决的方式就在于要么减少饮酒、要么减少酒后驾车。"(Gusfield, 1981: 7.)这个界定的关键之处在于酒精问题和汽车的安全之关系,更具体地说,是自我控制和自我放纵之间的冲突问题。作为一名社会学家,古斯菲尔德的关注点落在公共问题本身的文化与结构上。他的研究的历史学维度加强了他的反讽式方式,通过这种方式他打算"暂时悬搁那些被认为理所当然的、熟悉的以及寻常可见的事物,使其变得奇怪、尚不确定。"(Gusfield, 1981: 191.)他认为,"要想找到观察现象的别种途径,就要能想象事物能够以其他的面目出现。"(Gusfield, 1981: 193.)而且,因为他能够做到如此来观察历史,历史研究就成了公共问题研究的一个重要入口。在我这本书中,我通过梳理噪音问题的前世今生及其结构上的历史变迁,得以展示人们将噪音予以个体化、客体化、具体化等的策略,是如何将噪音问题从一种界定转变成另一种的。

在这种情况下,有时候人们在消除噪音的战役中,会试图挪用先前的话语武器来表述问题,并赢得接下来的战争。对这本书而言,同样重要的是研究关于公共问题话语的话语联合体(discourse coalitions)理论。那些定义了噪音问题的社会运动是怎样使得其他的社会团体卷入其中的?

研究一下法律和科学领域对于公共问题的分期(staging)和事件进展(drama)的考量,对于回答本书的关键问题而言也极为重要。司法上的那些对于听觉隐私权(acoustic privacy)的描绘对理解噪音的历史至关重要。而在噪音测量上的度量单位分贝的诞生以及带来的对于噪音的定义和戏剧化也同样如此。因此,本书旨在跟踪随着时间的推移,噪音的公共问题发生变化的顺序,以一只特殊的耳朵去注意科学和法律对这些问题予以界定和处理的戏剧性发展。这意味着除了公共问题理论(public problems theory)领域以外,科学与技术研究(STS, Science and Technology Studies)领域对这项研究而言也是不可或缺的。STS 以许多不同的方式促成了我的分析,特别是其关于标准化(standardization)的研究将会在本书中频频出现。

还有一个研究途径,则来自历史学、考古学、文化地理学和哲学的感官研究。比如科尔班(Alain Corbin)的新史学研究,能帮助人认识注意力的模式、感受性的门槛、噪音的意义以及可对忍受的与不可忍受的设定。加拿大作曲家、环境代言人、《声音景观:我们的声音环境与世界的调谐》(*The Soundscape: Our Sonic Environment and the Tuning of the World*)的作者雷蒙德·默里·谢弗(Raymond Murray Schafer)在其著作中也部分地运用了这类思路。这本书是世界音景项目的成果。这项计划开始于二十世纪六十年代末。谢弗最初的兴趣是在噪声污染。然而,他很快就将这个使命重命名为"声音景观设计"(soundscape design),因为对青年学生来说,这个命名具有一种比噪音控制更激进和时髦的色彩。在谢弗看来,有很多种可以导向一种更令人满意的声音景观或声音环境(sonic environment)的途径。第一种是在世界的声景中绘制历史上的和最新的变化。第二是推广"洗耳"(ear cleaning)工作坊和"声音漫步"(soundwalks)以增强公众的听觉能力。第三则是精心将环境里的声音进行录制,为新的音乐创作提供样品和启迪。在二十世纪九十年代,谢弗开始在公共空间里展示他的听觉设计观念。谢弗的同事巴里·特鲁瓦克斯(Barry Truax)则通过为保存声音的"丰富性"(sonic "variety")做辩护而发展出更加鲜明的生态学观点。

  谢弗本人以及追随者的这方面工作,其特征一直是描述性的而非诠释性的。对谢弗来说,声音环境研究的目标是去研究什么声音发生了变化,而不在于研究人们怎样去聆听声音。所以,我更中意艾米丽·汤普森(Emily Thompson)对声音景观概念所给出的定义。在她广为人知并得到肯定的研究《现代性的声音景观》一书中,声景"既是一个物理环境,又是感受那个环境的一种方式;它既是一个世界,又是一种建构起来赋予那个世界以意义的文化"。[1] 此外,汤普森的方法弥补了谢弗式声景概念的一个缺陷,即过度运用视觉来类比和解释听觉。这一类的视觉性类推法,

---

[1] *The Soundscape of Modernity: Architectural Acoustics and the Culture of Listening in America, 1900–1933*, The MIT Press, 2004, 1.

可能引导人去构想静止的图像，忘记听觉经验中动态的方面。

这并不是说谢弗和其他声音景观理论家的著作是贫乏的或没有启发性的。相反，他们对音景现象的记录是丰富的，他们的意图是具有召唤性的。然而，我这本书是对噪音的公共问题的变迁性的研究。而为了研究这些转变，我需要彻底地进行历史化。这意味着单凭声音的物理特征，是无法解释为什么特定声音为何被定义为噪音而其他声音则不是，或者为何私人化的噪音感受问题却变成了公共问题。这些问题要求我们承认那些发生在聆听声音的方式上的转变及其文化意义上的转变。要做到彻底的历史化，也要求暂时搁置对噪音问题持续存在的三个最常见的解释，即经济增长、听觉的主体性和我们文化中的视觉听觉感官孰为优先的问题。对于臭味问题的历史编纂，给研究噪音问题的历史，提供了不少参照。然而，噪音并不像臭味，噪音从未像臭味那样对社会形成强有力的威胁以使得介入干预的行动得到完全的合法化地位。这就解释了为何今日的专栏作家只敢于带着一星半点的讽刺来谈论噪音。这种境况是什么造成的？需要怎样来理解噪音公共问题的持久存在？

借用过去的耳朵来聆听技术

由于这本书集中关注于历史上由新的机械性声音如工业、交通、广播和飞机所引发的减噪运动最初几十年的情况，所以没有完全覆盖噪音问题与减噪政策的完整脉络。它的目标是详细审视公共讨论和公共行动中最热烈的一些片段，以求理解作为公共问题的噪音，其持续存在的背后究竟隐藏着什么。这些片段大致在 1875 年与 1975 年之间此起彼伏。在 1875 年，大多数欧洲国家已经出现了可以影响到对将来噪音问题进行定义的妨害法（nuisance laws）。而到了 1975 年，大多数欧洲国家已经制定或引入了围绕噪音妨害的法律条文或包括噪音在内的环境法规。

　　本书也没有在每个章节的论述中都覆盖到整个西方文化。我主要的关切点是在西欧，尤其是在首先具有了减弱噪音社会团体的英国和德国这两个国家，以及我所在的荷兰。此外，我探讨这一主题的最重要的一些基础性资料则来自美国。荷兰政府曾经认为美国、英国和德国在减噪立法上是"遥遥领先"的国家。由于各种各样的全国性减噪团体都十分热衷于报道在其他地方的抗噪音活动，与此同时政府在做出决策前通常会先从其他国家获取信息，因而它们的文献记录就提供了关于其他西方国家的丰富信息。

　　读者也许会期望这项研究将会有配套的历史录音或当代录音的光盘。不过这对我的研究而言，并不是很相关。当我在展示对交通噪音的历史所做的研究时，曾经会对听众播放二十世纪三十年代汽车喇叭的一段录音。录音听起来像一条狗在咳嗽。尽管这经常使听众们发笑，却不能帮助他们了解为何鸣笛在二十世纪三十年代会成为一个如此占支配性地位的公共问题。因此，如果我们认真对待感觉的历史性（the historicity of perception），那么录音所能够提供的，一方面是信息量极其复杂和丰富，另一方面则是在脱离了历史语境的耳朵里面，其效果又变得极其贫乏。

　　那么，挑战我们的，就是如何能够将声音的感觉经验予以历史化的问题，并通过当时的那些抱怨这些声音的人们的耳朵来聆听技术的声音。继而，我们必须理解历史上这些抱怨者，是如何在公共场域中将噪音问题予以戏剧化的，他们所依据的剧本是什么。

听觉的内容

[法国] 皮埃尔·舍费尔（Pierre Schaeffer）

马洁宁、王兆谷 译

> 皮埃尔·舍费尔（1910–1995），法国著名的先锋作曲家、音乐理论家、声学家，电声音乐先驱，"具体音乐"（musique concrète）的奠基者。本文摘自其 1966 年出版的电声音乐理论著作《音乐客体论》（*Traité des Objets Musicaux*）第五章第一节。在这节之后，该书以"听觉的内容"为基础，总结出听的各种特质，推演出听觉的因果性（causalité）、语义性（sémantique），继而发展出还原听觉（l'écoute réduit）、无视力听觉（l'écoute acousmatique）以及音乐体验（experience musicale）和实验性音乐（musique experimentale）等对现代音乐具有重大影响的概念。
>
> 译者马洁宁，法国巴黎高师博士候选人。译者王兆谷，原法国国家视听中心研究员。

利特雷字典（*Littré*）定义的听（entendre）：

我们先来查看一下利特雷字典对"听"一词的定义，并对各个词条顺序做一些调整：

听：使耳朵朝向一个地方，从那里接收声音的印记。听一种声音。我听到隔壁房间在说话。我听您向我传达的讯息。

（一）听—倾听：听，是被声音直击；倾听，是提供耳朵，为的是听声音。有时候我们尽管在倾听，却什么都没听，有时候我们不在倾听，却听了。

（二）听—听到（经由英语转译的版本也称为"聆听"——译者注）：这两个原本（在古法语）非常不同的两个单词，而在今天的用法却已经变得完全同义。"听到"（ouïr）原本是本义，但却逐渐地被作为引申义的"听"（entendre）所代替。"听到"（在古法语里）是通过耳朵感知；而"听"就是投入注意力。只是在使用上是挪用了"听到"的用法。可能两者之间存在的唯一区别是"听到"成为缺项动词，使用范围也有限。当意思模糊不清的时候，就必须毫不犹豫地使用"听到"。同样地，帕格维乌斯（Pacuvius）关于占星师们说过这样的话："倾听他们，不如只是听到他们。"要是他用的不是"听到"，而是"听"，那意思就完全反了。

（三）词源学：朝向一个地方，从那里得到意图，企图；"您是怎么听（懂）这个的？"

（四）听懂（entendre）—构想—理解："听懂"和"理解"意味着领会含义。而这就将这两个词与"构想"区别了开来，后者的意思是通过理念来领会。我听懂了，或者我理解了这句话，而不是我构想了这句话。相反，在布瓦洛（Boileau）的名言"被构想的内容就会被清晰地陈述"（ce qui se conçoit bien s'énonce clairement）中，"听懂"或"理解"二词在这里都不合适。听懂与理解之间的细微差别：听懂在于关注……，在……中游刃有余，然而理解却在于：取决于自身。我能够听懂德语，我懂德语，我熟练掌握德语。而"我理解德语"，意思就没有那么强烈。相反，我只能说我理解某个讲解。

基于以上的说明，在强行区分了一些术语的意思，以更为明确地将它们分门别类之后，我们给出四个定义：

（一）倾听（écouter）：使用耳朵，对某物产生兴趣。我主动面向一个声音向我描述或示意的某人或某事。

（二）听到（ouïr）：用耳朵感知。与最具主动性的倾听相反，我所听到的就是感知所给予我的。

（三）听懂（entendre）：我们保留词源含义"抱有意图"。我听到的，对我来说显而易见的，取决于这一意图。

（四）理解（comprendre）：这取决于自身，与倾听和听懂处于双重关系。由于我所选择听懂的内容，我理解我在倾听中所瞄准的对象。反之亦然，我所理解的，也引导我的倾听，告知我所听懂的。

我们要仔细地推敲上述内容。

听到（ouïr）

准确地说，我从没有停止听到。我所面对的世界从未停止对于我而言的存在，这个世界是声音性的，如同是视觉性和触觉性一样。我来到一个"环境"中，如同来到一片风景中。最深的静默也毫不例外地是一个有声背景（fond sonore），我的呼吸声和心跳声从其中剥离，带着一种不寻常的庄严感。要知道世界一旦被突然剥夺了这一范畴会是如何诡异的话，我们可以通过一些偶然的技术失误，来一窥究竟，比如当记载着电影原声的录音带突然被剪断，或者是在梦境中。还记得波德莱尔的诗这样写道：在他的"流动的奇迹"上，"盘旋着——可怕的新意——一切皆为了眼，不是为了耳——永恒的静默"（见波德莱尔《恶之花》"Rêve Parisien"）。就如同一种从早到晚都将我们浸润其中的喧闹，与我们本身的存在时间混淆在一起。

听到并不因此而"被声音直击",这些声音到达我的耳朵,却不触及我的意识。相比意识,有声背景才具有了现实。我出于本能使自己适应其中,当有声背景水平提高时,甚至在自己并不察觉的情况下升高嗓门。对我来说,有声背景与演出、思想、行动联系在了一起,在我不知情的状况下伴随着它们,有时甚至仅靠其自身便能让我想起它们。当我在电台里听到我看过的一部电影的音乐时,我甚至在真正认出它之前,电影在当时所勾起的情绪便被唤醒,虽然我当初完全沉浸在了情节的跌宕起伏之中,对配乐丝毫未曾关注。最后,我会时时被这一声音背景的突然或罕见的修改所提醒,虽然我并没有意识到。我们知道一个例子,一些居住在火车站周围的人们在火车没有准点经过时,会醒来。

但是确实,我总是能够间接地通过思考或记忆来意识到声音背景。我听见挂钟发出的声音。我知道钟声已经响过。我的思想重构我已经听到的前两声,然后安置我听见的第三声,而这都是在第四下钟声还未响起时。假使我没有尝试去了解时间,那我就不会知道,前两下钟声已经抵达了我的意识,显然如此……有人对我说话时,我正在思考其他事。与我说话的人自然很生气地停止说话。我认为这一沉默是不好的预示。我成功在他刚刚说的最后半句话还没完全陷入声音背景中之前,把它从后者中拽了出来,要是走运的话,这便让我能够给出回复,说服他我只是表面分心而已。

倾听(écouter)

但假设现在我在听对方说话。也就是说,我没有在听他的嗓音。我面向他,顺从于他要与我交流的意图,准备好在提供给我的听觉的内容中只听到具有语义指示价值的部分。举个例子,他有一口南部口音,我认识他的时候就被这口音逗乐了。虽然有一段时间没见面了,但我再见到他时,还是能够注意到这个口音,哪怕他的话语再严肃不过,它也还是会让我分心,然而此时此刻,我却暂时将其忽略。(然而,当我回想起这次对话时,不是指从思想层面位了总结相互交换的元素或从中得出结论,而是自发地回到对话发生的地方,我将不仅能够重获当时他所发表的言论,还会记起他的南部口音,某个特别措辞,那个我在众多口音中能够毫不犹豫地认出来的嗓音,我回到的是一连串我之前不断听到的特征,即使我完全没有分析它们的能力。)

我们刚刚讨论过,倾听并不一定是对某个声音感兴趣,甚至只是在例外时才对其产生兴趣,而是借助声音来瞄准其他事。

严格说来,我们甚至会忘记这一借助听觉(ouïr)的通道。于是,倾听某人就变成了服从("听你爸的!")或者是信任(因此,帕格维乌斯告诉我们不要听信占星术士,即使我们无法拒绝听到他们的话)的同义词。我在倾听别人说话时,会越过那些话语,无视可能并不完美的遣词造句,奔向我努力理解的理念。

我倾听一辆汽车发出的声音。我将其定位,估计出距离,可能会知道是什么牌的汽车。那我是如何从这个声音(bruit)中了解到这些讯息的?如果有人要我描述这个声音,那它越肯定,越快速地给出信息,我的描述就会越贫乏。

而恰恰相反,假如这辆汽车是我的,或者引擎正在"发出古怪的声音",我就会侧耳倾听。而我的倾听是功利性的,因为我尝试从中获取有关引擎运作的信息:由于我并不确定其原因,迫使我首先对结果进行分析。

最后,正如我一开始答应自己的那样,我会倾听的唯一目的就是为了更好地听懂。刚才还是阶段性的分析,其本身变成了目的。我本来朝着事件走去,附和着我的感知,在不知不觉中使用它。现在,我在我的感知面前后退了几步,停止使用它,变得无动于衷。感知最终在我面前出现,变成了客体(或译成对象)。倾听在这里还是通过即时的声音本身,瞄准另一个事物:完整呈现在我的感知中的一种"声音性质"。

听懂(entendre)

基于对前两个动词的分析,我们现在就可以更好地定义"听懂"。

听到—听(懂)

让我们先注意一点,那就是对我听到的内容步不进行选择在实际上是不可能的。有声背景不具有第一性,只有在它确确实实承担这一角色的有组织的整体中才具有第一性。只要我忙于我所看的,我所想的或者我所做的,我其实就活在一个无差别环境中,只能感知到一个整体特征。但假使我不能动,闭上眼睛,把思想放空,这样很可能我一刻都维持不了不偏不倚地倾听。我定位各种声音,区分出近处和远处发出的声音,来自室内或室外的声音,并且我必定会偏爱某些声音,而不是另一些。挂钟的嘀嗒声颇为强势,缠绕着我,抹去了所有其他声音。无意中,我已经为这声音施加了节奏:一下弱,一下强。我无法改变这个节奏,只能用另一种节奏来代替。我甚至要问,我如何能在放有这样恼人钟表的房间里睡着的。而其实,只要马路上经过的汽车发出的声响就足以使我忘掉它。此时此刻,我只知道外面的喧闹声打破了我所在的寂静孤岛。但是我又听到了敲门声,这些多变的组合一下子陷入了有声背景中,而我睁开眼睛并起身去开门。

至少,对这些改变有利的是,我能够一个个地,出乎意料地盘点这些声音所在的背景,并意识到我自己也要对这些连续不断的变化负责。而当我的意图更为明确时,对应的组合就更为强烈,于是,我就矛盾地觉得这一组合是从外部强加于我的。于是,当我在一个多人参与的寻常聊天中,我会转换话题和对话者,一刻都不怀疑这些由说话声,噪声,笑声组成的奇怪混合,而从这一混合出发,我便实现了一种独特的组合,与我的每一个同伴正在实现的组合全然不同。

倾听—听(懂)

相反,因为我不知道声音客体的来源,这就使我无法绕过对其进行描述,或是因为我想忽视这一来源,并只对这一客体感兴趣,所以当我要为了听懂而听时,会发生什么事呢?假如相信这一客体将对我展现其所有特征,那我就大错特错了,因为是我先将客体放置在背景中,然后再将其提取出来的:我会继续不断挑选,按顺序设想其每一方面。

因此,当我看着一幢房子时,我是将它放在景色中的。但如果我对其保持兴趣,我将时而研究其石材的颜色,质地,时而研究它的建筑学,时而研究门上的那些雕塑的细节,然后再回到景色上来,看房子是否拥有"美丽的视野",我将再一次考察其整体,就跟我之前做的一样,但我的感知会因为我之前投入的注意力而逐步被充实……另外,我无法像看一块石头或一片云一样去看这幢房子。这是一幢房子,是人的作品,是作为人类的居所而设计的。我是从这个意义上看待它,欣赏它的。而我的调查,以及我对其的欣赏也将会根据我是作为其未来的主人、考古学家、散步到此的人,或是以雪窟为家的爱斯基摩人等不同身份而变得不同。

我们在下一章节里会更加详细地讨论被定性的倾听的进程,其多样性仰仗一种感知的基本法则,即不断"勾勒",绝不穷尽客体,也仰仗我们先前的知识和经验的丰富性(根据我们的知识和经验,客体立即呈现出不同的意思或含义),还有我们的倾听意图,我们朝向的对象的多样性。这里也可以看一段马克思·弗里斯的小说《能干的法贝尔》作为例子。

  每一次到了早晨,一个奇怪的,一半是机械式,一半是音乐性的噪声将我吵醒,我也不知道该怎么来解释,不是很响,但又跟蟋蟀一样狂热,有点像金属,十分单调,这应该是某种机械,但我也不知道是哪一种,然后,当我们正要去镇上吃早餐时,它就已经停止了,我们什么也看不到了。

  ……星期天,我们在打包行李……那个每天早晨吵醒我的奇怪声音又出现了,应该是一种音乐,就好像一个古马林巴琴那样喧闹,一下下锤击,没什么音色,真是可怕的音乐,极其疯狂。原来是与满月有关的某个节日。每天早上,在人们下田工作以前,五个印度人,为了给舞蹈伴奏,用小音锤拼命地敲打他们的那个和桌子一样长的木琴乐器。

显然,这两段描述是相互映照的:疯狂,单调和锤打,喧闹与缺乏音色,金属声及音锤敲打在木琴上的声音。每天早上,在床上,然后在室外,小说主角瓦特·法贝尔所听到的实际上是同一个声音。

  我们这里不会说他所听懂的。在第一段中,他听懂了一个他试图进行解释的声音;在第二段中,他已经知道了原因,所以便欣赏一种音乐。因而,原本是"奇怪的(bizzare)"变成了"可怕的(effroyable)"。第一段话中作为简单的描述性类比的"狂热(frénésie)"(我们的小说主角并没有将其直接视为蟋蟀的特征),在被得知是拼命敲打乐器的结果时,就被认为是更有力量,并且变成了"极其疯狂(abousolument epiletique）"。相反，会让人想起机械的单调锤击变得更不那么感性。瓦特·法贝尔在成功定性了倾听之后，开始听懂，然后根据一个具体的含义而理解。

理解（comprendre）

事实上，他绝不是直接从模糊暧昧，"一半是机械，一半是音乐"的声音客体那里了解的，而是由视觉的帮助，他才理解了这些是音乐。

与马克思·弗里斯小说里的主角一样，我也可以通过将我所听到的与其他感知相结合，或根据多少比较复杂的推测，来理解我所听到的内容的确切原因。再或者，我可以通过倾听，理解与我听到的内容之间只有间接联系的某物：我同时注意到，鸟停止了鸣叫，天气变得阴沉，气候变得闷热，我理解了将会有一场暴风雨。

在一项工作，一种不再满足于迎接一种含义，而是要抽象，比较，推测，在不同源头与性质的信息之间建立联系的精神活动的尾声，我开始理解；也就是要明确一开始的含义，或引出某个补充含义。

这个从隔壁房间传来的，让她惊跳的声音，对房子的女主人来说，是富含意义的：是一个跌落的或者摔碎的声音。她是这样听到的。她发现她的儿子已经不在那里了，又想起来那个中国花瓶被冒失地放在了她儿子够得到的地方，也就是桌子上，于是她很容易就明白了是她的孩子打碎了花瓶。

我倾听并听懂人们对我说的话，但我一边从叙述中找出矛盾之处，并将此述与我知道的一些事实相对照，一边就明白了我的对话者在对我说谎。因此，我的怀疑态度就将我的倾听带向了其他地方，我也明白了他的嗓音中的犹豫和中断，"甚至是一些无声的眼神"。

正如最后一个例子所预示的,我们有时会无差别使用听懂和理解,把它们视为同义词:即抓住意思。另外,比如说,我们说的"我理解(comprendre)你"或"我听得懂(entendre)你"并没有区别,或我们还会抱怨一点都没理解(或者听懂)现代音乐。无论如何,实际上,理解的行为完全与倾听的行为相吻合:所有的推断,比较,抽象工作都被归入并超越了即时的内容,即"待听的内容"。

听的三种模式

[法国] 米歇尔·希翁（Michel Chion）著
王敦、吴玄烨、高灵 译

> 米歇尔·希翁（Michel Chion），法国声音理论家，"具体音乐"作曲家，电影研究学者，影评人，巴黎第三大学电影与视听研究院（IRCAV）客座教授。节选自其《视听：幻觉的构建》（L'Audio–vision, 1990）一书。本翻译根据的是英文译本（*Audio–Vision: Sound on Screen*, trans. Claudia Gorbman, New York: Columbia University Press, 1994）并略作删改。
>
> 译者王敦，中国人民大学文学院副教授。译者吴玄烨、高灵，中国人民大学文学院硕士研究生。

当我们请别人聊聊他们都听到（heard）了什么的时候，他们的回答会惊人地不同。人们往往是在不同的层面上来谈听觉（hearing）活动而不自知。这是因为这里面至少有三种听（listening）的模式，每种模式都针对着不同的听觉对象。我们把这三种模式称为：因果式倾听（causal listening）、语义式倾听（semantic listening）和还原式倾听（reduced listening）。

一、因果式倾听

因果式倾听是最常见的。其对声音进行倾听的目标是收集关于其成因（或来源）的信息。当这些成因是用眼睛就可以看见时，声音可以提供一些与它有关的补充信息；例如，当你敲打一个封闭的容器时，该容器发出的响声可以告诉你它有多满。当我们不能直观看到导致声音产生的原因时，声音自身成为可以提供给我们关于其成因的主要信息来源。我们可以通过一些知识或逻辑推测来弄清楚这些不可见的原因；因果式倾听（虽然很少有倾听行为是彻彻底底属于这个类型的）可以详细说明这些知识。

对于建立在声音分析的基础之上的因果式倾听，我们必须注意不要过高估计其准确性和潜力，不要过高估计其为我们提供可靠、精确的数据的能力。事实上，因果式倾听不仅仅是最常见的听觉模式，也是最容易使我们受到影响和欺骗的听觉模式。

对声音之原因的查找：从特殊到一般

因果式倾听可以在各个层面上进行，在某些情况下，我们可以辨明导致声音出现的确切原因：比如特定某人或某物产生出声音。但是，我们很难能够仅仅根据我们所听到的声音，就能"断章取义"地辨认出某个独特的声音来源。对于来自人类自身的那些声音而言，人类个体可能是产生声音的唯一原因，即，说话中嗓音指示的是个体的特征。但是对于我们的耳朵来说，同一品种的狗的叫声是雷同的，或者至少对于大多数人来说，这意味着雷同。我们无法区分一只牛头犬和另一只牛头犬的叫声差异，甚至不能区分相近品种的狗叫。狗的主人能否仅仅凭借叫声而辨认出自己的狗，这是非常值得怀疑的，尽管狗似乎能从数百种嗓音中辨认出主人的嗓音。但是，当我们是在自家的后院听到狗吠时，我们就可以很容易可以推断出到底是家里的哪一只狗在叫了。有了这样一些来自听觉之外的因素来帮助进行逻辑推理，往往也就掩盖了因果式倾听的上述局限。

而且，我们往往对一些声音的来源"耳熟能详"，但我们的思维却并没有给它们全方位地"建档"，使得这些来源处于未命名状态。比如，我们在听广播时候，熟悉那些常常听到的播音员的声音，但却常常不知道该广播员的名字或其他特征。在记住某个人的声音音色和辨认其相貌并叫出其名字之间，还存在着相当大的认知落差。

在另一类因果式倾听中，我们对声音的来源不去做具体的辨识，而是做类别性的辨识。也就是说，我们不去辨识某人，或某个特定的物件，但我们能根据因果律思维来辨识出声音出自何物，是出自人类、机械还是动物等，比如成年男子的嗓音、摩托车引擎的声音或鸟鸣。在那些情况之下，我们所能意识到的，只是一般性质（general nature）上的声音之成因。比如我们可以判断某种声音一定是来自某种机械类的成因。这是基于一定的振动节奏，一种被恰当地描述为"机械"的规律性来做出的判断。或者，我们判断出一个声音肯定是出自某种动物，或者出自人声。由于缺乏更具体的信息，我们只能对标志予以识别。我们试图利用它来辨别原因的本质。

即使在因果律无法帮助我们辨识出一个声音的来源的时候，我们仍然可以通过因果式倾听，来精确地追踪声音本身所带来的一些因果性链条。例如，我们可以通过追踪刮擦噪声的变化（加速、快速、减速等），从而感知和推断压力、速度和振幅的变化，但却并不需要知道是什么在刮擦什么。

像多级火箭一样的复合声源

要记住一个声音往往不只有一个声源，而是至少有两个、三个甚至更多。就拿我正在写这份草稿的那支钢笔所发出的声音来说吧。该声音的两个主要来源是钢笔和纸张。但是，在写作中也涉及手的姿势，而且，是我这个人在进行写作。如果在录音机上录制和收听此声音，则声源还将包括扬声器、录音磁带等。

我们要注意的是，在电影中，因果式倾听经常被视听综合性效果所操纵，尤其通过视听同步现象来达成。大多数时候，我们碰到的不是引发声音的真正原因，而是通过电影的设计使得我们相信的原因。

二、语义式倾听

我所称之为语义式倾听的，指的是用解析代码或者语言的解析模式来解释声音里面的信息。其所倾听的声音对象，当然包括了口语所发出的声音，也包括利用摩尔斯电码或其他类似代码所发出的声音。这种以极其复杂的方式而运作的倾听模式，一直可以算作语言学所广泛研究的重要对象。从语言学里得到的一个重要的发现是：这样的符号表意，纯粹是基于差异性来运作的。我们在听一个个音位（phoneme），即人类任何一种语言系统中能够区别意义的最小语音单位时，不是严格地按照其声学特性来听取它，而是要把它作为由对立和差异所构成的整体系统的一部分来看待。因此，运用语义式倾听方式时，经常会忽略相当巨大的发音差异，如果它们在表述问题时并不会引起歧义的话。例如，法语和英语听力中，人们对音位 a 富于变化的发音并不敏感。

显然，人们可以同时使用因果式和语义式这两种倾听模式来听同样一个声音序列。我们同时就能听出别人那句话在说什么，以及是如何说出来的。从某种意义上说，因果式倾听模式就是在语义层面上去听某个声音序列，这就好比对书面手写笔迹的感知就是去阅读它一样。

三、还原式倾听

皮埃尔·舍费尔（Pierre Schaeffer）把关注声音本身特征、不关心声音的原因和意义的听力模式命名为"还原式倾听"。"还原"一词来自胡塞尔的现象学。还原式倾听把声音（包括口头的、乐器演奏的、噪音以及其他任何来源之下的）当作客体来观察，而不是作为其他东西（原因或意义）的载体。

有意识地尝试一下还原式倾听模式，会让体验者觉得很不一样。体验者很快意识到，在谈论声音的时候，他们不停地在声音的实际内容、来源和意义之间穿梭，也就是在还原式、因果式和语义式三种倾听模式中切换。他们发现，如果听者要被迫在声音的成因、意义之外来描述声音，则对声音本身的谈论是一件很不容易的事。于是，我们在日常习惯中所用来描述声音的那些语言表述方式，突然就显得捉襟见肘了。比如这句："这是一种吱吱作响的声音。"但这是在什么意义上来说的呢？"吱吱吱"代表的是一个意象，还是一个单词、还是某个尖叫的来源，还是指向某声音带来的不愉快效果？

因此，当人们发现直接关注声音本身是件难事的时候，他们就会做出这样那样的反应。他们或者对此事一笑置之，或者为所听到的声音附会出琐屑幼稚的来源，借此来逃避对声音本身的追问。另一些人为了避免对声音予以描述的任务，则通过频谱分析或秒表记录的方法来宣称自己对声音予以了客观化。但是，这些机器毕竟只能处理物理数据，并不能指认出我们所听到的到底是什么。还有一种反应则是陷入了彻底的主观相对主义。根据这一思路，一个同样的声音在每个人耳朵里面，都与别人所听到的不同，所以所感知到的声音永远是相互之间不可知的。但是，感知并不是一种纯粹的个体现象，因为它涉及一种特殊的客观性，即共同的感知。而还原式倾听,正是在这种存在于主体之间的客观性中,正如舍费尔所定义的那样,能够找到立足之地。

在还原式倾听中,对于声音内容的全面掌握,是无法在单独一次的倾听中就能达成的。从逻辑上讲,要想完成这样的任务,就需要把一个声音听很多次。正因为如此,作为这样一种倾听模式的前提,声音就必须被固定下来。但对于歌手或者演奏家来说,则无法每次都发出与之前演奏完全相同的声音,她或他只能重现其基本音调和轮廓,而不能忠实细致地完全再现该声音的所有细节。因此,还原式倾听的先决条件,是需要把听觉对象即声音固定下来,从而才能够获知对象的真实状态。

还原式倾听所提出的要求

还原式倾听这个提法是全新的。这种倾听模式虽然并非天然,但可以做到富有成效。它打破了人们习以为常的听觉懒性,并为那些尝试过它的人开启了之前无法想象的一个世界。但其实,听觉的各种模式总是在不知不觉之中综合地起着作用。每个人都在或多或少地自发实践着还原式倾听,哪怕是其最初级的方式。当我们确定了一个音高或计算出两个音符之间的间隔时长时,我们就是在从事着还原式倾听,因为这时候所关注的音高、时长,是声音的固有特征,与声音的成因或对声音意义的理解是无关的。

使问题复杂化的是,声音并不仅由它的音高来定义,它还拥有许多其他的知觉特征。许多的声音现象甚至没有一个精确或确定的音高,如果它们有的话,那么还原式倾听/听力就不外乎呈现为传统的视唱练耳练习了。是否能够制定一个描述声音的系统,其对声音的描述完全独立于产生声音的原因之外?舍费尔用还原式倾听的想法来证明这是可能的,但他只是成功划定了这一领域。他在《音乐客体论》（*Traite des objets musicaux*）一书中提出了一套这样的分类体系。当然，不能说这一套体系已经完美无缺了，但它还是存在着巨大价值的。

事实上，除非我们创造出新的概念和标准，否则这样一个系统就不可能得到进一步的完善。当我们运用还原式方法去倾听时，现在的日常语言和专业的音乐术语，都完全不足以描述那些声音所呈现出来的特征。

在这本书中，我不打算详细讨论还原式倾听和声音描述方面的问题。对于皮埃尔·舍费尔相关论述的梳理，读者可以去自行翻阅有关这方面的其他书籍，特别是我的另一本书《声音对象导论》（*Guide des objets sonores*）。

还原式倾听的价值

"还原式倾听到底有什么用？"被我们要求连续四天沉浸于还原式倾听之中的电影学和录像专业的学生想知道答案。的确，电影和电视目前之所以使用声音，似乎仅仅是因为声音具备象征、语义或唤起性的价值，即能够指涉向真实或暗示的原因或文本的价值。在电影和电视里，声音本身很少作为声音自身形式的原材料而被使用。

然而，还原式倾听具有打开我们的耳朵和提高我们的听觉能力这两个巨大的优势。电影和视频制作者、学者和技术人员可以通过还原式倾听的体验，从而更好地了解他们的媒介，并驾驭之。声音的情感价值、物理价值和审美价值，不仅与我们赋予它的因果性解释有关，也与它本身的音色和质地，与它自身的振动有关。所以，就像那些导演和摄影师可以通过从视觉材料和结构中提炼知识来获得所需，我们同样也可以做到训练有素，从对声音内在品质的熟悉了解中受益。

幻象式听觉维度与还原式倾听

还原式倾听和幻象式听觉(acousmatic)这两个概念,都是皮埃尔·舍费尔所提出的。还原式倾听和"仅闻其声"而不见其源头的幻象式听觉现象有一些共同之处,但在概念上所强调的侧重点不同。对于幻象式听觉这个概念,舍费尔强调的是不见来源的声音是怎样被我们听到的,将这个词进一步定义为这样一种情况:在听到声音的时候,我们看不到发声原因。这将改变人们对倾听模式的理解。"仅闻其声"引起我们注意那些其视觉性来源被隐藏起来的声音的特征——因为这种视觉增强了对声音的某些要素的感知,而压制了其他要素。"仅闻其声"而不见其源头的幻象式听觉,迫使声音在其所有维度中老老实实地呈现其自身。

舍费尔认为,这种"仅闻其声"的声音环境会带来还原式倾听,因为它激发一个人将原因与结果区分对待,从而有利于人们有意识地注意声音的纹理、质量和速度。但是,至少在刚开始让人这样去体验的时候,常常发生相反的情况,即在剥夺了视觉的帮助之后,"仅闻其声"现象反而激发了人的因果式倾听。当电影观众听到扬声器发出的声音,却找不到这视觉或视觉经验里面的对应或参照时,他们会更加专注地问:"那是什么?"(例如,"这个声音是什么引起的?")并且注意最细微的线索以便找到发出声音的原因。(尽管经常猜错。)

当我们遇到"仅闻其声"这种现象时,就需要对这个被录制的声音进行反复聆听,这样我们才能渐渐不去关注产生出它的原因,从而更准确地去抓住它自身的内在特征。

有经验的听者可以同时进行因果式倾听和还原式倾听,特别是当两者相关时。的确,是什么导致我们想去推断一个声音的原因?难道首先不正是这个声音以某种特征形式而存在吗?如果已经知道这是"×发出的声音",我们就可以在思维没有进一步干扰的情况下,继续探索该声音本身是什么样子。

四、主动和被动的知觉

在这本关于电影视听的书中,似乎有必要明确区分上述这三种倾听方式。但我们也必须记住,在电影视听复杂多变的背景下,这三种倾听模式是相互重叠和融合的。

用耳朵听与用头脑听是分不开的,就像看与理解是分不开一样。换句话说,为了描述知觉现象,我们必须认识到,有意识的和积极的知觉仅仅是更广泛的知觉领域中的一部分。在电影中,"观看"是指同时在空间上和时间上,在一个"给定的视界"中的探索,而这种视界是受到长方形屏幕限制的。但是就听觉而言,它探索的是一个听觉领域,是给予甚至是强加在耳朵上的。这种听觉领域所受到的限制和局限要小得多,它的轮廓不确定、并且是变化的。

我们大家都知道这样的自然设定:声音具有自然特性,而且由于耳朵上没有眼睑那样的东西,所以倾听是在全方向进行,无所不在。但是,由于我们文化中缺乏针对听觉感官的真正的训练,这使得我们在主动去倾听时候,很难能够做到针对声音的丰富性进行取舍。往往发生的情况则是,声音总是能淹没我们,让我们感到惊讶,特别是当我们那缺乏训练的听觉总是拒绝有意识地专注于四周的声音的时候。因此,在这种"听而不闻"的听觉之下,声音干扰并左右着我们的感知。当然,我们的意识应该能够让事物服从我们的控制,这包括对听觉予以训练,不再听而不闻。但是,在当前的文化状态下,声音比图像更能操纵我们的感知,堵塞住认知的通道。

对电影来说，这意味着声音比图像更能成为一种潜在的情感和语义操纵手段。一方面，在生理上，声音直接在我们身上起作用（电影中的呼吸声音会直接影响我们自己的呼吸）。另一方面，声音对感知有影响：它可以用来解释图像的意义，使我们在图像中看到我们原本看不到的东西，或看到不同的东西。所以，我们应该懂得，声音并不是和图像一样，以相同的方式被赋予意义和定位的。

听觉性关联

[美国] 布兰登·拉贝勒（Brandon LaBelle）著
王敦、徐铭利 译

> 布兰登·拉贝勒，美国西海岸的"声音艺术家"和作家。此文（"Auditory Relations"）是其著作《背景噪音：声音艺术面面观》（*Background Noise: Perspectives on Sound Art*, New York: Continuum, 2008）的导论部分。
> 译者王敦，中国人民大学文学院副教授。译者徐铭利，中国人民大学文学院硕士毕业。译文有删节。

声音在本质上即具有不可忽视的关联性：它发散、传播、交流、振动、鼓动。声音离开一个身体进入另一个。声音有结合也有分离的作用，有治愈也有摧残的功效。声音让身体移动，让思绪纷飞，让空气波动。它在潜移默化的同时却看起来难以定义。

声音艺术（sound art）作为一种实践，它对声音的状况和声音运作的流程予以驾驭、描绘、分析、表演、质询。声音作为一种艺术媒介是如何历史地发展的？我力图从这个角度来梳理具有关联性的声音经验。这将告诉我们，空间远不止是表面的物质性，此间的知识是一种欢乐而生动的合唱。生产并接收声音，就是进入关联，即让私人性变得极度地公共化，并让公共经验具备鲜明的个体性。通过这种方式，本书试图描绘出声音本身一直在做的事情，尽管迄今为止，这被制约在音乐艺术的丰富的情境（context）框架之下，在其种种的实验性边缘（experimental edges）之处。

书写这样的历史，我热衷于讨论具体的艺术家，讨论他们具体的作品，讨论其在听觉上的操作以及他们的直觉，以便能让我在声音最具社会性、空间性和公共性的这些例证情况之下，赋予声音艺术实例以更多和更全面的思考。此间的声音艺术主动与周遭的空间、地点、感知中的身体，以及投入的倾听行为，进行互动。所以，需要记录下来声音对感知和听觉主体的影响，将声音标记为空间的和建筑的，由此来说明它与既有环境（built environment）是水乳交融的。要说出这些观点，以便粉碎声镜（the acoustical mirror）这样的视觉性表述模式。在那样的所谓的声镜构想里面，自我和声音的关系则是如同浮雕一样静态镶嵌的。还有，要专注地倾听一切回响。声音本身让我注意到一系列的交互作用、噪音的强度、建筑的共鸣，以及文化产品打动受众的潜力。

我认为，需要借助对空间形态模式的思考，来寻找声音的关联性特质，特别是因为两者之间存在一种动态关系。这一点，无疑是居于声音艺术的实践的核心，即对声音和空间两者的现存关系的激活（activation）。我致力于为达成这样一种理解，来提供如同声音/空间方程式般的各种复杂性、细节性，和表述。

关注于声音和空间的动态关系，这无疑会带给我们许多的观察和认识。这些会打开我们对声音艺术问题的视角。首先，一个声音的存在总是不限于一处。如果我发出声音，比如拍手的时候，我们就会不仅听到这里掌间发出的声音，也会几乎在同时听到房间里的回声——声音经过多次反射至角落，又几乎立即被反射回声源。这个听觉事件暗示着一种动态关系，其中，通过不断增殖和扩展那些动态节点的方式，声音和空间进行着交流。具体的给定空间的物质性（materiality）塑造了声音的轮廓（contours），并根据声波的反射（reflection）、吸收（absorption）、混响（reverberation）和折射（diffraction）来塑造之。同时，声音赋予给定的空间以额外的含义：在这个房间的回声中，拍手声从各个角度和位置描绘出这个空间。这个房间的空间既在这里，在我的手掌之间，也在那里，在声音的轨迹（trajectory）之中。在其墙壁所围的范围之中，房间就通过声音而出现于多个位置，因为"到达耳朵的声波正是现存环境的模拟物（analogue），因为声波在传播中，承载着每一次与环境的互动"。[1] 因此，我们在这次拍手中听到的，与其说是声音和声音源，还不如说是一个空间事件（spatial event）。

其次，声音发生在身体之间；也就是说，拍手发生在他者的在场（the presence of others）之下，要么是有别人就在这同一个房间里，就在我面前，要么是在别的房间里存在着有意或无意的听者。声音不仅在空间的物质性里面被生成和反射，而且也是在他者的存在之下被生成和反射，在这里和那里的一个个身体的存在之下被生成并改变。因此，听觉事件也是一种社会事件。在多重延伸的空间里，声音必然地会催生多样性，即倾听者的多样性以及倾听者的听觉"观点"的多样性，听觉事件也就成为社会操作的结果。这一观察也提醒声学家，物质存在也被社会事件、身体动作和人群流动的物质性影响所决定。身体赋予声音效果以变化，它调制声音，影响其反射和共鸣、音调和强度，最终影响声音的传达。身体的存在性，在塑造社会事件的时候，也被这些事件特定的社会性所决定。音乐厅也好，教室也好，人群被置于这样的情境，他们要么形同

---

[1] Barry Truax, *Acoustic Communication,* Norwood, NJ: Ablex Publishing Corporation, 1994, 15.

于"次级建筑"（subarchitecture），各占其位，要么是一种给定情境之下的内置内容：身体占据着合适于他们的位置，前景或背景，台上或台下，前面或后面。由此，人群根据物质性来赋予声音以品格，也社会性地根据事件的情境和其内在的姿态来这样做。所以，同样是拍手，在音乐厅听和在教室听完全是两回事。

再次，声音从来不是私人事务。我们倾向于把说话者看成声音源和一种个人索引（an index of personality）：所有目光都注视我的说话、喊叫或歌唱的嘴唇，就好像这个声音附着在我这个人身上。然而，我们也听见我的声音和我本人之间是怎样在瞬时就分离了。声音回荡在房间里。更重要的是，它会进入别人的脑袋。在这个意义上，发出的声音，总是已经是一个公共事件了。它从一个声源出发，便立即到达多个目的地。它发出的同时，又填满了整个空间和别人的耳朵。所以，说话就是让声音活在更多人的脑子里，而不再只是个体思维。倾听因此成为一种参与的形式，即对声音事件的分享，尽管这种说法有点老套。整个事件暗示了一种涉及声音与空间形态的心理学维度。听觉活动恢复了"前物质存在"（the fore material presence），它通过将离开声源的声音传播到各个地方并进入人类的社会组织以及他们的情景剧，来制造和增减空间。它自身还携带一种心理学上的动态变化。在这种变化中，声音作为一种可以直达头脑却看不见也不可知之处的"无线电音"（radiophonic）广播，与精神回响的空间场域进行交涉。

按照这种思路，我们便可理解声音作为关联现象，是如何通过空间形态，从当下到远距离传送，从一个人内心所想到他人所想，从无形的声波到物质实体，从此时此处到彼时彼处进行瞬时操作的。因此，建筑的存在、偶然的声音（found sound）、环境噪音和固定位置的细节，都凸显为持续输入中的倾听的形式。也就是说，声音世界总是在涌入，给我们添加用来定位自身的额外成分。

声音由此借助空间并同空间一起表演（perform）：因为声音对建筑物施行了放大、寂静、扭曲、变形，或推挤。所以声音从地理层面上操控，从声学层面上回响，从社会层面上建构。声音逃出房间、振动墙壁、破坏交流。声音借助累加的回响而重新定位自身。携带着空间信息的声波总是占据不止一个处所。它错位，它转移。声音像汽车音响播放出的震耳欲聋音乐，涌出边界。一方面，它是毫无界限的，另一方面它又是定点的(site-specific)。

定点性

艺术用各种可能性来呼应世界（address the world）。二十世纪六十年代晚期和七十年代的所谓"定位实践"（site-specific practice）的跨媒介艺术形式就正是这样。根据如此的方法论来说，与其说艺术作品将自身从其存在的空间中分离出来，倒不如说是空间力图并入作品里面去。由此，从博物馆到书写艺术史的语言，艺术得以自省地批判其自身结构和制度，并更多地依赖于一种迁移，从对客体的制造，迁徙到了体现在事件、行动、思想、昙花一现的日常以及内在于空间政治里面的去物质化的（dematerialized）潜能。

声音艺术在二十世纪六十年代中期和晚期取得决定性进展，大致和"表演与安装"艺术（Performance and Installation art）的发展阶段相吻合。我认为这种吻合并非巧合，因为从客体到环境的迁移，从仅注意单一客体到视角多样化，从某个身体到众多他者，都描述出声音本身的联系性、空间性和时间性的本质。声音提供了对感官、空间边界、身体和嗓音予以激活的方式。声波作为能量波，成为播放、传送的一种形态。然而，矛盾的是，对声音艺术的历史化回顾工作，与对于定点性和情境性实践活动（site-specific and contextual practice）的历史化回顾工作，在目前仍然是相互隔绝的。声音艺术一直在文化和学术场域里面找寻自己的立足点，如同我们在近五年已经饱和的展览和学术会议上所看到的那样。它的历史渊源，在战后偏重于空间性问题的当代艺术包括视觉艺术和实验性音乐的专门化领域之中，保持着一种分离又混合的状态。我试图将声音艺术的历史和语境编入到定点性实践的历史化回顾之中，以便认清声音艺术是在怎样的情况下被塑造的。

沿着这个计划，我不是要穿糖葫芦，将很多作品串联起来，而是要挑选二十世纪五十年代初之后那些最能说明声音艺术特质的项目和艺术家来做分析。我追随二十世纪六十年代至七十年代期间声音作为艺术媒介的发展，通过几条主线，即建筑、地点（place）和定位（location）以溯源这种年代学。我的发问是：在把我们与更广阔的视野连接的时候，声音是如何同时将我们植入当地环境中的？声音实践形式，对空间性问题和周围的公共空间问题，会产生什么后果？我们能否通过与倾听以及在空间中的共振的关联性，来辨识关于身份和体验的问题？

自二十世纪五十年代初起，声音作为美学观照对象，变得越来越被重视。约翰·凯奇（John Cage）的实验音乐以及具体音乐（musique concrète），使得音乐表现和声音表现之间产生了分化。这刺激了在电子乐、田野录音、声波展示空间化（the spatialization of sonic presentation）、另类手法引介（the introduction of alternative procedures）等方面的尝试。音乐创作开始在更广阔的意义上得以展开，抛弃了传统乐器法对创作者的限制。拙著《背景噪音》的第一部分即阐述凯奇作为实验音乐创始人,将"声音"本身强调为一种构成性范畴。凯奇拓展了作为世俗现象的声音与作为文化产品的音乐之间的广阔纵深,在此处构建了对于倾听和声音之"处所"(place)的高度关注,发展出一种批评的实践形式。凯奇的作品将音乐置于一系列更广泛的与社会经验和日常生活有关的问题之中。他的作品,比如《四分三十三秒》(*4'33"*)和他的《黑山》(*Black Mountain*)演出,被研究者视为揭示声音艺术发展原则的一个途径。我把源自欧洲的具体音乐、源自日本的破嘴音乐(Group Ongaku)和凯奇放在一起,以说明北美派和欧洲及日本的联系,同时也勾勒了战后时代这方面的脉络,比如实验音乐(experimental music)致力于探索偶然声音(found sound)与环境材料的问题,通过将音乐性的层面推向极致,使得偶然对象(found objects)、听众和社会空间被组合成一种关于输入与输出的不稳定的混合物。各种相关技术,及其捕捉并突出声音细节的内在能力,和置于偶然环境(found environment)中的表演性身体一起,开始形成从实验音乐过渡向声音艺术的概念体系。

拙著的第二部分,阐述凯奇的作品在偶发艺术(Happenings)、环境艺术(Environments)和激浪派艺术(Fluxus),还有极简主义(Minimalist)雕像与音乐,以及概念艺术(Conceptual art)当中的历史影响。二十世纪六十年代的艺术发展,在关注社会和政治的同时,重视现象与存在的关系问题,要求艺术与生活融为一体,物体承担与人类进行交互性对话的作用。由艾伦·卡普罗(Allan Kaprow)、克拉斯·欧登伯格(Claes Oldenburg)以及凯奇的学生发起的偶发艺术和环境艺术所开始,身体的表演性,和观众与空间那庞大的情境框架,成为艺术焦点。这些转变在激浪派艺术作品中被发扬光大,其感知游戏规定艺术对象必须与现实的即时性相连。事件的配乐和表演是围绕"后认知"(post-cognitive)理解所组织的,创作是在观众/听众的思维中完成的。"瞬间逼近主义"(the immediate and proximate)在二十世纪六十年代堪称主流,在拉蒙特·扬(La Monte Young)的音乐、罗伯特·莫里斯(Robert Morris)的雕塑和迈克尔·阿什(Michael Asher)的空间装置中得到详尽的诠释。拙著的这第二部分从阐释存在的问题(正如声音、空间和身体知觉中所显示的那样)出发,展现出上述艺术家各自作品更多的细节考量。每个艺术家都用各自的方式使用声音,从不同层面来指出该媒介的表演潜力。杨是从现象的层面,莫里斯是从阐述的层面,阿什则是从概念的层面。对存在的关注,最终在二十世纪六十年代末和七十年代初的概念艺术作品中通过符号学游戏(semiotic games)、去物质化的策略(dematerial strategies)、解构的表演张力(performative tensions that deconstruct)、政治化(politicize),以及语言文化结构中被空间化的知觉(spatialize perception inside the cultural structures of language)而被问题化。我的观点是,概念艺术的祖师爷是约翰·凯奇。

拙著第三部分进入二十世纪七十年代早期的行为艺术(Performance art),首先讨论维托·阿肯锡(Vito Acconci)的作品,然后依次是艾尔文·卢塞尔(Alvin Lucier)、克里斯托弗·米高(Christof Migone)的当代作品,这个过程力图"听清"声音(voice)是如何被用来动摇社会所约定的主体性。卢塞尔的《我坐在房间里》(*I Am Sitting In A Room*)和阿肯锡的《温床》(*Seedbed*)、《声明》(*Claim*)等表演装置艺术,使用演讲的形式,通过表演那个最反复无常的自我(the self at its most volatile)来揭示关于存在的另类观点(an alternative view of presence)。采取如此形式的演讲的声音,是性欲化

（Sexualized）、无实体（disembodied）、过度（excessive）以及自恋的（self-obsessed），在机械复制技术和建筑集装箱（architectural containers）中穿过，以开辟对构成主体性来说不可或缺的空间性。他们的作品，通过削减掉丰富的在场性（the plenitude of presence）并代之以嵌入一个在克里斯托弗·米高作品中得到进一步例证的"电子音乐的"（radiophonic）身体，来质疑极简主义的现象学（the phenomenology of Minimalism）。人声（voice），作为身体的一种响亮的支出（a sonorous expenditure of the body），如何根据更大的社会环境来定位自我？人声的限度是什么？在语境化和情景化的地形中，人声又如何来安置人的自我？这些问题都是艺术家们在作品中所追求解决的，也标志着这些问题，在艺术家对有关声音空间性和关联性运作的广泛调查中不可或缺。

在拙著的第四部分中，声音的空间性问题，通过分析马克思·纽豪斯（Max Neuhaus）、伯恩哈德·莱特纳（Bernhard Leitner）、玛丽安娜·阿马彻（Maryanne Amacher）和迈克尔·布鲁斯特（Michael Brewster）作品中的声音装置，而得到进一步阐释。声音装置、空间化的音乐性和声学设计，都把声音和建筑关联起来。通过把声音作品和特定的音响效果联系起来，建筑被呈现、被解剖、被重绘。声音装置艺术也运用了多种的声音手段，比如放大已有的声音，促进内与外的听觉性对话，接入结构振动（structural vibrations）来扩大音调的音频调节范围，利用偶然听觉事件（found auditory events）的环境混合来设计倾听经历。这些都被囊括入声音装置艺术中，开花散叶地发展成为具备独特品格的声音艺术的源头。通过声音装置艺术和纽豪斯等人的作品，声音艺术找到其定义，将自身与实验音乐的遗产区别开来，进入了一场与视觉艺术更全面的对话。在回顾中,我试图将伊阿尼斯·泽纳基斯(Iannis Xenakis)的作品当作声音具有建筑性潜能(sound's architectural potential)的进一步例证。因为,泽纳基斯的作品,对于讲述声音艺术史的任何构想来说,都是不可或缺的。他缔造了音乐和空间因素的动态混合。通过应用和创造建筑来赋予倾听以新的内涵,声音装置逐渐移向公共空间,将听众置于一个更为庞大的,具有社会性的声音经验体系之中,为更大的环境潜力而放弃单一对象或单一空间。

拙著的第五部分注重更具显性的环境调查,正如在听觉生态(acoustic ecology)和其他"音景"(soundscape)作品中所发现的那样。听觉生态与二十世纪七十年代的大地艺术(Land art)并行发展,两者都关注偏僻、遥远和"自然的"风景并将之作为放大的艺术经验来源。听觉生态作为声音环境保护意识的始作俑者,将"原初的声音"(the fore sound)表述为伊甸园一般的实体存在(physical presence),听觉生态艺术家的见解,有助于建成更人性化的环境,即降低环境噪音水平并融合深度倾听与社会性。另外,听觉生态拓宽了艺术和音乐实验的领域,这在休德加得·韦斯特坎普(Hildegard Westerkamp)、安尼尔·洛克伍德(Annea Lockwood)和史蒂文·皮特斯(Steve Peters)的作品中可以得到例证,他们在作品中致力于研究环境声音以绘制其当地存在(local presence)。我将记录下他们的作品和定点性模式艺术作品之间的重合之处,并让两者进一步展开对话。听觉生态明确表达了一种十分丰富的声音社会学(sociology of sound),其中音乐、生态学和"声音研究"结合形成一种混合研究和音乐实践。然而,听觉生态让声音凌驾于其所编织的价值体系之,也具备了扼杀听觉可能性(auditory possibilities)的风险:什么声音是有害的,什么声音又是无害的?什么声音造成了噪音污染，什么声音不会导致噪音污染？——这些发问，使得听觉生态话语自居为声音的裁判官。为了筹划一种针对听觉生态的批判性观点，我将阐述刀根康尚（Yasunao Tone）和比尔·丰塔纳（Bill Fontana）的实验。我还要对艺术团体"WrK"进行分析，他们在作品中引入噪音问题、信息系统以及相关环境组织。刀根康尚和丰塔纳通过搅乱看似单纯的表面，有效地重新审视了那些往往是过于天真的环境声音实践。

拙著的第六部分跟随声音的扩张步伐进入全球人际网络空间（global and interpersonal network space）。在此之前，拙著已经从声音发生的地点讨论到声音的传播，从凯奇作品里的音乐厅，分析到韦斯特坎普作品里的自然环境。在这一部分，我会根据阿希姆·沃尔沙伊德（Achim Wollscheid）、田中能（Atau Tanaka）和艺术团体Appo33的作品中反映的数字网络和交互式技术，总结出当今的声音艺术的形式（forms of sound art）。当代的声音艺术印证了马歇尔·麦克卢汉（Marshall McLuhan）的"内爆社会"（imploded society）理论，因为声音流通的地点是多样、变化、广泛的，它流过网状结构的表演的世界，寻找人际空间的可能性。这个人际空间也将声音带入任何空间和时间之中。当下的这些方法，是要让对人类行为的重视，优先于对听觉经验的现象学式兴趣。凭借交互性、参与性、流媒体以及网络传播性，声音已经在当代文化中获得了坚实而活跃的位置。我的观点是，声音在本质上具备关联性、空间性和时间性。对声音的思考是平行于电子媒体理论思考的，因为两者同在移动性（mobility）、连接性（connectivity）和非物质性（immaterial）的层面操作。

我一直热衷于倾听那些以创造性断言（creative assertion）的形式

而凝结的声音,在其中与那些寻找建筑的回声、城市的人流和听众的艺术家、作曲家及其作品进行对话,并将之视为探索声音艺术各方面发展的手段。通过这种做法,本书与现存的相关各学科文献,从音乐学、电影研究到艺术史和建筑理论,进行争辩和交流,最终为声音研究这一新的研究疆域勾勒出声音艺术的来龙去脉。

城市的声音：现代早期欧洲城镇的声音景观

[澳大利亚] 大卫·加里奥（David Garrioch）著
王敦、李泽坤、李建为 译

> 大卫·加里奥，澳大利亚莫纳什大学历史教授。研究领域为欧洲城市史。此文原文见于：David Garrioch, "Sounds of the city: the soundscape of early modern European towns". *Urban History*, 30 (1), 2003, 5–25. 译文有删节调整。
>
> 译者王敦，中国人民大学文学院副教授。译者李泽坤，中国人民大学文学院硕士研究生。李建为，中国人民大学文学院硕士研究生毕业。

摘要：在十七、十八和十九世纪的欧洲城镇，人们听到的声音与现在的迥然不同，差异之下更有深层原因：与我们今天试图逃避城市噪音不同，对早期现代城镇的居民来说，声音是信息的关键来源。声音形成了一个符号系统、传递消息、帮助人们随时随地确定所处的时间和位置，并且让他们成为"听觉社群"（auditory community）的一部分。声音帮助建立身份认同感和人们之间的关系。这个信息系统的演进，反映了社会以及政治组织的变化，也反映了人们对时间和城市空间的态度的变化。

城市一直都是喧嚣之地。然而总体来说，城市历史学家对城市声音关注极少，他们倾向于假定即使声音本身是各不相同的，它们扮演的角色也是相似的。因此达达的马蹄声和轰隆的马车声就被等同为现在的交通噪音；早期现代城市的钟声就被等同于现代的闹钟、工厂的汽笛以及学校的上课铃声。固然在某种意义上来说确实如此，然而就像过去的人们对视觉世界的理解与我们现在截然不同一样，他们对声音的感受方式与我们的也是相去甚远。我们如何才能够去理解打雷对于那些尚不知道雷声产生的原因的古人所造成的惊恐？雷声连同炮声和教堂大钟的钟声，对于他们来说就是听到过的最响的声音了。对于如今的罕有沉浸于钟声的大部分人来说，我们如何重温那种由教堂繁复的钟声所造成的眩晕感？过去的其他声音，诸如刀剑的撞击声、火枪的射击声还有小贩的叫卖声，几乎已经完全从我们的经验中消失了，与之相伴随而消逝的是昔日人们对日常生活全方位的理解。

即便是声音本身没变，其意义也已经相去甚远了。如今若听到达达的马蹄声，我们也许会想到那种身着优雅丝质长裙，外套精美罩衫，乘坐四轮马车那样一种已经消失的绅士淑女。然而在马随处可见的彼时，那种声音并不能像魔法般唤起饱含乡愁的图景。即使当我们能够切实地捕捉到来自过去的声音——希特勒的演讲或者第一张收音机唱片——它们对我们产生的影响也早已不同于它们在最初的听众身上造成的影响了。固然，我们听到的是一样的词语、我们以同一种方式交流，但我们听到的信息不是以前的人们所听到的信息。

尽管谢弗（Raymond Murray Schafer）的《为世界调音》[1]早在1977年就已经引发了很多关键性的讨论话题，但是只是到了最近，声音的历史才开始引起较为认真的关注。彼得·贝里（Peter Bailey）考察了"噪音"概念的不断变化。他认为随着现代大众社会的出现和十九世

---

[1] R.M. Schafer, *The Tuning of the World*. New York, 1977.

城市的声音：现代早期欧洲城镇的声音景观

纪日渐增长的中产阶级对人群的恐惧，"声音"和"噪音"之间的区别也总是在变。[1] 科尔班（Alain Corbin）关于十九世纪法国乡村教堂钟声历史的研究指向了钟声作为信号、当地身份建构者、权力和抵制的象征以及作为社会和政治斗争博弈场等等的角色。[2] 更晚近则有古腾（Jean-Pierre Gutton）勾勒出了自中世纪以来法国声音的历史，强调了口语到书面语文化的转变，私有观念的发展以及国家和教会对声音的日益增长的控制。[3]

关于现代早期声音历史的最详细的研究是布鲁斯·史密斯（Bruce Smith）颇具影响力的《现代早期英国的听觉世界》[4]。在这本书中，他尝试着去重构现代早期英国人尤其是伦敦人的听觉经验。他主张要研究听觉的历史，认为那些让我们有意识地去听到的东西以及我们对我们所听到的东西的理解，都是被历史和文化所决定的。过去的人们不光是被不同的声音所围绕，而且用心地去倾听那些被现在的我们所忽视的声音。尽管他们的耳朵在生理功能上与我们并无区别，他们对于声音的经验却与我们不同，因为他们的听觉环境以及文化环境还有他们的心境跟我们并不一样。

这篇文章采纳了上述作者的很多见解，特别是在城市环境方面。对于十七、十八和十九世纪欧洲城镇的居民来说，听觉环境建构起来了一个符号系统。在一个没有收音机、电视机或者报纸的城市信息系统网络中，

---

[1] P. Bailey, "Breaking the sound barrier: a historian listens to noise", *Body and Society*, 2, 1996, 49–66.

[2] A. Corbin, *Village Bells. Sound and Meaning in the 19th–Century French Countryside*. New York, 1998; 1st pub. 1994.

[3] J.–P. Gutton, *Bruits et sons dans notre histoire. Essai sur la reconstitution du paysage sonore*. Paris, 2000.

[4] B.R. Smith, *The Acoustic World of Early Modern England*. Chicago and London, 1999.

声音是一个至关重要的因素。然而声音绝不仅仅是这些媒介的等价物而已：它部分地建构了人们在时间、空间和都市社会中过活的方式。像其他的符号系统一样，都市声音在不同层面起作用，并不是每个聆听者都收集到相同的东西。不同阶层、性别或者出身的人会对不同声音有不同的联想。声音系统以微妙的方式塑造个体和集体身份，增强权威的统治。尽管声音在乡村的日常生活中也扮演了关键性的角色，但是这篇文章的用力点是在城镇之中的声音作为一个符号系统被利用得最淋漓尽致，尤其是在十九世纪中叶之前的时间。在十九世纪后期及之后，这个听觉系统逐渐消失，被不同的信息源和对声音的不同用法所取代。

都市声音景观

我在前面已经给出了关于马车声音的例子。这种声音曾经让过去的人们如此熟悉，然而却通常不被注意到。直到一个世纪之前，马还在欧洲城镇随处可见。它们提供了交通和工业的主要动力来源，所以马蹄声，马嘶声还有马抽鼻子的声音随处都能听到。木头车轮和铁皮包边的车轮的轰隆声也随处可闻。对于第一次来到欧洲较大城市的观光者来说，更让他们吃惊的是四轮马车在狭窄的街道上飞速前行，马车夫高声叫喊着让行人让路。维也纳到1780年代为止大概有三千三百辆私人马车以及超过六百辆公共轻便马车。伦敦和巴黎的马车保有量则多。"从外省初到维也纳的人像个小贼一样在成排的房屋旁边躲闪，在每个马车夫的叫喊声中幻象自己会被车轮碾轧，会被马蹄踩扁。"[1]因为大多数城镇没有步行专用道，这些叫喊对徒步行走的人来说至关重要。

1　J. Pezzl, *"Sketch of Vienna" 1786–90*, abridged translation in H.C. Robbins Landon, *Mozart and Vienna*. New York, 1991, 65–7.

城市的声音：现代早期欧洲城镇的声音景观

在过去，甚至是在大都市中心地带的围墙之内也有农田。在铁路诞生之前，除了通过街道，没有其他的方法运输动物。所以那时候的人们不光听到马的声音，而且听到羊群的咩咩声和牛的哞哞声也都是很常见的。屠宰场通常在城镇的中心，肉畜惊恐的叫声在附近的街道回响。猫和狗的数量很多。一个到里斯本的到访者抱怨被狗叫声吵得整晚难以入睡，而且黎明时分到处又都是公鸡的啼叫声，母鸡在院子里和街道上啄食小石子，猪和羊在街道上徜徉。

像动物的声音一样，人类的声音在以往的都市声音图景中也十分嘈杂。人们隔着街道相互交谈或者大声吵架。公开的冒犯和胡闹在早期现代城市中是常见的把戏，也是当地社会上相互交流的非常重要尽管也很粗鲁的方面。考虑到很多人家的窗户上并没有镶玻璃，而是糊上一层纸来抵挡严冬，外面的声音很容易穿透进来。人声的价值被街道上的小商贩穷尽其用，他们像牧师一样精通发音技术，用音调、投射和重复等各种方式来获得淋漓尽致的效果。从都柏林到莫斯科，各个城市中的每种职业都有不光在内容上而且在节奏韵律、抑扬顿挫方面练就了与众不同的招徕方式：有几种在音乐改编中保留了下来。城镇中的叫卖声是城市景观不可或缺的组成部分。

现场的歌唱和音乐演奏在过去的城市中也比现在更加普遍地存在。民谣歌者借用广为人知的曲调来传唱脍炙人口的歌谣，小提琴手和风琴手在小酒馆里面演奏，而鼓和横笛给行进队伍和士兵伴奏。歌曲是工作节奏的一部分，既没完没了又花样翻新，从沿街叫卖的声音到教堂里的赞美诗，为拖拽绳索和紧拉绞盘机的男人或者为洗衣服的女人消磨时间。在狂欢节期间，从欧洲一端的爱尔兰横笛到另一端的匈牙利和吉普赛的铜钹，这些乐器随处可见。一年中的每一天，宗教音乐都会从数不清的教堂传出来：风琴的声音，甚至管弦乐队演奏的声音；给赞美诗和圣歌伴奏的歌声。小号和喇叭在宗教和世俗事务中广泛使用。阵阵音乐声会从小酒馆里飘扬而出；甚至互济会会员们也会在紧闭着的门后面唱歌。不论一个人出身什么阶层，音乐都在他的耳朵里，而且在他的嘴唇上，就像交谈和玩牌一样成了每天社交活动的组成部分。

在蒸汽时代之前，手工业的噪音是城市声音的另一个特色。有节奏的锤子敲击声和风箱的排气声在锻造车间中回响。拉锯、锤击、拉磨和磨砂的声音成了木工、制鞋匠和锁匠、制作马车的工人、制锡和制铜的工匠和许多其他的行业的听觉招牌，而建筑工地和造船厂更是加剧了这种嘈杂。织布机有规律的咔嗒声从敞开着的窗子传到外面，女人们在城市水边的堤岸上用短木棒浆洗衣物。

即使是四季物候，也能产生与现在截然不同的声音。尽管现在伦敦的风仍然像在约翰·盖伊时候的伦敦那样在街道上呼啸穿梭，但它再也不能发出在风中飘摇的让你的耳朵抓狂的招牌的吱呀声了。在大多数前现代城镇中部分地区，风车的扇叶不停地转动，一边转动一边吱呀作响。此外，由于没有檐槽或落水管，雨点敲击木质屋顶板并落到房顶，充满噪音地飞溅到街道上，就像淋浴时地面瓷砖咯咯作响。

钟声是日常的声音中响度最大的。博韦地区（Beauvais）在十七世纪有一百三十五口大钟和数十口较小的钟。意大利北部小镇洛迪（Lodi）在十八世纪初的钟则多达一百二十八口。位于莫斯科的圣伊万教堂有三十三口钟。欧洲西北部众多的教堂里面巨大的钟楼则安置着三十、四十或更多的钟铃，按照固定的时间间隔来奏出旋律与和声。并不只是教堂有钟。那些拥有周边腹地的城市政权，从意大利的佛罗伦萨和锡耶纳到佛兰德斯、法国北部和德国的部分地区，其市政厅也都拥有它们自己的钟。阿姆斯特丹的股票交易所同样如此。在巴黎，甚至连巴黎新桥上的莎玛丽丹水泵也有一个排钟来奏响完整的曲调来报时。手铃也得到了广泛应用：用于官方用途，在宗教仪式中使用，以及商人为了招揽顾客而使用。在家庭住宅内部，钟铃被较富裕者（像十七世纪英国作家塞缪尔·佩皮斯）用来召集仆人。总之，声音之浪吞没了现代欧洲所有的城镇区域，而且每个地方都有自身特点。虽然相互之间有无穷机的区别，但又确有功能和含义上的共性。

城镇声音的意义

声音即便在居于"背景"的时候，也为城市居民提供了异常丰富的信息。大多数的非人类所发出的声音，像自然物候所产出的雷声、风声，意义十分有限。它们在乡村地区更加重要，因为在那里它们更容易对农耕和牲畜的日常活动和预期产生影响。在城镇则恰恰相反，人类所产生或发出的声音具备意义，它们混杂在一起形成了一个复杂的符号系统。除了人声，钟声的表意功能是最多样的。即使是单个的钟也能以不同的方式敲响，缓慢或迅疾，靠机械、用绳子拽动，或者用音槌。它们能够被一下一下地敲，或整圈地晃荡起来被不停地触击。钟声能够发出坚定、清晰、有节奏的声音，或者猛然地喧响起来，能够持续很长一段时间或仅仅是一小会儿。如果是排钟则往往按照不同音高来搭配。因此每个钟都能被同其他的钟区别开来，各有用处。当一齐奏响时它们能够按不同的序列或不同的方式回响，甚至能呈现上千种花样。

在大城市，许多钟会在固定时间被全方位敲响，其丰富的音效表意方式被尽情利用起来。遍及天主教欧洲的不同钟声或不同的敲击方式，在早晨、中午、晚间被用来召唤人们望弥撒、听布道、参加晚祷、参加教义问答、做赐福祈祷，并且告诉他们在"万福玛利亚"（祈祷钟声）回响的时候去做祷告；当做教区弥撒时，或者当钟铃被移到病人面前或在游行队列中时，钟声还用来标示圣餐礼。安魂弥撒、追思弥撒也可以加入这一列表中。新教教堂和天主教堂都在宗教节日期间举办额外的服务，并且为婚礼和葬礼鸣响钟声。当有人濒临死亡时，它们都会鸣响约翰·多恩所指意义上的"丧钟"（"不要问丧钟为谁而鸣"）来免除罪过。在一些地方，"丧钟"钟声十分低沉，在所有地方"丧钟"钟声都敲得十分缓慢，这是对祈祷和追忆的召唤。在英国和法国通常敲两下丧钟表示一个女人去世，敲三下表示一个男人去世。有时小一点的钟被用于敲女人或孩子的丧钟，而大一点的钟声被用于男人或上层阶级。婚礼的钟声也同样根据社会地位区别对待，赤贫阶层一般没有钟声，而巴洛克时代的富人们则享受着同视觉上的四轮马车、礼服盛装以及摇曳的烛光相称的听觉伴奏。

在所有地方，钟声都用来标示时间的流逝。即使在新教地区的城市，祈祷的钟声已经失去了它作为礼拜仪式信号的功能，它仍旧标志着一天的开始与结束。在日内瓦，晨钟只是晨钟而已，不含祈祷的意味，在凌晨四点钟敲响一轮。这与城门开启的时间相一致，标志着新一天的开始。在这一轮晨钟响起之后，日内瓦的工匠还得等到听到圣彼埃尔教堂的钟声响起之后才能抡锤劳作。更多的钟声每隔一小时响一次，有时甚至半小时或十五分钟响一次。雇主和雇工们同样都仰仗钟声作为可靠的计时方式。多数城市也有宵禁晚钟，警示城门即将关闭，而且酒馆客栈也到了打烊的时间，所有的良善居民都应该在此时回到他们自己的房子里。在日内瓦，宵禁以排钟的合鸣为标志，随后便是在城门的敲鼓声音。

不仅仅是每日时刻，就连每周和每年的重大日程也由钟声来标记。

城市的声音：现代早期欧洲城镇的声音景观

在十八世纪五十年代，巴黎一个中心区域的教堂打钟者被要求在每年的二十二"主要享宴日"要奏响洪亮而持续的钟声，而每逢二十二"另外享宴日"则要敲响"半洪亮"的钟声。在一般的礼拜日以及其他的宗教节日里，发出的则是"普通的"撞钟声。一些教堂钟声，比如巴黎的天主教加尔都西会修道院那些钟，会在不同季节被奏响相应的礼拜仪式曲调，这些曲调能够在凌晨时分传播得很远，被很多人听到。那些了解这些信号意义的人能够马上就分辨出这是什么日子，这是一天中的什么时间。

几乎在任何地方，如果是突然地、毫无征兆和规律地敲响当地最大的钟，这总会是预警火灾或其他突发事件的信号。在斯特拉斯堡有一口大钟叫做"圣灵之声"，直至十九世纪末，这口钟在平常都轻易不敲，只会在两个火灾同时爆发的紧急时刻才能敲。在米兰，根据曾经的法律，当听到市中心的大钟响起的时候，所有的建筑业工匠都必须奔赴火灾现场。这时他们需要再注意聆听火灾教区的钟声指示来跑对方位。钟声也用来传递新闻。一场军事胜利或某位王室成员的降生、婚姻、加冕或离世都会使王国内的所有城市放开限制激烈撞钟。各地情况都不尽相同。在十七世纪阿姆斯特丹的港口，钟声是远航船舶到港的信号。在温泉和社交胜地巴斯，钟声是达官贵人到来的信号。严厉的惩罚，特别是处决，也经常由一个特定的钟来宣布，比如在米兰就是这样。或者有专门的敲法，像法国的昂热大教堂的大钟敲击九下。

如果说钟声曾经是听觉信息的普遍承载者，那么它绝不是唯一的承载者。在阿姆斯特丹，宵禁是用鼓声来奏响的，在伦敦则是守夜人的呼喊，还有一些地方则是通过放炮。在巴黎，直到十八世纪早期，宵禁的信号都是由人拉着铁链子走过街道来发出叮当声。每一天从早到晚，每个地方都有自己的声音标记。任何熟悉当地节奏的人只需侧耳倾听。在一些地方婚礼会在早上举办，在伦敦还会伴有雷鸣一般的击鼓声。教堂里面的吟咏声也会在特定的时段流溢出来。在十七世纪的阿姆斯特丹，教堂的管风琴会每天演奏两次。在法国北部的瓦朗谢讷，由一位热心公益的市民遗赠的四个高音双簧管，会在正午时分从教堂塔楼里奏响报时。在军事要塞城镇，时间如同在击鼓和卫兵换防中前进。巴黎暮色中的妓女对着潜在的顾客吹着口哨。在十八世纪中期，里斯本的人们则在冬夜聚集到他们的门阶花费一个钟头的时间吟诵玫瑰经。

静默与声音一样能够提供信息。现代早期的欧洲城镇夜间与白天的区别远远比现代都市中的要显著得多。一辆四轮马车的"滚滚雷鸣"会吵醒居民。在伦敦，守夜人的喊叫声和钟声同"持火炬者"（为人们点亮他们门口火把的人）随声附和的声音，神秘地贯穿伦敦空旷的街道。

市集的日子总是引人入胜，季节性的变化同样如此。英国诗人约翰·盖伊（John Gay）在十八世纪初写道：[1]

连续的呼喊宣告季节的变迁，

留下一年中一月一月前进的痕迹。

听！街道上最高声部的嗓音在唱，

要抛售春天那慷慨的产品！

……

而当六月的惊雷平息了那湿热的天空，

甚至礼拜天也被鲭鱼的哭喊亵渎。

……

当迷迭香和月桂织成诗人的花冠，

---

[1] J. Gay, "Trivia; or, the Art of Walking the Streets of London", 1716, Book II, lines 425–8, 432–3, 437–9.

哭喊，频繁地喊叫，穿越整座城池，

然后判定那圣诞节日的临近。

  冬天给东欧和北欧的城市带来了雪橇的铃声。狂欢节的庆祝仪式在任何地方都一样刺耳，扰乱了常规的声音秩序。另一方面，宗教音乐被礼拜仪式日程严格地遵循执行。复活节和圣诞节的颂歌也不会弄错。而从耶稣升天节的周四到复活节周六，教堂钟声的数日沉寂，对于习惯了几乎连续不断的钟声的人们而言，一定是让人心神不安的。此事的寂静，是对于基督受难和死亡的有力提醒。在天主教地区《我来了，造物主》表示着圣灵降临节，而圣体节游行伴随着托马斯·阿奎那供宗教游行用的赞美诗。亨利希·海涅还记得在他小时候，十九世纪刚开始那些年，人们在逾越节所唱出的熟悉又古老的歌声。

  所有这些声音都是对"时间性"的重要标识，但它们对于型塑人们对于都市"空间性的"感受也同样重要。如果我们想象一下盲人在街道上是如何走路的，就很容易理解了：店铺不同则声音也不同，啤酒缸的叮当响声告诉他有小酒馆，交通噪音增加说明到了路口。拥有视力的人同样如此，不管是否意识得到，他们也都在运用声音来给自己定位。狗吠、鸡鸣、百叶窗的嘎嘎声，流水汩汩，水桶的叮当声，都能成为特定空间的标识。童谣《伦敦的钟声》（*The Bells of London*）提醒我们在每一个地方教堂的钟声听起来都是不同的。比如在法国的里昂，每个教区的主钟都有不同的音高。

  人们出于对当地"声音标记"的共同经验，构成了巴里·楚阿克斯（Barry Truax）所称的"听觉社区"（acoustic community）。[1] 在一个都市环境中，这种共同经验创造了互相交叠的听觉社区。人们熟悉自

---

1 B. Truax, *Acoustic Communication*. Norwood, NJ, 1984, 76–7.

己社区里面的声音,对这些声音的反应与外来者的反应不尽相同。如果本地的日常声音模式被打断了,比如出现了突然的静寂、刀剑的撞击声、踏步前进的沙沙声,都会立马让当地人提高警惕,将每个人引到窗前。愤怒的嗓音也会带来这样的反应。在公开场合用这样的声音来引起公众注意并从而侮辱对手的人,其实就是利用了人们对声音环境发生突然变化时的敏感度。与之相反,熟悉的声音景观则给人创造了归属感,因为熟悉的声音本来就是属于特定城市、城镇或社区的"感觉"的一部分,是人们的地域感受的重要组成部分。

声音景观、身份与权力

声音除了与前面说的本地感、归属感相匹配之外,还在具备不同意义的事物之间创造了关联。钟声、歌声与宗教活动匹配到一起,造就了既是本地的也是精神上的共同体。那经过深思熟虑的设计所造成的音符之间的和谐,被用来提升成员之间的和谐以及培育精神生活的升华。在城市中由教区钟声所造成的联结,可能并不总是像在乡村地区那样有力,因为它们还要同其他各种关系进行竞争,但无论钟声在哪里,总是为人们提供庇护感。他们是在钟声的庇护之下接受洗礼并走完了一生。而直到十八世纪晚期,钟声仍继续被敲响来指望着能保护社区免受瘟疫和风暴。

声音还帮助人们为自己建立身份,往往是多重的,有一些是本地身份,另外一些则更加宽泛。在一些仍然能在任何角落听到单个主钟(或其他声音)敲响的市镇,比如拥有"大汤姆钟"(Great Tom)的牛津,这个声音就成了所有人共享的参照点,并因此把当地所有人口象征性地统一起来。尽管许多城市的地盘、人口和嘈杂程度都在增长,教堂钟声仍具有保持精神共同体的功能。声音洪亮的城市游行也是如此——像耶稣

城市的声音：现代早期欧洲城镇的声音景观

受难节在都灵市的游行仪式会长达四个钟头。在新教地区的十六、十七世纪，在听觉上与此相当的是赞美诗和圣歌——它们帮助凝聚新教共同体那种对抗罗马天主教教义的身份。新教教徒与天主教教徒能够通过他们对特定声音的反应来清楚地区分彼此。美国的约翰·昆西·亚当斯（来自新英格兰的清教传统地区）记下了他在1785年在巴黎一家书店里面的事儿："当我在书店里时，我们听见小钟在街上敲响；书店里的每个人（天主教徒），除了我自己，都马上跪下去而且开始轻声低语着做祷告以及在他们自己胸前画十字。外面走过的是一个神父，为一个将死之人带去上帝的旨意。"[1] 可见，特定的声音和对它们的回应帮助建构了不同的听觉共同体，这些不同的听觉共同体不仅仅与特定地域相联系，而且与具体的文化、宗教和伦理团体相联系。伊斯兰社区人们对于定期召唤的祈祷的感受方式，截然不同于基督教社区。几乎在每个地方，不同的语言和口音这些声音因素都强化了声音之外的那些集体性文化身份特征、标记（波西米亚德国人与匈牙利人相对；爱尔兰人与伦敦东区佬相对）。

个体所发出的声音也能帮助决定人们怎样看待自己以及别人怎样对待他们。木底鞋标志着农民；木屐声（在十八世纪初的伦敦）则表示这是位女工；沙沙的丝绸声表示是贵族女性。城市精英认为打嗝、放屁以及其他的由身体所产生的噪音是不礼貌的。安静的举止被看做是有教养的，高声吵闹被认为是没有教养的。切斯特菲尔德爵士写道："频繁和大声地笑是蠢笨和举止粗鲁的特征；这是底层乌合之众对愚蠢的事物表达他们愚蠢的快乐的方式；而且他们把这称作是快乐的。"[2] 不过，绅士说话和笑起来的声音仍然比女士大。人们既通过发出或制造声音，也

1　*The Diary of John Quincy Adams*, 2 vols. Cambridge, Mass., 1981, vol. 1, 227, Feb. 1785.

2　*Lord Chesterfield's Advice to his son on men and manners*. London, 1788, 62.

通过耳朵对声音的辨识来栖居在社会中。在城市环境中这显得尤其重要，因为在这里情况比乡村复杂。

声音也在城市权力的结构中居于重要地位。嵌入在城市声音景观里面的是等级制度，决定什么人能够在什么时间发出哪一类声音。在每一座城镇，最大的钟（声音最响传播最远的）总是最具权力和声望的。它们被用来标记重要人物和重要事件。在十九世纪初的法国，每个教区的大钟的用途都被限于较高规格的弥撒和主要的庆祝仪式。在每个地区，最重要的教堂拥有最大的钟。因此，在巴黎圣日耳曼修道院的大钟敲出的是低 A 音，与巴黎圣母院的第二大钟敲出的是相同的音高。在许多地方禁止其他钟在教堂钟声响起之前敲响，例如在复活节时就是这样。在斯德哥尔摩，为国王和王后祈祷的信号由属于贵族阶层的骑士岛教堂的钟声发出，随后才响起其他所有的钟声。

权威者的声音特权，不仅在于控制了发声权，也在于主宰了静默权。它强化了不平等的关系，在这种关系中一方可以自由讲话，另一方被强制聆听和遵从。当国王讲话的时候四周一片寂静。仆人和社会的下层阶级，在地位较他们优越者向他们说话时应该保持静止。女性谦恭地低声遵从吩咐也是服从的表现。法庭上的沉默表明对法官权威的尊敬，而学校和修道院则强制性地把沉默作为纪律来实施。

任何人如果掌控了声音，就控制了一种用于交流与权力的重要媒介。世俗君主会篡夺教堂钟声来标示他们的王朝的庆典活动，说明了钟声对散播信息和作为政治工具，赋予自身合法性的重要性。在 1729 年，巴黎所有的钟持续敲了三天三夜来宣告一位法国王储的诞生。使居民丧失睡眠、干扰阻碍所有其他的声音并且使臣民的脑袋处于嗡嗡作响的状态是王室权力强有力的表征。钟声把人聚合为整体的效能是其他声音很难做到的。所以也就毫不奇怪，在1790年代，法国的革命者们很快就通过夺取钟声来展示他们的新秩序。

声音在建构身份、等级和权力关系上的重要性，能通过它所激起的许多争执而展现出来。在1753年，巴黎大主教便卷入一场关于钟声的争执，一个教区的教堂守门人拒绝为巴黎大主教所提倡的圣心团体敲钟。这一事件是天主教主流派与詹森派改革运动之间长达百多年的尖锐纷争的一部分。阿兰·科尔班描述了在法国围绕着钟声所产生的更多矛盾，从法国大革命一直贯穿到十九世纪。也有邻近的城镇或者教区因为钟声问题所带来的无尽纷争，大家都在争夺对声音最大和声音最优美的钟声的拥有权，或者将它们敲得最响而淹没其他的钟声，因此在听觉意义上延伸了教区的边界。

尽管我们一般是综合运用听觉和其他感官，但声音景观本身也足够复杂到可以建构一个具有它自己的语法和构成规则的"系统"。比如，当日内瓦的教区钟声敲响的时候，它到底是发出了宗教性信息还是世俗信号比如城门将要关闭，这取决于钟声怎么响、在什么时间响，以及在钟声之前是否有鼓声作为先导。

都市噪音的历史

与现代社会的变化相比，从中世纪时期一直到十九世纪，都市里面声音的变化都不能算大。在十九世纪中叶，街道上的喊叫声和钟声仍旧建构了居民的日常生活日程。直到十九世纪零零年代末期，听觉系统在极大程度上仍保持完好无损，这种情况可能直到汽车出现才告结束。尽管如此，在我所考察的这几百年里，变化也是相当大的。这反映了都市社会、政治和文化上的关键性发展。

假如一个生活在十六世纪的伦敦人来到一座十九世纪初的城市,在声音景观上最显著的不同可能是交通噪音。铺平的街道使得马蹄的哒哒声和车轮的回响声音更大,而有车轮的运载工具的数目增长则是天文数字式的。据一位作家所说,在1550年的巴黎只有三辆四轮马车,而大多数达官贵人都骑马或骑骡子。到十八世纪中期——可能甚至更早——城里大概有两万架四轮马车,而在1750年之后越来越多更廉价的车辆为更多的人所能够使用。随着贸易的扩大,四轮运货马车和马匹的数量也在增长。相对应地,背景噪音的水平,尤其是在老城中心狭窄、混响的街道,也在提高,迫使街头小贩不得不增强他们的叫喊声。

在十八世纪行将结束的时期,随着铸造工艺的提高和对它们数量和大小的限制的终止,钟声迎来了大幅增长。因此法国革命初期所敲出的钟声是这个国家的历史上最响的。在大革命末期,在法国和其他卷入战争的国家,上千座钟被熔掉,许多钟再也没有得以复原。没有得以复原的还包括钟声的功能、用途。

另一个相当大的改变是听觉信号作为一种调节行为的手段,在逐渐减弱。这一情况在大城市中出现的要早于小城市。正如阿兰·科尔班所指出的,欧洲早期现代社会按照社群主义模式生活,每个人大体上都遵循相同的、很大程度上由声音进行标记的时刻表。钟声发送教区居民都应参加的宗教礼拜仪式的信号。城镇大门伴用听觉信号告诉人们,城门在特定时间打开和关闭。大多数城市都执行宵禁,对黑夜的普遍恐惧使大多数人无论如何都不愿待在外面。在清早的信号发出之前不允许开始进行工作,而到了特定时间则必须终止工作。然而到了十八世纪晚期,城镇大门一般都保持打开,而宵禁也不再执行。许多城市摧毁了它们的城墙,或者越过城墙向外溢出、扩散。都市居民也不再害怕掠夺者。对贸易和物资供应迅速发展的要求超越了先前的对流动迁移的限制。街道灯光的出现、对家庭灯光越来越多的使用、日益流行的城市精英的深夜娱乐，都提升了个体时间表的多样性。在所有这些地方，十八世纪晚期是一个转折点。到了十九世纪中期，城市在晚上不会昏昏睡去了。

伴随着这些改变的也包括宗教从都市声音主宰地位上的退场。欧洲国家为王朝庆典、军事胜利和国家节日而从教会夺走了钟声。在整个十八世纪、十九世纪，宗教节日的数量逐渐减少，有时是由国家削减，有时是由教会自己削减。在许多城市，教区的地盘被重划，教堂减少。总体来说，教堂的出席率下降了，这在十九世纪尤为明显。教堂钟声不再像以前那样频繁响起。它们在城里面的数量越来越少。它们对主流人群的意义已经大不如前了。市政厅和工厂的钟声、号声开始取代教堂钟声作为时间的公共标记和预警信号。同时地，闲暇时间的商业化，使得人们愿意在星期天和宗教节日里去看演出和散步游乐。

到了十八世纪末，噪音是令人讨厌的东西的观点广泛传播开来。同样日益增加的是对于噪音的态度中的阶级差异。在十八世纪末以后，喧哗的庆祝活动越来越被精英们视为庸俗。传统的狂欢节式庆典以及在公共场合的辱骂越来越为"受尊敬的"人们所不齿。与此同时，都市精英们发展出了另一种声音文化，即作为下里巴人音乐文化对立面的古典音乐。在几乎每个王室的都城，音乐会、舞会和歌剧院都成为宫廷和城市精英们的生活中心。私人业余音乐会和音乐社团也是社交圈子的一个重要组成部分。对于中产及更高阶层的女性而言，音乐成为一项必不可少的技能，是家庭、求爱和其他社交仪式的中心。可以说，这成了她们自我认知的一部分，将她们同时跟社会下层阶级的人和她们同一阶层的男性区分开来。十八世纪中叶以后音乐和乐器销售的迅猛发展反映了这一精英音乐文化的扩展。

　　因此，在从十六世纪到十九世纪初之间所发生的都市声音的关键性变化，是正在改变的政治和社会实践的结果，而不仅仅是新的技术或新的声源所造成的结果——尽管蒸汽机在这段时期的末尾已经开始出现。彼时，在欧洲城镇和城市运转的听觉信息系统正在失效。在现代早期，几乎每个人都依赖公共性的声音作为日常生活的一个主心骨。但是随着贸易的扩张、疆域国家的发展以及精英阶层的休闲、社交和工作模式的转变，越来越多的城市居民在声音意义的"编码"、"解码"上走向多元。他们的收入、社交、观点和对自我的认知等等，各不相同。公共性的都市声音景观不再能起到统一社群的作用。大家越来越依赖私人化、家庭化的方式来组织自己的生活：挂钟和手表、报纸、日历、年历、地图等等。这些都在十八世纪、十九世纪得到了极为广泛的普及。在新的政治和社会语境中，街道音乐和其他"噪音"也受到了攻击。公众场合的辱骂和瞎胡闹失去了它们的影响或被强有力地抑制下去了。警力和法制作为社会管控的新兴形式，取代了社群主义的生活习惯。在一个日益世俗化的社会，教堂钟声和其他宗教信号对许多人而言失去了意义。权力和身份以新的方式得到表达，通过各种不同的社会实践，通过着装、口音、家庭消费的细微之处表达出来，而不再通过巴洛克式表演。声音依然重要。它没有被视觉取代，但它的用途和使用语境已经发生了剧烈的变迁。

寂寥的"声音政治批评"与"听觉文化"（代跋之一）

周志强、王敦

> （此文内容摘自周志强、王敦的一次对谈，李泽坤根据现场录音整理，刊载于《社会科学报》2017.3.23。）

原编者按：声音是如何制造出来的？当声音与耳朵相撞时，发生了什么？在喧嚣的当下，反思最具欺骗性的声音与被技术和文化规训的耳朵，有重要的现实意义。不久前，一直倡导"声音政治批评"的周志强教授与坚持"听觉文化"的王敦副教授进行了精彩的学术对话，本报择要编发。

声音政治批评

周志强（南开大学文学院教授）：王敦坚持"听觉文化"这个概念，我呢却偏偏钟爱"声音政治"这个概念，所以这就成了一个小分歧——难得的一个分歧。

我想先阐释一下。首先，政治，指的是一个社会中的重大资源的分配方式。而一个社会资源的重大分配当中，我们至少可以分成两个有趣的层面，第一个层面就是可见的层面，如现实生活中的政治权力。另外一个层面则是无形的层面，如维持权力结构可以在一定时期内稳定地生存下去的观念。也就是说,我们的观念背后有一些影响我们的观念的东西,我们的行动被我们的观念所支配。但是谁来支配我们的观念呢?那就是意识形态。观念和审美,也是一个社会的重大资源,怎么分配这种资源,也是一种政治。

声音作为一种文化元素,就具有很强的影响观念分配的因素。或者说,声音会在影响观念方面更有效,因为声音更能伪装得像是自然发生的一样。罗兰·巴特说,"现实主义"总是想尽办法假装一个故事自己在发生。所以,现实主义会更加让人们沉浸其中,也就更容易用来说服和影响人们的观念。我正在写一篇文章,《现实主义还是现场主义?》,就是想从现场感的提供来看待现实主义是怎样达成真实的幻象的。

我发现声音是最有现实主义特性的,因为声音是最有现场感的东西。声音会特别地有一种感染力,声音创造现场的能力是根本性的。因此,声音是最有欺骗性的。当希特勒的声音可以被特定的技术传递出来,我们就感觉到希特勒这个"领袖"是与我同在的;如果仅仅在电视机上看希特勒就很难有这个效果。夸张地说,希特勒如果生在一个电视机的时代,有可能就没有希特勒——那种歇斯底里的动作、那种夸张的形态,会让看到这一切的人不喜欢。杰姆逊曾经举过一个有趣的例子,他说自从有了电视机,全球的领导人都要学会了微笑——我们在客厅里不愿看到黑社会一样的领导人面孔、不愿意看到政治的严肃性,我们愿意看到亲和的东西。从这个角度来说,声音能够强化权力中心意识,甚至能够强化你对某个东西的服从和认可。所以,我们对歌星的情感投入的程度其实是超过对电影明星的。

耳朵跟眼睛相比的话,耳朵是一个内螺旋的一个构造,耳蜗里面的绒毛是最短的,外面的是最长的,这形成一个从高音到低音的过滤过程。

寂寥的"声音政治批评"与"听觉文化"（代跋之一）

法国人阿达利说，耳朵不能关闭。所以，耳朵是顺应的、无抵抗力的。也就是说声音控制听觉，这是很容易的事情。很多时候，大家强调，控制一个国家的视觉，就是控制一个国家的权力形式。事实上，声音的控制是最为重要的。我们常常不用看见领袖，他只不过是远远的一个点。但是，如果他的声音在广场上分布，我们就会激动不已。

那么，在资本的时代，声音是怎样分裂的？声音是怎样统治别人的？怎样让大家在一种安静的、美好的体验里面获得其乐融融的幻觉，在一种市侩主义和"屁民主义"的氛围里面觉得自己的生活特别有价值？声音起了怎样的作用？在资本时代，在这个用鲍勃·迪伦的话说，资本主义正在杀死音乐的时代里面，声音和音乐又是怎样反抗它的？这些就是我倡导的声音政治批评要回答的问题。

被规训的耳朵

王敦（中国人民大学文学院副教授）：我感觉"声音政治批评"，可以说是周老师单枪匹马在不断扩展的一片疆域，特别值得肯定。今天，商业化的听觉现象如何深入人心，以及从"文革"结束到目前以来，声音的嬗变如何在政治层面上有它背后的编码以及我们对此的解码，正如同周老师所说的，声音使得我们不知不觉之中就受到了它的侵染，被它玩弄于股掌之间，这都是声音的政治批评致力于要搞清楚的。

那为什么我们要在周老师的"声音的政治"之外，还提出"听觉文化"这一套呢？是另外一种"工欲善其事必先利其器"的理由。"听觉文化研究"，是相关知识话语、理论框架的拓殖，包括要处理周老师所说的"声音"问题与我所说的"听觉"问题两者之间复杂的分辨与关联。我感觉周老师对声音政治现象的敏锐洞察、把握与表述，这样一种以声音为立足点的文化批评,已经远远走到了理论建构的前面。而有价值的论断,需要得到知识话语干货的支撑,才能深入人心。这说明了理论建构的必要。

"听觉文化研究"则在原理层面发问:声音的文化编码是如何被制造出来的?出于什么样的社会历史原因?以什么样的方式来影响人?有怎样的原理机制?简而言之,希望能够给声音文化批评提供理论弹药。希望理论界能加快在听觉文化理论领域的建树。现在不管是听觉文化研究还是声音政治批评,都太寂寥了。

很多被忽略的声音性和听觉性的内容,包括历史的也包括美学的,应该进入文化研究的视野了。在声音技术和听觉塑造的背后,是人的欲望与社会文化机制的集合体,如同很多精密的齿轮咬合在一起,需要拆开来逐一研究。从留声机到电报到电话,再到 PA system(public address system),也就是说扩音器大喇叭这样一套公共播音装置,再到一战的时候出现了飞机与地面的无线电通话,和广播、警用的警车无线电通话,以及音乐厅、广播演播室的电磁功放系统,和有声电影音轨以及医学超声图像转换技术、建筑声学,都是这样。

二战的时候,希特勒、罗斯福、丘吉尔出于不同的政治目的,都善于利用声音技术,都特别适合当时的"国情"。

希特勒采用的是让纳粹青年团坐在小黑屋里面,集体面对着收音机的这样一种膜拜性的收听仪式。丘吉尔的"铁血演说"则在德国轰炸机狂轰滥炸的恐慌之后,通过大喇叭,在伦敦、曼彻斯特的防空洞、广场、火车站的人群上空响起,造成震撼、抚慰、同仇敌忾效果。罗斯福采用了"炉边谈心"的办法。这是因为美国中产阶级家庭都基本有了收音机。每个家庭舒适地围坐在自家沙发上,收听壁炉上收音机里面传出总统娓娓道来的声音,仿佛真是"天涯共此时"的促膝谈心。于是大家就听进去了——

寂寥的"声音政治批评"与"听觉文化"（代跋之一）

别看我们舒舒服服坐在这里，欧洲和中国却在法西斯的铁蹄下水深火热、步步紧逼，随时会破坏我们的安定生活。然后大家就觉得为了维护我们这样一种生活方式，需要为国家做什么。所以去买战争债券，或者去当兵。

上述这些政治宣传效果的达成，我觉得离不开声音加上听觉这两个因素。特别是在现代条件下，现代的这些声音是如何制造出来的？当声音与我们的耳朵相撞的时候，发生了什么？所以说牵涉到两件事儿，一个是发声，另一个是收听。从身体角度来说，则一个是嘴，另一个是耳朵。在现代条件下，技术、文化机制加上媒体、政治、商业，都在起作用。问题变得十分复杂。在"听觉文化研究"里面，被技术和文化所规训的耳朵，至少和声音是一样重要的。

"声化时代"

周志强：其实，在这里就有了我跟王敦老师的争议：声音的研究和听觉的研究，它的可沟通和分歧是什么？简单地说，是不是声音政治应该有自己的研究对象？而听觉文化也有自己的研究对象呢？这两个领域的研究对象是不是重叠的呢？就说至少是可以相对独立的。这是一个很值得我们思考的话题。

我们知道，视觉文化研究有一个"理论的支点"：视觉文化理论相信，现代社会和现代城市乃是按照视觉支配原则建立，而古代乡村则不是；古代乡村是按照脚步，就是身体游历原则和劳作的原则建立。这样就有了一种"视觉霸权"问题。所以，为什么我坚持用声音政治代替听觉文化？就是想警惕听觉文化研究的视觉霸权理论会让人们觉得"听觉文化研究"乃是附属于"视觉文化研究"的。

同时，听觉文化研究这个概念，如果太注重声音感官这一面，就忘记了声音其实是一个复杂的社会编码的广泛的过程，而不仅仅依赖你的肉身编码。肉身编码是最后那层幻觉实现的地方。所以，从感觉角度研究声音，会不知不觉地掩盖声音编码的幻觉生产过程。

在我看来，声音是有独立的历史的，而听觉的独立历史很难分辨。

事实上，人类编码声音的过程可以清晰地分成不同时段。第一个时段可以说是无符码化时段。第二个时段，就是声音的工具化时段。打猎时用声音把野兽赶出来，说明声音可以作为生产工具了。然后是声音的超符码时段。这时，宗教、教堂、庙会等就在控制声音。这是一个根本性的改变：我们从声音的原始使命，即肉身化，到工具化，然后到声音被独立出来作为一种政治编码。这是声音的第一次大改变。

很快声音就遇到了它的第二次大改变，这就是声音技术使得声音越来越脱离肉身。当然，在符码化声音之前已经有技术的声音，琴就是一个脱离了肉身的声音制造技术。在今天，声音技术复杂和独立了。声音技术发展之后，整个社会对声音的编码也变得非常复杂。资本主义用伴音、钢琴和多声部的交响乐来证明这个世界是存在一种理性秩序，混乱的声音、噪音和巫术声音被排除在外。而声音承载技术，更带来声音的革命性变化。在声音承载技术时代，肉身彻底退场了，声音可以"表征"肉身。

这时，人类进入"声音时代"：一个国家的政治权威可以靠声音来实现，这是一个特殊的时代——好在这个时代时间不长。此时人类历史上发生了毁灭性的两次战争。正是声音的传播技术的出现，使得两次战争有可能把全球变成两大对立的集团，这是由声音所激起的一种宗教服从式的法西斯主义所造成的。

而今天可以说是"声化时代"。刚刚王敦老师讲了一个特别有启发的现象，声音的寄生性状态，会强化声音的欺骗性。当声音可以随意地

寂寥的"声音政治批评"与"听觉文化"（代跋之一）

被处理成到画外音的时候，声音的权力就被强化了。画外音永远是上帝的声音。这是造就视觉画面的感染力的核心所在。

所以，我坚持用声音研究来代替听觉文化这个概念是想强调一种批判性吧。而且呢，如果用声音研究来代替听觉文化这个概念，会取得学科优势，同时会对听觉的幻觉问题有更强的批判性，这算是对您的一个"攻击"。

听觉被社会文化"软件"驱使

王敦：虽然在声音研究与听觉研究是合还是分的态度上，周老师表现得像个"独"派，我像个"统"派，但从我这个"统"派的感觉来讲，觉得周老师实际上是在扩展我们这个学术话语共同体的疆域和丰富性。

固然如同周老师所言，声音是一个变量，越来越花样翻新，但是我想指出另外一个方面，是周老师没有说到的听觉感官性的方面，即耳朵同样是一个变量。就是说，周老师所强调的那个声音要进入我所强调的那个耳朵，才算数。这个耳朵是被社会、政治、文化所规训的产物。我们的感官是被规训的。这是福柯意义上的规训，如同我们身体的方方面面都被规训一样，我可以举出马克思《1844年经济学哲学手稿》里面的话："五官感觉的形成是以往全部世界历史的产物。"这可不是一句抽象的瞎说，因为我可以从"人类以往历史里面"，找到有说服力的例子。

霍尔他们编过一本书，国内也翻译了，叫做《做文化研究——索尼随身听的故事》，里面谈到了一个在伦敦地铁里发生的听觉纠纷，我觉得特别有说服力。

当二十世纪八十年代初索尼公司把最初的盒带式随身听产品投放市场时，一位在伦敦地铁里听随身听的年轻人被告上法庭，并以打扰别人的指控被处罚。这让今天的人感到很无语吧?从耳机里面泄露出来的微弱声音能打扰到别人?怎么可能!但是在案发的八十年代初,伦敦地铁上的大多数乘客是把私人用耳机来听的随身听模式视为对现有听觉的侵犯,觉得这个家伙肯定在听讨厌的反叛的重金属之类,就站在我身边儿,于是我觉得那个声音吵得我受不了!——这不是幻听是啥?——难道地铁车厢本身的咣当声,在声学的物理分贝值上不比耳机泄露出来的声音大?所以马克思说"五官感觉的形成是以往全部世界历史的产物"。

同样在英格兰,一两百年前,当火车刚出现的时候,人们觉得火车声简直就是魔鬼呀!乘客精神失常的事件频有发生。可是两三代人之后呢,到了二十世纪八十年代,使乘客不安的不再是他们已经十分熟悉的火车,而是他们所不熟悉的"随身听"。

可见,人的听觉不是客观地感知声音现象,而是受社会文化"软件"的驱使。在人类物种并不算长的自然史里,作为听觉"硬件"的耳朵显然是变化不大的。相形之下,社会历史却处于加速的变迁之中。这造就了"驱动"耳朵的文化"软件"在不断更新。好,到了今天呢,如果我们再在这个火车里面听随身听,我估计没有人会说什么了。这个例子就足以说明我们的耳朵是被规训出来的产物。再比如说,如果让一个在生理上与我们并无区别但是由动物喂养大的"狼孩",给它听同样声音分贝的,比如说"农业重金属"《最炫民族风》和贝多芬,那我真不知道对于狼孩来说,除了音量、节奏、音色、音高之外,他能不能"get"到文化区隔一类的编码意义问题。为什么呢?——因为狼孩虽然在生理上拥有人类物种的耳朵,却缺乏"以往全部世界历史"对耳朵的文化"驱动程序"。

所以说听觉感官的文化史与声音的文化史一样,也很重要。声音的

寂寥的"声音政治批评"与"听觉文化"（代跋之一）

变量固然需要研究，听觉性感官的变量也同样值得研究。耳朵是如何被规训出来的？这牵涉到了很多因素，比如媒体、技术、文化史对每一代人的塑造。比如当我们讨论邓丽君现象的时候，就得考虑到具体的历史的感官变迁问题。否则，同样的邓丽君的声音，为啥打动不了九零后呢？邓丽君刚进入大陆的时候，我们是用双卡录音机听的。邓丽君的声音弥漫在胡同和街道上。等到双卡录音机的时代过时以后，当八零后、九零后开始习惯插上耳机听音乐以后，他们对邓丽君魅力的认同已经就缩水了。对我来说，不用双卡录音机听的邓丽君就不是邓丽君。

声音研究是研究声音这个变量，听觉研究是研究听觉这个变量。如果把这两个变量都研究起来，那多么令人激动！

私人听觉
——你听什么？为什么？怎样听？用啥听？
（代跋之二）

——文化研究课堂讨论记录
时间：2016.9.13（周二）10:00–11:30 + 2016.9.27（周二）10:00–11:30
地点：中国人民大学教四 4206
课程安排：文学院副教授王敦
参与群体：王敦、文艺学 2015 级硕士研究生，和前来旁听的各种小伙伴们
记录者：王敦。2016 年 12 月王敦进一步整理、分节、精简。

分节标题：
一、听觉性存在虽然总被语言所遮蔽，但不该总被"忽视"
二、九零后的耳塞或耳机听觉：私密性
三、听觉文化的变迁：三十年两代人
四、听觉的分化、身份、交际、表意
五、听觉的趣味与声音的用途

一、听觉性存在虽然总被语言所遮蔽，但不该总被"忽视"

王敦：听觉是我们日常生活中不容忽视的一个存在，但是却被我们所忽视。好吧——你听我说的这话本身，就是用视觉性修辞，叫"忽视"，对不对？所以你可以看到——（注意到了吗？我刚才的语言表达又是"看到"）——描述听觉现象，是多么不容易的一件事情。再比如说当我们如果要写论文讨论一下听觉问题的时候，写出的题目又会是"从某某某视角/视野谈听觉的……"——完了，又变成了"视角"。

虽然人类的语言，不同的语言，对于听觉都有一定的遮蔽性，但听

私人听觉——你听什么?为什么?怎样听?用啥听?(代跋之二)

觉现象在日常生活中的存在和意义,却是不容置疑的。举一些例子吧。以前我在中山大学教书。我们中文系所在的那个"中文堂"是一个楼。里面的声音和外面的声音截然不同。外面有哲学系的大楼,叫"锡昌堂",正在施工,工地上不停地在播放"凤凰传奇"。也就是说,施工的时候工人们一直在听。这是很正常的一件事情,因为工人需要一边听音乐一边儿干活儿来解闷儿嘛。中文堂那边儿是一个什么状态呢?中文堂旁边就有鲁迅的雕像,下面有时有学生拉小提琴的声音,中文堂里面是讲座声、欢笑声、和低语、安静。你就会发现,听觉对不同人来说意味着不同的东西。这确实是不容忽视的存在。但是,却很少有学者写文章,也很少有媒体,来说这样的事情。

再比如说广场舞现象。社会在前几年还比较关注里面带来的冲突。但是很少有人提及,冲突的实质无关跳舞,是在听觉上。如果不是因为听觉上的冲突,我觉得不管跳成什么样子,只要不是裸体舞,都不会产生冲突。那么就说明了,声音很重要。而且后来出现了那种无线的耳机。说让跳广场舞的人戴上那个以后,就静音了,别人就听不见。有这种尝试出现。但是跳广场舞的人不干,觉得这样就没劲了。所以说,声音还真的需要一种存在感。你光让他自己听见都不行,他非得让你听见。

再比如说,现代日常的私人生活。比如张爱玲的小说《红玫瑰与白玫瑰》,里面的男女主人公,丈夫振保和妻子烟鹂,丈夫整天在外面跑,妻子在家很闷得慌。于是丈夫就觉得,我又不跟她说话,如果有人跟她说话,真的就很好,哎,广播(无线电)不就可以跟她说话吗?就挺好,还可以学一学国语,知道一些事情。对于妻子来说,觉得也挺好,因为听无线电,就免除了夫妻之间没有话说的尴尬——我总在听无线电,本身也就很有面子,就不用非得跟他去说话了——反正他也不跟我说话。

再举更近便的例子。比如说,有一天我坐在家里,突然听见我妻子在客厅用手机听"爱的代价",我的心里头说:"what's going on? 怎么回事?有必要听这个吗?"然后我儿子也跑过来听。接着我妻子喊我也过去听:"快来听冯小刚唱的爱的代价"。……所以你看到了。如果我不说出来,大家就没有意识到,在今天的读图时代,纯粹的声音,一个图也不需要,妻子听一听"爱的代价",就会让丈夫内心觉得:"这是怎么回事儿"。

还比如说有一次我打车的时候,那个出租车司机,反复地在放邓丽君。车里面到处都是邓丽君的照片,在手刹的地方还有玫瑰。(见下图,我当时拍下来的。)

我就跟他聊。他是邓丽君的歌迷。这个玫瑰好像叫伊丽莎白玫瑰。如果是邓丽君的生日或者忌日,还要放多少朵。他还说有台湾客人坐了他的车,看到了他也是歌迷,还邀请他去了台湾。邓丽君的墓地也去谒见过。我听了就觉得——哇!天哪!声音真是很重要,对不对?他开车的时候,离不开邓丽君的歌声和氛围的陪伴。我就问他,您太太会不会吃醋呀？他说："所以我才没有结婚也没有谈过恋爱嘛！"

我以上所说的这些开场白，就是想说明，声音很重要。当然了，声音不仅是对于我，对于那位司机，对于张爱玲小说里面的人物，或者对于跳广场舞的人很重要。声音对于我们所有拥有听觉的人，包括你们这些在座的九零后，都很重要。所以就该"正视"一下听觉性问题——你看，"正视"，又变成一个视觉性修辞了。

我们之前已经安排了这次讨论的模式——除了说话以外，也欢迎播放一首自己喜欢的歌曲或一曲音乐，说说自己为什么喜欢它，这样就能够比较好地代入自己的实际体验，也让大家分享各自的体验，打开话语空间。

二、私密性：九零后的耳塞/耳机听觉

杨安红： 我听音乐是一个比较私密的事情。如同我的写作。大部分情况下，我写的东西是不愿意发出来的。觉得是自己的状态、心路历程的记录。

王敦： 那你是戴耳机还是不戴？

杨安红： 如果寝室里有人的话就戴。

王敦： 就是上学期蔡晓倩介绍迈克尔·布尔的 iPod 研究里面说到的隐私性？就是不想让别人知道你在听什么？因为听的东西是和特定的情绪等私人生活挂钩的？

杨安红： 对，我觉得声音很重要。一方面它会影响你的注意力，另一方面它会调节你的身体的节奏、呼吸呀，甚至心跳。你的身体状态变化了，可能又会作用于情绪。我就选一首最近听得比较多的一首歌。（薛之谦的《演员》。）

胡敏：我也是，听歌基本上都不会放出来，不喜欢被别人打扰。也分情境。比如情绪低落的时候需要打鸡血的歌，比如"追梦赤子心"。另外一些时候，想听美国乡村音乐那样舒缓悠扬的歌，在比较平和的状态下。就像老师你上学期提到的，胚胎在母体中听到的羊水的水流声音，这样的舒缓声音给人带来安全感。就好比，我也尝试过手机上面那些睡眠软件，它里面给出的声音就是大海，波涛起伏有节奏，但又不那么强烈。而且我在看中国好声音或者上豆瓣的时候，听到哪首歌符合我的口味，就把它收集下来。另外一个来源是电影。现在就放一首，电影《醉乡民谣》的配乐。（开始播放。）

王敦：这是"Five Hundred Miles"，对吧？明白，现在每个青年人的听觉都是私人化的。我听我的，你听你的。我知道"你听你的"时很感动，你也知道"我听我的"时很感动。其实，我们今天让大家把音量放出来一块儿分享，和你用手机和耳塞听，效果已经完全不同。私人用耳塞听，那样才如同南开大学文学院的周志强老师说的那样，声音具备"植入性"，直接从耳朵植入到你的脑神经里面去了。

陈小可：如果在空气当中，感觉就被稀释掉了。

王敦：是呀，还没有人来研究九零后的听觉体验。现在有人在研究"文革"时期的听觉，比如大喇叭和"敌台广播"，或者八十年代用台式收录机听邓丽君，和流行音乐、歌词、摇滚，也就是研究到这个地步。而对于我们当下年轻人用网易云等等来听歌，是一种怎样的文化存在，这样的问题还没有人考虑过。

三、听觉文化的变迁：三十年两代人

程禹嘉：我来梳理一下我成长历程里面的听觉。我小时候是不听歌

私人听觉——你听什么？为什么？怎样听？用啥听？（代跋之二）

的，只是有两个叔叔当时年轻，喜欢玩儿音箱，就听他们整天摆弄功放，播出的有"九妹"什么的。后来上初中，才跟着同学们听啥我也听。比如孙燕姿。当时觉得特别励志，每次考试睡前都喜欢听。高中大学阶段对王菲比较感兴趣，因为觉得她声音条件很好。她跟我妈差不多是一个年龄段吧？六几年的。

王敦：我猜应该68、69年吧，和我是中学校友，东直门中学。当时叫王靖雯，默默无闻吧，所以当时也没听说过这么个学姐。

程禹嘉：说到用什么来听，我以前最早用的工具是复读机，家长买来是为了学习用的，其实我都用来听歌了。后来用MP4，现在基本就用手机。

王敦：当年用复读机的时候戴耳机吗？

程禹嘉：戴。因为以前是在家里，大家都已经睡了，我睡得晚，就戴耳机。

王敦：家长会以为你还在学英语吗？

程禹嘉：那倒不是。我们家里在学习这方面还是挺顺畅的，他们挺信任我的学习的，听歌就是听歌。英语有时候我也听。

龚祎：从前上高中的时候，面临高考压力，就会听一些特别亢奋的歌。我们高中不允许用手机和电脑，如果被老师发现了就要没收一个星期。那个时候，我经常会带着MP3，到班主任办公室去下载一些歌，像汪峰的《怒放的生命》、《春天里》，刘欢的《从头再来》。

王敦：他能让你下载？

龚祎：这是可以的。他是鼓励的，说"下次还想下载什么激励学习的歌曲，欢迎再来"。

王敦：那要是别的同学呢？

311

龚祎：都一样。那个老师觉得只要能疏解情绪，促进学习的话，他就赞同。

王敦：允许你可以用 MP3 听歌，但是不能用手机发短信上网？

龚祎：对。

杨安红：其实讨论一下大家都用哪个播放器也是很有意思的。我以前爱用 QQ 播放器，但后来由于版权原因，里面的歌越来越少，我就比较痛恨它，就卸载了。现在用酷狗。

王敦：懂了。你们和我不一样，你们年轻人需要固定用一个播放器来经营自己的歌单，所以播放器的选择、取舍，像酷狗、虾米、网易云音乐、QQ 音乐，就成为你们关心的事儿了。

程禹嘉：网易云有一个优势，就是你听得比较多的歌，它会给你推荐类似的一个歌单，你可以在里面找自己喜欢的，契合的符合度有时候蛮高的。但我还是酷狗和网易云交替使用，因为酷狗的版权限制比较少，能下载的歌曲比较多。

王敦：有意思。其实今天的讨论，你们九零后会产生强烈的共鸣，我这个七零后则能了解到不少东西。时代的变化是蛮大的。我小时候和中学时代听的东西和收听的方式，和现在太不一样了。

程禹嘉：我们听歌的时候是为了唤起情感或者稀释一些不好的情绪，比如说有压力的时候或者心情不好的时候，所以寻找一些共鸣，或者喜欢一些歌词这样。昨天师姐往群里发了周志强老师的论文。我看了一下。周老师比较批判这种通过歌曲来营造自己一种虚假的情感世界什么的，什么"情感拜物教"之类，批评的就是我们这样的。

王敦：所有的时代都是有文化症候可资批判，被批判的不是我们的感知。我们的感知是无辜的，甚至是供理性来思考、分析、批判的资源。

私人听觉——你听什么？为什么？怎样听？用啥听？（代跋之二）

这让我想起这样一种私人听觉的来源。大约是我上初中到高中阶段，八十年代末的时候，walkman 或者叫随身听就在中学里面流行开了。初三的时候大家都听有一个叫郭峰的人的《让世界充满爱》。就是那个（唱）"轻轻地捧着你的脸 / 为你把眼泪擦干 / 我的心早已属于你 / 告诉我不再孤单 /……"家长说：这是啥，哼哼唧唧，跟牙疼一样。我们楼里面住着好多也是搞音乐的，都这样说。但不管大人怎样冷嘲热讽，也不管我们这一代人本身也多么不同，但这确实是我这一代人的集体的文化记忆呀。我又想起高三元旦的班级联欢会上，我们班最帅的那个男生，站在墙角，唱罗大佑的那个"穿过你的黑发的我的手……"显然你们都不知道什么歌了吧？而且你们不知道我的记忆里，我们这个班的集体记忆里，这个感受是怎么回事儿了，就是这个歌那么好,演唱的这个方式又是那样简单、随便。所以说，每一代人都有自己的私人的听觉。在我那一代人年轻的时候，大家还是可以一起听，一起唱，一起分享，因为你看《让世界充满爱》或者《明天会更好》这样的歌曲，在磁带里就是你一句我一句的形式。

王敦：周志强老师说要抵制唯美主义的耳朵，让我们从声音政治的消费幻觉里面挣脱出来。他主要不是在谈收听的模式，而是在谈声音本身，比如"磁性的"，"私人的"，等等。但现在，私人听觉发展到这一步，耳机和耳朵已经仅仅粘在一起。对于现在年轻的"发烧友"，他们所着迷的设备，不是 HI-FI，不是功放有多牛，而是"烧耳机"，是说耳机有多牛。因为现在用 MP3 等任何设备听音乐，都完全不需要功放了。现在是花成千上万的钱买耳机。所以我们讨论的内容，是走在学界的前沿了。

313

四、听觉的分化、身份、交际、表意

杨安红:我们现在是越来越私人化,每个私人的情感世界之间的差异,可以很大。

王敦:所以你们的分享,不是大家一起听,一起唱,而是在朋友圈里面分享。

程禹嘉:一方面是标榜自己的姿态,我是喜欢这一类型的歌,另一方面,如果宇宙中有三五好友点赞,就很高兴,知道我们喜欢同一类型。

王敦:从某种意义上来说,我的青春时代的听歌模式,和现在的农民工是比较像的。就是说大家都要听一个东西,好东西一定要分享。一盘磁带,一个班传来传去,你听我也听,甚至一副耳塞,两个人一边塞一个地听,一直到放学前把所有的随身听都听没电了为止。我感觉你们现在,每个人的歌单都好像自己的牙刷一样,不准别人碰。

杨安红:我们现在的在微信上分享一首歌,不含推荐给别人的意思,只是显示出自己的一个状态,好像"宝宝有情绪了"。

王敦:所以还是纯粹的个人行为。是个单向的交流,并没有指望是双向的。很有意思。微信上面,文字的东西可以得到上万的点击、转发,但声音上面的却不是这样。

陈小可:还有一个有意思的现象。有时候分享的是歌词的截图,是歌词某一部分的文字,很隐晦地传达一些东西,是一种比较特别的表达。

王敦:就像春秋战国时候的"致诗",就是在外交场合,从当时所有人都熟悉的诗歌总集,后世成为"诗经"的那些歌词里面,"断章取义",意思是您自己体会去吧。是表达私人情感,但却是引用别人的歌词,这歌词不是我的发明,是转述。这样做的男生居多还是女生居多?

陈小可:女生。

私人听觉——你听什么？为什么？怎样听？用啥听？（代跋之二）

程禹嘉：她就是想说出某些话，但又不想说这话是我直接说的，要摆脱这个责任。

王敦：我把前面的讨论总结一下。虽然现在大家已经不用音乐进行双向交流和集体性共享，但是分化之后，在原子化的形式之下，每个人也都离不开音乐。如果把这个事儿给你禁止，不让你干，那么一天天的生活会变得很难受。所以说是高度私人化却又是生活中不可或缺的一个内容。

程禹嘉：要是有一阵子没有听，我就觉得少了点儿什么，特别无趣。特别是压力比较大的时候。而且往往需要自己一个人听，比如从外面回来，等车、坐地铁呀，这也是比较好的一个人整理情绪的时候。

宋雨霏：有时候你一个人听歌，别人给你发语音信息的时候，你听完语音信息，软件自动继续给你放你在听的歌。但语音条比较多的时候，歌就自动停了。你待会儿还得自己重新打开。这种时候就比较烦。

王敦：如果今天是请一些本科生，而不是我们这些文艺学研究生来讨论的话，可能又会不一样了吧？就是说你们面对弟弟妹妹，亲戚里面的未成年，感觉又不一样了吧？

程禹嘉：感觉无法对话。

杨安红：他们听 tfboys，bigbang 什么的。

王敦：想到另外一个问题，就是年轻人已经分化了，大家各自听的都不一样。但我想到的是，比如说那些打工者，他们的听觉习惯、听觉内容，可能与大家又极为不同。我原来在豆瓣上看过当年一个搞人类学的博士生的田野调查的"民族志"草稿，他混同在各省的农家子弟里面，他的"田野"就是去浙江的台商的厂子打工。在厂子到宿舍区的一些热闹路口，就有"点唱机"，你可以花个两三块钱来点唱，比如《凤凰传奇》和卡拉 OK 一些保留曲目。那样一种听觉方式，就是所有人都在听。打工妹和打工仔也要谈恋爱什么的。如果打工妹在唱，大家客气些，如果打工仔唱得不好，别人就喝倒彩，就该换别人唱了。当然这也是看脸。这就跟我们这些人坐地铁，一个人听的那种私人收听模式，很不一样。他们那是把听觉变成了公共娱乐。工厂做工很累，上班时间很长。这对他们来说，就是比较重要的一种娱乐方式了。

杨安红：这是不是体现了很强的社交性？我感觉在另外两个方面体现得很明显。一个是歌迷听演唱会，另一个是流行网络直播，比如酷狗上面，如果一个歌迷开始唱一首歌，大家就可以在网上观看。

肖婉琦：再比如网易云音乐、虾米，就如同网络社交区，你能关注不同的人，里面还有各种评论，很多人爱上去刷评论。再比如说到唱的方面。现在有"唱吧"软件，你可以唱，然后录音，再分享出来，还可以有很多网红呢。也就是说，虽然我们都看重听觉的隐私性，但还有一些有表现欲的人，以此为媒介，建立社交关系。

王敦：看来听觉社交又分两种。打工仔打工妹玩儿那个点唱机，是大庭广众之下的真实社交，比较复杂，包括看看唱歌的这个妹妹长得怎么样，大家互相问问是哪个厂哪个车间的，找老乡之类，再喝喝啤酒吃吃串儿，然后才回宿舍睡觉。你们说的网络上面的社交，是虚拟社交。

龚祎：我联想到我有一个朋友，他每天在微信朋友圈里面都是分享歌曲，而且都是英文歌。我都不知道他听不听得懂，因为他的英文并不怎么样。

杨安红：这个不影响，就像我们很多人也听日文、韩文歌曲一样。

王敦：有意思，语言也成为考虑私人和公共听觉的一个因素了。比如说在超市里面，一听到听不懂的外国歌但是知道是法语，就觉得这个

私人听觉——你听什么?为什么?怎样听?用啥听?(代跋之二)

超市比较高档。有时候我们家旁边那个小卖部,有时候也放法语歌曲,就让人觉得——你至于么?就觉得很奇怪。

还有一次我听到我家附近这个小卖部里面在放"beyond",我立马儿就很感动,感慨,觉得那种社会进步的精神还没有死啊,觉得还是有希望的。有一次看到有个叫许知远的"公知",他在微信里面一个状态,说是好像在五环外一个小饭馆儿里听到"beyond",他也是这种感觉。这里面就有政治性。他好像意思是说,这些年消沉了,忘记了,但一下子又有了激情的感觉。

陈小可:我在看霍尔的《表征》。它里面分析符号意义,分为"诗学的"和"话语的"两种。今天的私人听觉讨论一开始大家主要是从诗学的角度来讨论,比如个人趣味,后来慢慢是变成从听觉性符号表意的话语模式上来讨论,包括阶层划分。

王敦:是的,听觉问题上的诗学性的和话语性的表意是什么关系,非常复杂,还说不清楚,让我觉得非常神秘。这方面我还可以举一个例子。还是我家附近除了那个小卖部了还有一个小发廊。有一天我去理发,发现里面在放四大天王的粤语歌。我当时就觉得我家旁边这个理发馆,就是靠谱,觉得比较老派,比较有四大天王那个时代给人的敬业服务的感觉。所以它只要在放四大天王,就让我觉得,这里的质量是会有保证的。对于那些不知道在放什么破玩意儿,一帮人什么Tony老师还有什么鬼之类的发廊,我就不知道他们会干出什么活儿来。

龚祎:还有,比如我坐地铁的时候,一直听一首音乐,等到我回到宿舍后,再听到这首音乐,就会想到我在地铁里的时候,有一种听觉记忆的感觉。

王敦:是这样的。我一听到恩雅,我就想到黄山。因为我年轻时候,

20年前正是在听恩雅的时候,去黄山玩儿。黄山的云雾缭绕就在我的记忆里和恩雅组合到了一起,毫无违和感。

五、听觉的趣味与声音的用途

王敦:这个讨论,满足了我的一个私人兴趣,就如同原来在部队里军训的指导员,要从歌声里面发现精神生活的蛛丝马迹。说说那个指导员吧。我当年考上北大中文系是1990年,但入学立刻增加一年,军训,直接去石家庄陆军学院报到,而不是北大,在那里训了一年。(前因后果的介绍就从这个文本里面略去——编者)有一次搞晚会,有个山东来的同学,唱崔健那种唱法的《南泥湾》。当然这本来是一首革命歌曲嘛!但崔健是用那种摇滚的方式在唱。我们中队的那个指导员,是一个少校级别的军官,就特别注意地在听,我一直在留意他的表情,他就是在从声音里面试图发现思想动向。因为当时在部队里面对负面思想的命名,叫做"自由化"。他肯定从中查获到了"自由化"动向吧。所以我今天也有点儿像那个指导员。但我不是来抓"自由化"的,我是来进行中立的听觉辨识。就是和九零后一起听歌、讨论喜欢听啥,为什么。

以前我在中山大学中文系,见过的一拨拨学生里面,都有在听歌方面特别有想法的,或者自己也鼓捣音乐的,在豆瓣网和当时的人人上看得很明显。我其实很在意他们。我当本科09级班主任的时候,有一个男生,特别喜欢音乐。他后来还在我们中山大学中文系搞演出,翻唱《歌剧院的幽灵》。从他写的文章里面也可以看到,他心里面有东西表达不出来,都在音乐里。后来毕业,他是湖南人嘛,就去了芒果台。工作之余,还在微信上搞电台,后来去英国的利兹大学念书。总之,音乐是他的生活中不可遏制的一件事。我也去过他们宿舍。我还跟他说过,希望有一天

私人听觉——你听什么？为什么？怎样听？用啥听？（代跋之二）

我还能过来，抽抽烟，喝喝酒，把你喜欢的东西，放出来，我们一块儿听。

齐虹：（放一首国内女歌手"Jam"的民谣《差三岁》。）其实我一直是戴耳机听这首歌的，和今天用功放放出来是感觉不一样的。戴耳机的时候更能触动，声音更纯粹，仿佛身临其境，有现场感，一开始的吉他就弹到心里去了。

王敦：但刚才听到齐虹说的话，才意识到一个问题，就是放出来听的音乐，和戴耳机听音乐，对你们来说已经是两回事儿了。所以很可能我当初的不戴耳机"放出来一起听"的想法，本来可能就是让人家不感兴趣的。我明白。放出来听，有环境音、回声，会让你意识到一个具体的当下空间感的存在。耳机则取消了这样一个空间，让音乐直接包围你，垄断你的听觉。但我有个问题：你怕不怕被电瓶车撞到？还有坏人抢你的包？周志强老师说的，批判和防范"唯美主义的耳朵"这件事，对我来说还是存在的。完全地沉浸，就意味着危险。这是出于耳机时代来临前我就获得的生活经验，或者说本能。对于我来说，不论在北京，还是二十年前我去过的福建石狮，都是一样危机四伏，我在一边听的时候，还必须四处乱看。

再谈到歌声构建一个画面或者说 image 的问题。这首歌是一个女歌手，弹着吉他自弹自唱。她肯定通过这一切的声音，包括嗓音、弹吉他的演奏、配乐等，构建了一个 image。你肯定不只是在欣赏这首歌本身，也对背后歌者这个人，有所想象。这并不一定是说长相、穿着，但必然关于整个的形象，包括人格，包括她在文化上的反应，在三观上面，在趣味上面，对吧？。这也是我多年以前就想和九零后聊的，就是从音乐形象里面得到的歌者形象，是怎么回事。

齐虹：在网易云音乐上有 Jam 她的歌手封面，特别简单，就是挡着一只眼睛,留着马尾,一件格子衫。她的整体感觉,和我最近一段时间的心境比较相关。

王敦:像这样一首歌,火不火,赚不赚钱?

齐虹:很有意思,一开始一点儿也不火,现在渐渐火起来,但评论上面很多人就表示不开心了。

宋雨霏:这不是一个独有现象,很多小众追捧的歌手一旦火起来,原先的那些"真爱粉"就表示非常不开心,仿佛私淑的一个宝贝被大众化了。

王敦:她在歌声和视觉上给你的感觉是匹配的对吧?

齐虹:对,好像自然而然好像就应该是这个样子。

王敦:再问一个私人听觉的性别化问题。比如说我是个男生,我喜欢刚才齐虹喜欢的穿格子衫留马尾辫的 Jam 的歌声,如果我在微信上发状态分享这个,大家会不会有嫌弃感。一个女生发这样的歌曲,大家会觉得,啊,挺有个性,挺有气质内涵的。但如果一个男生发这个,会不会觉得有"娘炮"?我完全不知道,我是属于另外一个时代的人。

李泽坤:主要取决于这个男生平常给大家塑造了什么样的形象。如果一个男生平常很"娘",那他发什么,大家都习以为常。再比如就像我这样的。如果大家不了解我的,看到我发特别文艺特别清新的歌曲,大家就会觉得挺奇怪。

王敦:我也得到了一个启发。我到了我这个年龄,人生阶段,为什么现在不听歌了呢?可能是因为,我无法找到一个人让我可以投入进去听他/她了。就是说找不到那样的人,他或她在听觉感受上,和我的人格、人生状态、价值取向,是匹配的。

你刚才说到吉他的这个声音打动你。你可以说是从"共时"的角度

私人听觉——你听什么？为什么？怎样听？用啥听？（代跋之二）

来说的。就是说在当下，你喜欢这样的吉他声音。那我从我的真实的"情感结构"出发，再说一个"历时"的角度。像这样的吉他的声音，虽然不能说"古已有之"，但对于我这样一个其实并不很懂的人，我也领略过历史上的很多次了。从我年轻时候的罗大佑，甚至更早，比美国民谣 Bob Dylan 更早的 Pete Seeger, Woody Guthrie, 等等，都有这样的民谣吉他的声音。所以从历时的角度，可能有岁数很大的人，一直到像你这样今天很年轻的人，都与这样的吉他声音遭遇。从历时的角度，也可以把互不相识、跨越很多代的一帮人给串联起来。

（宋雨霏分享了一首韩文歌曲）

王敦： 你自己听的时候音量比现在大还是小？

宋雨霏： 小。音量放到很小，就不会干扰自己的工作。当我要帮老师做一些学生工作，需要听一些这样的音乐做背景，才不会烦躁和枯燥。

王敦： 所以你做的党支部的工作，是在听韩语歌曲的情况下完成的。这真是很有意思。

宋雨霏： 这时候是不能听中文歌的，只能听那些听不懂的外文歌，根据节奏来选择。

王敦： 这不就是麻醉剂么？节奏和旋律作为背景，让人不去想太多的事情。

宋雨霏： 我用的是 Skullcanday, 就是一个骷髅头标志的入耳式耳机。它堵死了环境音。

王敦： 非常有意思。你并不需要音量有多大，但是你要求屏蔽四周的声音。中国有句话叫"眼不见心不烦"——你能控制你宿舍空间的狭小、杂乱吗？不能。你能让雾霾和各种杂事消失吗？不能。但借助耳机技术，你可以控制你听到的声音，所以你就在声音上面下功夫了。

宋雨霏：对。不仅如此，还特别是一个人坐车、去上课等时候，也是为了排遣孤独。特别是刚来人大的时候。所以我需要用耳机里面的音乐来填充。

王敦：不好意思我插一句。你听的这个音乐，中间没有片刻的寂静。也就是说，音乐一直在延续，没有休止、留白，如同平滑行驶的火车，铁轨上没有片刻的中断。如果音乐一旦有休止，外部的声音就会进来。

宋雨霏：这样的旋律和节奏型的不断循环往复，就像不中断的催眠和洗脑一样。

王敦：我联想到，我们中国人基本不太借用宗教类的东西，比如听牧师的福音宣讲、布道，在听觉上获得类似功能的慰藉。对于电台里面那些鸡汤类的东西，大家又觉得很廉价，对不对？像比较有智力水准的宗教哲学讨论，在我国的电台电波和 MP3 下载中又基本不存在，所以你就选择了不间断的节奏、旋律型来填充孤独感。

宋雨霏：你要是不接触，不知道。其实我听的这种韩国音乐，在中国的大街小巷，很多，尤其是像咖啡馆……

王敦：太对了！我刚才一听，就觉得这种东西，适合在咖啡馆或者酒吧。就好比加班儿很累，几个人休息一下，要来韩国烧酒，直接往下灌，什么也不用想，因为这种声音就是起到了一个阻隔所有烦恼的作用。

宋雨霏：它可能追求一点点新奇，但适合平时学业工作压力比较大的人群，又想追求一些比较慢节奏的生活体验。

我小时候是学舞蹈的，学了古典舞就是中国舞，还有芭蕾什么的。我上大学后，还是有很多文艺活动的，我就被安排来负责教大家跳一些流行舞蹈，我就自己来选一些音乐，最多的就是些韩国舞蹈音乐。这些舞蹈都比较动感。大家可以听出来，这种音乐的节奏感非常强，一般出现在健身房、球场上。

王敦：还有就是服装店。

宋雨霏：像欧美快销店 H&M 那种，上新非常快，歌曲的更新速度也很快，传达一种信息，就是买买买，这个也好看那个也好看。它会改变你的心情。

王敦：所以你其实带出了"功能音乐"这个问题。比如说运动音乐——它在功能上要进行配合，在节奏等上面要配合人体的需求和程度。也就是说，理论框架是苍白的，法兰克福学派会说歌词和曲调都一无是处，是文化垃圾，是麻醉品，也许他们有其根据，因为这种音乐，如果你让我坐在这里，我是听不下去的。但是，人们却获得了实实在在的身体锻炼。在功能方面，需要不同的理论话语框架。所以事情就变得非常复杂，比理论家臆想的要复杂。

今天我本人收获很大。我知道，在文化现象中，私人听觉是很大的一块，在我们日常生活中所占的比重很大。但一直没有机会听听年轻人怎么说。今天可以说是满足了我的这个愿望。这就是先进入现象本身吧，听听私人听觉的九零后当事人怎么说，不做各种价值上的判断。现象远远比各种理论预设要复杂得多。否则就如同公牛进入瓷器店了。离进一步分析判断的了解程度的那一步，还很远很远。

那些理论家和批评家从价值判断角度说，人们被资本主义文化工业和幻想所欺骗。即便他们说的是对的，我们也需要首先搞清楚，到底是怎样被欺骗的。